フーリエ解析

基礎と応用

松下 恭雄 著

培風館

本書の無断複写は，著作権法上での例外を除き，禁じられています。
本書を複写される場合は，その都度当社の許諾を得てください。

まえがき

　本書は，大学の理工系の学生のためのフーリエ解析の教科書である．大学で微積分をひと通り学んだ2年次以降の課程として適している．説明はできるだけやさしくし，また公式，例題および問題などでの式変形もあまり省略をしないように心がけた．

　本書の構成は，フーリエ解析の数学的な基礎を勉強する基礎編と，その応用についての応用編からなる．基礎編の内容は，フーリエ級数，収束定理，デルタ関数，フーリエ変換，それにラプラス変換の5テーマである．基礎編の中で，初めて読む人は飛ばしてもよいような難しい部分には，章，節などタイトルの後に★をつけた（例えば，「2章　収束定理★」のように）．

　応用編では，常微分方程式の解法，偏微分方程式の解法，システム解析の初歩，情報通信への応用および確率論への応用の5テーマを選んでいる．最初のテーマである常微分方程式の解法は，本書を学ぶ人なら誰でも読んで欲しい内容である．応用編のほかの4テーマについては，読者の興味，あるいは大学で学ぶ分野に応じて適当に選んで勉強してもよいであろう．おもに基礎編だけを学ぼうとしている人にとっては，フーリエ解析やラプラス変換がどれほど広範な分野に応用されているかを知るためにも，応用編をサーっと流し読みをしてもらうこともよいかも知れない．

　本書のところどころに，息抜きの気分でちょっとしたトピックスをはさんでおいたので，これらにも目を通して欲しい．

　例題や問題は，それぞれのところで述べた事項を理解しやすいように選んで配置した．問題にはすべて解答が与えられている．問題によっては，答えがその場ですぐ記載されているものもあるが，解法はすべて巻末の解答で与えられている．本書の例題や問題を選ぶにあたって留意したことの1つに，同じことを計算するときに方法は1つとは限らないことを知ってもらうことである．したがって，同じ問題が繰り返し出てきたりする．例えば，ある微分方程式を解くときに，フーリエ変換でもラプラス変換でも解けるものがあることや，問題

によってはフーリエ変換が適していたり，あるいはラプラス変換の方が簡単であるなど，それぞれに適した方法があるということも実感して欲しい．さらに大事なことは，フーリエ解析やラプラス変換は確かに有力な数学の理論ではあるけれども，万能ではないことも知って欲しい．

　ところで，実用に向けて高速フーリエ変換や Z 変換およびウェーブレットなど，いろいろな理論や方法が提唱されており，また実際に使われたりしている．このような発展的な話題については他書へ譲らなければならないが，何といってもフーリエ解析が基礎であり根幹である．フーリエ解析を理解していることは，新しい概念，新しい理論，および新しい方法などを提唱し，開発をするときなど，今後の発展には欠かせないことであり，またよき指針を与えてくれるであろうことは疑いないものと信じている．フーリエ解析に限らず，数学の基礎の大切さを感じてもらえることを切に願っている．

　本書を完成させるまでには，多くの方々から貴重なご意見をいただき，また多大なご助力をいただきました．最後になりましたが，お世話になった皆様に心から御礼申しあげます．

　　2001 年 10 月

著　者

目　次

I.　基 礎 編

1. フーリエ級数 — 3

- 1.1　周 期 関 数　3
- 1.2　フーリエ級数　6
- 1.3　フーリエ級数の計算例　9
- 1.4　フーリエ級数の例　13
- 1.5　ベクトルと関数★　18
- 1.6　複素フーリエ級数　25
- 1.7　周期関数のたたみこみ　27
- 1.8　パーセバルの等式★　29

2. 収 束 定 理★ — 33

- 2.1　収 束 定 理★　33
- 2.2　収束定理の証明 (前半)★　34
- 2.3　ディリクレ核★　36
- 2.4　収束定理の証明 (後半)★　39
- 2.5　ギブスの現象★　42
- 2.6　三角基底の完全性★　44
- 2.7　フーリエ級数の項別微分と項別積分★　46

3. デルタ関数 — 49

- 3.1　デルタ関数　49
- 3.2　デルタ関数の基本的性質　53
- 3.3　広い意味の微分　54
- 3.4　デルタ関数の微分　56
- 3.5　周期的デルタ関数　57

4. フーリエ変換 — 61

- 4.1　周期関数から非周期関数へ　61

4.2　フーリエの積分定理　63
4.3　フーリエ変換　64
4.4　フーリエ変換の性質　69
4.5　デルタ関数とフーリエ変換　72
4.6　たたみこみ　77
4.7　フーリエ積分定理の証明★　81

5. ラプラス変換 ——— 85

5.1　ラプラス変換　85
5.2　ラプラス変換とフーリエ変換　91
5.3　ブロムウィッチ積分と留数★　94
5.4　ラプラス変換の性質　96
5.5　たたみこみ　100
5.6　誤差関数とラプラス変換★　101

II. 応用編

6. 線形常微分方程式の解法 ——— 107

6.1　定数係数線形常微分方程式　107
6.2　解法例　108
6.3　フーリエ変換による解法（一般論）　115
6.4　ある種の積分方程式の解法　117

7. 偏微分方程式の解法 ——— 119

7.1　定数係数2階偏微分方程式　119
7.2　1次元熱伝導方程式　120
7.3　1次元波動方程式　128

8. 線形システムの解析 ——— 141

8.1　線形時不変システム　141
8.2　インパルス応答　143
8.3　フーリエ変換による解析　146
8.4　ラプラス変換による解析　151
8.5　RC回路のフィルター　155

9. 情報通信への応用 ——— 163

9.1　サンプリング定理　163
9.2　変調　169
9.3　角度変調　173

10. 確率論への応用 —————————————— 175
10.1 確率密度関数と特性関数　175
10.2 モーメントと特性関数　176
10.3 不確定性原理　178

付　録 ——————————————————— 183
A．フーリエ変換表　183
B．ラプラス変換表　185
C．振動の図示化　187

参 考 文 献 ————————————————— 191

解　　答 —————————————————— 193

索　引 ——————————————————— 215

基礎編

1. フーリエ級数
2. 収束定理
3. デルタ関数
4. フーリエ変換
5. ラプラス変換

1. フーリエ級数

 関数をいろいろな周波数の振動の重ね合わせと考えるのがフーリエ解析である．関数が周期性をもつときには，とびとびの周波数成分の余弦関数と正弦関数からなる無限級数に展開される．この無限級数がフーリエ級数である．関数が周期性をもたないときには，振動成分の周波数は連続的になる．このとき無限級数は積分に置き換わり，フーリエ変換となる．この1章では，フーリエ解析全体の基礎をなすフーリエ級数を詳しく解説する．

1.1 周期関数

周期

 関数は，実1変数で，関数値は実数または複素数をとるものとする．関数 $f(x)$ のすべての x に対して，

$$f(x+T) = f(x) \tag{1.1}$$

となる実数 T を，$f(x)$ の**周期**という．0でない周期をもつ関数が**周期関数**である．周期が0だけの関数は非周期関数である．特別な場合として，定数関数は任意の実数が周期となる．

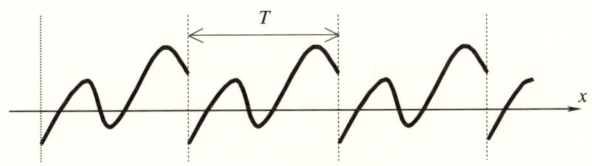

図 1-1 周期関数

周期関数の周期は 1 つだけではなく無限個ある．定数関数以外の周期関数の周期の中で，正で最も小さな値の周期を**基本周期**という．周期関数 $f(x)$ の基本周期を T_0 と書けば，任意の周期 T は適当な整数 k を使って $T = kT_0$ と書くことができる．すなわち，任意の k に対して $f(x+kT_0) = f(x)$ となる．基本周期を単に周期ということもある．

具体例 （ k は任意の整数 ）

1. $\sin x$ の周期は $2k\pi$，基本周期は 2π．
2. $\sin \dfrac{x}{\sqrt{7}}$ の周期は $2\sqrt{7}k\pi$，基本周期は $2\sqrt{7}\pi$．
3. $2\cos \dfrac{x}{5} + 3\sin \dfrac{x}{7}$ の周期は $70k\pi$，基本周期は 70π．
4. $x^2, e^{-x^2}, \log x$ などは非周期関数．

問題 1.1 $2\cos \dfrac{x}{5} + 3\sin \dfrac{x}{\sqrt{7}}$ は非周期関数であることを示せ．

周期の縮尺

$f(x)$ を周期 T の周期関数とする．任意の正の実数 $\widetilde{T}$ に対して新しい関数

$$f(x) \quad \to \quad g(x) = f\left(\frac{T}{\widetilde{T}}x\right), \tag{1.2}$$

$$\text{周期 } T \quad \to \quad \text{周期 } \widetilde{T}$$

をつくると，これは周期 $\widetilde{T}$ の周期関数となる．実際，$g(x+\widetilde{T}) = g(x)$ はすぐに確かめることができる．これによって，容易に任意の周期の関数にうつることができる．例えば，$\widetilde{T} = 2\pi$ とおけば，一般の周期 T の関数 $f(x)$ は，変数を $x \to \dfrac{T}{2\pi}x$ のように置き換えることによって，周期 2π の関数にすることができる．

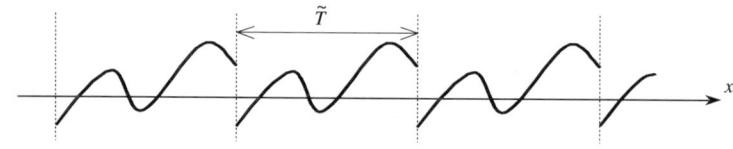

図 1-2 周期の縮尺

1.1 周期関数

周期関数の積分区間

周期 T の関数 $f(x)$ が積分可能であると仮定しよう．すなわち，任意の有限な区間 $I = [a,b]$ において，積分 $\int_a^b f(x)\,dx$ が有限確定値をもつものとする．このような関数の1周期分の積分について，任意の実数 α, β に対して，

$$\int_\alpha^{\alpha+T} f(x)\,dx = \int_\beta^{\beta+T} f(x)\,dx \tag{1.3}$$

が成立する．積分区間が1周期分ならば積分の値は区間の選び方には依存しないのである．これは次のようにして確認することができる．まず，周期関数に限らずに成り立つ恒等式を考える．

$$\int_\alpha^{\alpha+T} f(x)\,dx = \int_\beta^{\beta+T} f(x)\,dx + \int_{\beta+T}^{\alpha+T} f(x)\,dx - \int_\beta^\alpha f(x)\,dx \tag{1.4}$$

周期関数の $f(x)$ に対しては，右辺の第2項において $x \to \xi = x - T$ とおけば

$$\int_{\beta+T}^{\alpha+T} f(x)\,dx = \int_\beta^\alpha f(\xi+T)\,d\xi = \int_\beta^\alpha f(\xi)\,d\xi \tag{1.5}$$

となり，式 (1.4) の第2項と第3項は消し合って 0 になる．よって，式 (1.3) が示された．この事実から，1周期分の積分を考えるときは $\int_\alpha^{\alpha+T} f(x)\,dx$ において $\alpha = 0$ としたり，または $\alpha = -\dfrac{T}{2}$ とすることが多い．すなわち，$\int_0^T f(x)\,dx$ または $\int_{-T/2}^{T/2} f(x)\,dx$ のように積分区間を選ぶのである．本書ではおもに後者を使うことにする．なぜならば，偶関数に対しては

$$\int_{-T/2}^{T/2} f(x)\,dx = 2\int_0^{T/2} f(x)\,dx \tag{1.6}$$

となり，奇関数に対しては

$$\int_{-T/2}^{T/2} f(x)\,dx = 0 \tag{1.7}$$

となることが容易にわかるからである．

1.2 フーリエ級数

周期 T の関数 $f(x)$ の**フーリエ級数**とは,

$$\begin{aligned}f(x) &\sim \frac{a_0}{2} + \sum_{n=1}^{\infty} \left(a_n \cos \frac{2n\pi}{T} x + b_n \sin \frac{2n\pi}{T} x \right) \\ &= \frac{a_0}{2} + \left(a_1 \cos \frac{2\pi}{T} x + b_1 \sin \frac{2\pi}{T} x \right) + \left(a_2 \cos \frac{4\pi}{T} x + b_2 \sin \frac{4\pi}{T} x \right) \\ &\quad + \left(a_3 \cos \frac{6\pi}{T} x + b_3 \sin \frac{6\pi}{T} x \right) + \cdots \end{aligned} \quad (1.8)$$

のように $f(x)$ を基本周期が, $T, \frac{T}{2}, \frac{T}{3}, \cdots, \frac{T}{n}, \cdots$ の余弦関数と正弦関数の無限級数に展開したものをいう.ここで, $a_0, a_1, a_2, \cdots, b_1, b_2, b_3, \cdots$ は**フーリエ係数**といい,次式で与えられる.

$$a_n = \frac{2}{T} \int_{-T/2}^{T/2} f(x) \cos \frac{2n\pi}{T} x \, dx \quad (n = 0, 1, 2, \cdots), \tag{1.9}$$

$$b_n = \frac{2}{T} \int_{-T/2}^{T/2} f(x) \sin \frac{2n\pi}{T} x \, dx \quad (n = 1, 2, \cdots). \tag{1.10}$$

特に,周期 2π の関数 $f(x)$ のフーリエ級数は,

$$\boxed{f(x) \sim \frac{a_0}{2} + \sum_{n=1}^{\infty} (a_n \cos nx + b_n \sin nx)} \tag{1.11}$$

のように表すことができる.このフーリエ係数は次で与えられる.

$$a_n = \frac{1}{\pi} \int_{-\pi}^{\pi} f(x) \cos nx \, dx \quad (n = 0, 1, 2, \cdots), \tag{1.12}$$

$$b_n = \frac{1}{\pi} \int_{-\pi}^{\pi} f(x) \sin nx \, dx \quad (n = 1, 2, \cdots). \tag{1.13}$$

フーリエ級数とは,すなわち $f(x)$ をさまざまな基本振動の成分に分解したものである(図 1-3).また,フーリエ係数 a_n, b_n は, $f(x)$ の中に含まれるそれぞれの振動成分の振幅を表している. $\cos nx$ は $f(x)$ の偶関数成分を表し, $\sin nx$ は奇関数成分を表している(1.5 節において関数の内積の観点から,フーリエ係数の意味について述べる).

どんな周期関数でもフーリエ級数に展開できるとは限らないことに注意しなくてはならない.たとえフーリエ級数展開ができたとしても,関数の値と級数

1.2 フーリエ級数

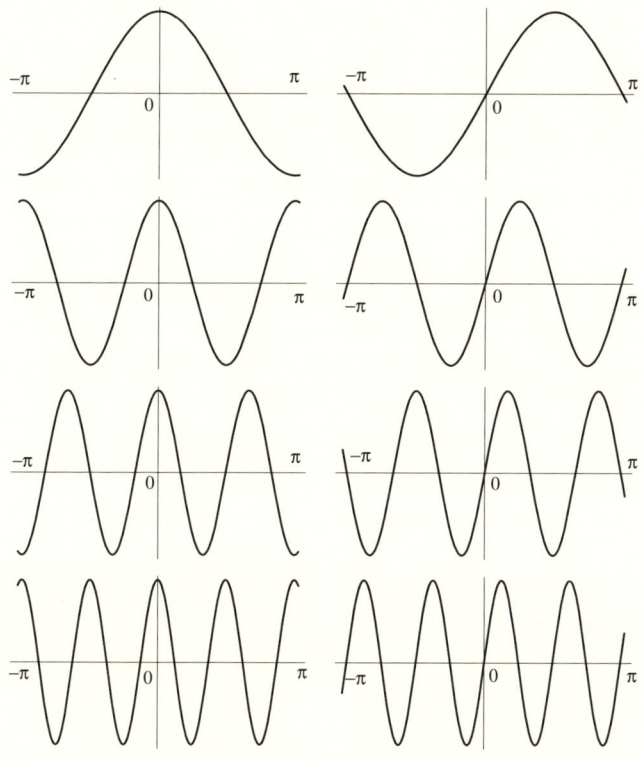

図 1-3 基本振動 $\cos nx$, $\sin nx$ ($n = 1, 2, 3, 4$)

の値が一致するかどうかは，一般にはわからない．したがって，式 (1.8) や式 (1.11) において等号 = を使わずに，とりあえず ∼ としているのである．実際，$f(x)$ は**区分的なめらか**という性質をもつときには，フーリエ級数が収束することが知られている．区分的なめらかな $f(x)$ が，さらに x において連続ならば，フーリエ級数は $f(x)$ と一致し，x において不連続ならば，その点の 2 つの片側極限値の平均値に一致する．このことは，2 章において収束定理として詳しく述べることにする．

区分的連続と区分的なめらか

関数が区分的なめらかとはどのようなことかを述べよう．そのためには，関数 $f(x)$ の片側極限値

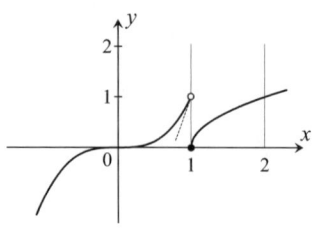

1. $f(x) = \begin{cases} x^3 & (x < 1) \\ \sqrt{x-1} & (x \geq 1) \end{cases}$

$(1 = f(1-0) \neq f(1+0) = 0,$
$f'(1+0) = \infty)$
区間 $[0,2]$ で不連続, 区分的連続だが区分的なめらかではない.

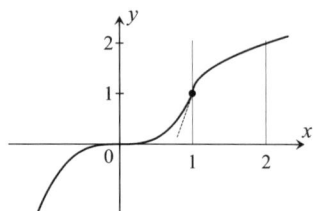

2. $f(x) = \begin{cases} x^3 & (x < 1) \\ 1 + \sqrt{x-1} & (x \geq 1) \end{cases}$

$(f'(1+0) = \infty)$
区間 $[0,2]$ で連続, 区分的連続だが区分的なめらかではない.

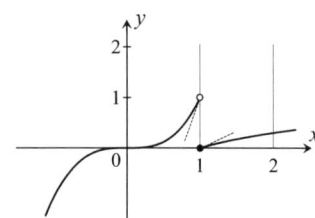

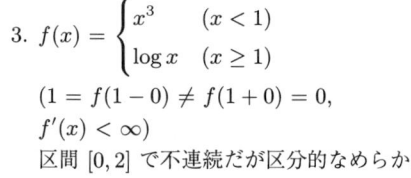

$(1 = f(1-0) \neq f(1+0) = 0,$
$f'(x) < \infty)$
区間 $[0,2]$ で不連続だが区分的なめらか.

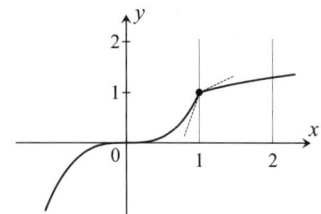

4. $f(x) = \begin{cases} x^3 & (x < 1) \\ 1 + \log x & (x \geq 1) \end{cases}$

区間 $[0,2]$ で連続で区分的なめらか.

図 1-4 連続, 区分的連続, 区分的なめらか

$$\text{右側極限値:} \quad f(x+0) = \lim_{\epsilon \to 0} f(x+\epsilon) \quad (\epsilon > 0), \tag{1.14}$$

$$\text{左側極限値:} \quad f(x-0) = \lim_{\epsilon \to 0} f(x-\epsilon) \quad (\epsilon > 0) \tag{1.15}$$

が必要である. まず, 関数 $f(x)$ がある区間において**区分的連続**であるとは,

(i) その区間 ($[a,b]$ とする) が有限のとき, 内部に不連続点があってもよいが高々有限個であって, 不連続点 ($x = c$) では片側極限値 $f(c+0), f(c-0)$ が存在しかつ区間の両端では $f(a+0), f(b-0)$ が存在して, 区間内のその他の

点 x では連続, すなわち, $f(x-0) = f(x+0)$ が成り立ち有限となることである. また,

(ii) 区間が無限のときには, その中の任意の有限区間 $[a,b]$ に対して (i) が成り立つことである.

つまり, その区間内では, 関数の値が有限であることが**区分的連続**なのである. 区分的連続な関数は, 任意の有限な区間 $[a,b]$ において積分可能である.

$$\left| \int_a^b f(x)\,dx \right| < \infty \tag{1.16}$$

関数 $f(x)$ が区間 $[a,b]$ において**区分的なめらか**とは, その区間において $f(x)$ と $f'(x)$ がともに区分的連続となることである. すなわち, 式 (1.14), (1.15) の片側極限値のほかに, 区間のいたるところで片側微分係数

$$\text{右側微分係数:} \quad f'(x+0) = \lim_{\epsilon \to 0} \frac{f(x+\epsilon) - f(x+0)}{\epsilon} \quad (\epsilon > 0), \tag{1.17}$$

$$\text{左側微分係数:} \quad f'(x-0) = \lim_{\epsilon \to 0} \frac{f(x-\epsilon) - f(x-0)}{(-\epsilon)} \quad (\epsilon > 0) \tag{1.18}$$

がともに存在することである. 特に, 区間の両端では $f'(a+0), f'(b-0)$ が存在しなくてはいけない. 前頁の図 1-4 に例が与えられている.

1.3 フーリエ級数の計算例

フーリエ級数の計算例として, 区間 $[-\pi,\pi)$ で $f(x) = x$ となる周期 2π の関数について調べてみよう.

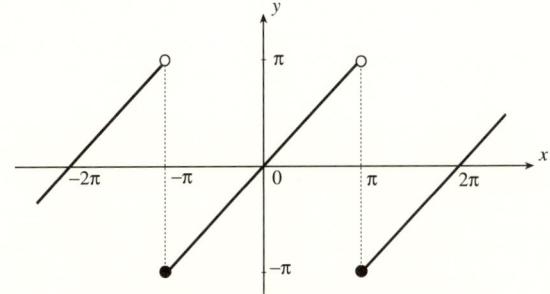

図 1-5 周期 2π の $f(x) = x$ のグラフ

この関数は,

$$f(x) = x - 2k\pi \quad ((2k-1)\pi \leq x < (2k+1)\pi) \quad (k: 整数) \quad (1.19)$$

と表されるが，今後「周期 2π の $f(x) = x$」としたり，単に「周期 2π の x」などと書くこともある．ほかの周期関数もこのように記述することがある．この簡単な周期関数の例から，フーリエ級数のさまざまな性質を読み取ることができる．

周期 2π の関数 $f(x)$ は $x = (2k-1)\pi$ において不連続であるが，その他の点では連続である．片側極限値は不連続点，特に $x = \pi$ において

$$f(\pi + 0) = \lim_{\epsilon \to 0} f(\pi + \epsilon) = \lim_{\epsilon \to 0} \{(\pi + \epsilon) - 2\pi\} = -\pi, \quad (1.20)$$

$$f(\pi - 0) = \lim_{\epsilon \to 0} f(\pi - \epsilon) = \lim_{\epsilon \to 0} (\pi - \epsilon) = \pi \quad (1.21)$$

のように値が異なるが確定値をもつ．

連続な点 $x \in (-\pi, \pi)$ では，微分係数は存在して，$f'(x) = 1$ である．図 1-6 は，$f(x)$ の微分のグラフである．

不連続点，例えば $x = \pi$ では，$f'(x)$ は存在しないが，片側微分係数は，

$$f'(\pi + 0) = \lim_{\epsilon \to 0} \frac{\{(\pi + \epsilon) - 2\pi\} - (-\pi)}{\epsilon} = 1, \quad (1.22)$$

$$f'(\pi - 0) = \lim_{\epsilon \to 0} \frac{(\pi - \epsilon) - \pi}{(-\epsilon)} = 1 \quad (1.23)$$

のようにともに 1 であるが確定値をもつことを確認する．よって，$f(x)$ は区分的なめらかである（実は，関数の概念を拡張してデルタ関数を使うと，この微分が計算できるようになる．詳細は 3.5 節を見よ．そして，図 1-6 と図 3-6 を比較せよ）．

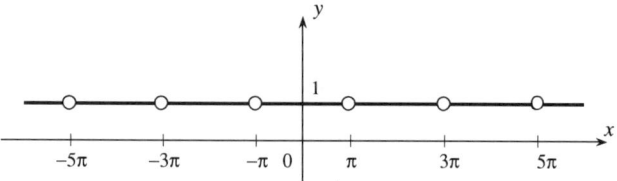

図 1-6　周期 2π の $f(x) = x$ の微分 $f'(x) = 1$ $(x \neq (2k+1)\pi)$

1.3 フーリエ級数の計算例

次に，式 (1.12), (1.13) に従ってフーリエ係数を計算すると，

$$a_n = \frac{1}{\pi} \int_{-\pi}^{\pi} x \cos nx \, dx = 0, \tag{1.24}$$

$$b_n = \frac{1}{\pi} \int_{-\pi}^{\pi} x \sin nx \, dx = \frac{2}{\pi} \int_0^{\pi} x \sin nx \, dx$$

$$= \frac{2}{\pi} \left[-\frac{1}{n} x \cos nx \right]_0^{\pi} + \frac{2}{\pi n} \int_0^{\pi} \cos nx \, dx = (-1)^{n-1} \frac{2}{n} \tag{1.25}$$

が得られる．$f(x) = x$ が奇関数なので偶関数成分 a_n はすべて 0 になる．これより，フーリエ級数が次のように得られる．

$$\boxed{x \sim \sum_{n=1}^{\infty} (-1)^{n-1} \frac{2}{n} \sin nx = 2 \left(\frac{\sin x}{1} - \frac{\sin 2x}{2} + \frac{\sin 3x}{3} - \cdots \right).} \tag{1.26}$$

この右辺のフーリエ級数の第 2 項まで，第 5 項まで，第 50 項まで，および第 100 項までの有限和のグラフを図 1-7 に示してある．これより，項の数が多くなるにつれて，連続な点 x では，$f(x) = x$ に収束していく様子がわかる．不連続点では，フーリエ級数は片側極限値の平均値に収束する．例えば，$x = \pi$ では，次のように 0 になる．

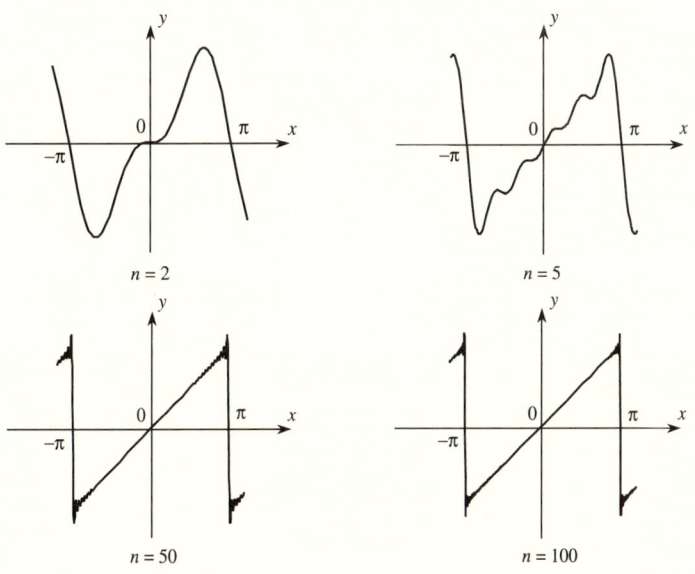

図 1-7 フーリエ級数 (1.26) の有限和 (2, 5, 50, 100 項)

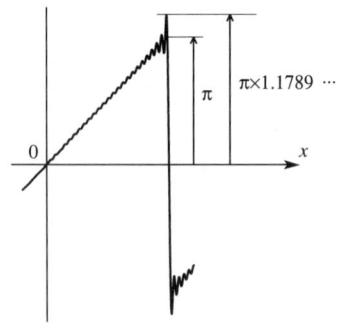

図 1-8 ギブスの現象

$$\frac{1}{2}\{f(\pi-0)+f(\pi+0)\} = \frac{1}{2}\{\pi+(-\pi)\} = 0. \quad (1.27)$$

さらに，図 1-7 からわかるように項数が多くなるにつれて，不連続点の近くの山と谷が突起として残っていく．$f(\pi-0) = \pi$ に対して，山の高さは $\pi \times 1.1789\cdots \approx 3.7012$ である．これはギブスの現象（図 1-8）といわれ，2.5 節で説明される．

各点収束と一様収束

　この例では，連続点でも不連続点においても，フーリエ級数は収束する．連続点においては，どの点においても関数値と一致する．しかし，不連続点では関数値にいくらでも近づくということはあり得ない．極限の値にはこだわらないが，各点で収束することを各点収束するという．考えている区間のどの点においても，フーリエ級数が関数の値にいくらでも近づくことができるとき，一様収束するという．したがって，区分的なめらかな関数が，いたるところ連続ならばフーリエ級数は一様収束するが，不連続な点があれば一様収束はしない．

> **注意**：区分的連続や区分的なめらかという性質は，不連続点の両側の極限値が問題である．フーリエ級数を考えるとき，不連続点における関数の値には関心はない．定義されていなくてもよい．それは，フーリエ級数が積分によって定義されているので，有限個の不連続点での関数値は影響がない．計算例の関数の定義 (1.19) では，
> $$f(x) = x - 2k\pi \quad ((2k-1)\pi < x \leq (2k+1)\pi) \quad (k:\text{整数})$$
> でもよいし，または次のようにしてもよい．
> $$f(x) = x - 2k\pi \quad ((2k-1)\pi < x < (2k+1)\pi) \quad (k:\text{整数})$$
> フーリエ級数を考えるとき，この例に限らず関数の不連続点における関数値は問題にしない．

1.4 フーリエ級数の例

フーリエ級数の具体的な例をいくつか見ることにしよう．

1) 　周期 T の偶関数 $f(x)$ 　　[$f(-x) = f(x)$]

フーリエ係数 b_n はすべて 0 である．

$$f(x) \sim \frac{a_0}{2} + \sum_{n=1}^{\infty} a_n \cos \frac{2n\pi}{T} x \quad \left(a_n = \frac{4}{T} \int_0^{T/2} f(x) \cos \frac{2n\pi}{T} x \, dx \right)$$

$$= \frac{a_0}{2} + a_1 \cos \frac{2\pi}{T} x + a_2 \cos \frac{4\pi}{T} x + a_3 \cos \frac{6\pi}{T} x + \cdots . \tag{1.28}$$

2) 　周期 T の奇関数 $f(x)$ 　　[$f(-x) = -f(x)$]

フーリエ係数 a_n はすべて 0 である．

$$f(x) \sim \sum_{n=1}^{\infty} b_n \sin \frac{2n\pi}{T} x \quad \left(b_n = \frac{4}{T} \int_0^{T/2} f(x) \sin \frac{2n\pi}{T} x \, dx \right)$$

$$= b_1 \sin \frac{2\pi}{T} x + b_2 \sin \frac{4\pi}{T} x + b_3 \sin \frac{6\pi}{T} x + \cdots . \tag{1.29}$$

3a) 　$[-T/2, T/2]$ で $f(x) = x^2$ となる周期 T の関数

フーリエ係数は，式 (1.9), (1.10) に従って計算する．連続関数なので $\sim$ ではなく等号が成立する．

$$x^2 = \frac{T^2}{12} + \sum_{n=1}^{\infty} (-1)^n \frac{T^2}{n^2 \pi^2} \cos \frac{2n\pi}{T} x$$

$$= \frac{T^2}{12} - \frac{T^2}{\pi^2} \left(\frac{\cos \frac{2\pi}{T} x}{1^2} - \frac{\cos \frac{4\pi}{T} x}{2^2} + \frac{\cos \frac{6\pi}{T} x}{3^2} - \cdots \right) . \tag{1.30}$$

3b) 　$[-\pi, \pi)$ で $f(x) = x^2$ となる周期 2π の関数

フーリエ係数は，式 (1.12), (1.13) に従って計算する．あるいは，式 (1.30) において $T = 2\pi$ とおく．

$$x^2 = \frac{\pi^2}{3} + \sum_{n=1}^{\infty} (-1)^n \frac{4}{n^2} \cos nx$$

$$= \frac{\pi^2}{3} - 4 \left(\frac{\cos x}{1^2} - \frac{\cos 2x}{2^2} + \frac{\cos 3x}{3^2} - \cdots \right) . \tag{1.31}$$

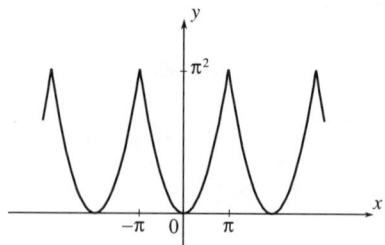

図 1-9 周期 2π の $f(x) = x^2$ のグラフ

式 (1.31) は，周期の縮尺 (1.2) を使って導くこともできる．実際，式 (1.30) の両辺において $x \to \dfrac{T}{2\pi}x$ と変換すれば，

$$\left(\frac{T}{2\pi}x\right)^2 = \frac{T^2}{12} - \frac{T^2}{\pi^2}\left(\frac{\cos x}{1^2} - \frac{\cos 2x}{2^2} + \frac{\cos 3x}{3^2} - \cdots\right) \tag{1.32}$$

となる．ここで，両辺を $\left(\dfrac{T}{2\pi}\right)^2$ で割ると式 (1.31) を得る．

4) $\boxed{[-\pi, \pi) \text{ で } f(x) = |x| \text{ となる周期 } 2\pi \text{ の関数}}$

$$\begin{aligned}
|x| &= \frac{\pi}{2} - \sum_{n=1}^{\infty} \frac{4}{\pi}\left(\frac{\cos(2n-1)x}{(2n-1)^2}\right) \\
&= \frac{\pi}{2} - \frac{4}{\pi}\left(\frac{\cos x}{1^2} + \frac{\cos 3x}{3^2} + \frac{\cos 5x}{5^2} + \cdots\right).
\end{aligned} \tag{1.33}$$

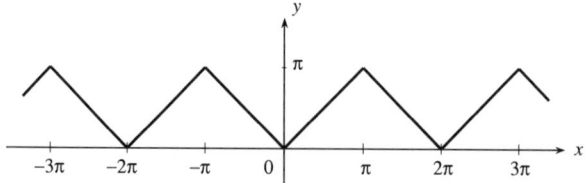

図 1-10 周期 2π の $f(x) = |x|$ のグラフ

5) $\boxed{[-\pi, \pi) \text{ で } f(x) = \begin{cases} 1 & (0 \leq x < \pi) \\ -1 & (-\pi \leq x < 0) \end{cases} \text{ となる周期 } 2\pi \text{ の関数}}$

1.4 フーリエ級数の例

$x = n\pi$ で不連続なので $\sim$ が使われる.

$$f(x) \sim \sum_{n=1}^{\infty} \frac{2}{\pi n}\{1-(-1)^n\}\sin nx$$

$$= \sum_{m=1}^{\infty} \frac{4}{\pi(2m-1)}\sin(2m-1)x$$

$$= \frac{4}{\pi}\left(\sin x + \frac{1}{3}\sin 3x + \frac{1}{5}\sin 5x + \cdots\right). \qquad (1.34)$$

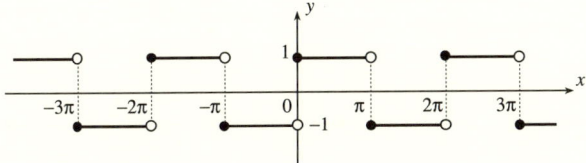

図 1-11 周期 2π の矩形波 5) のグラフ

6) $\boxed{[-\pi, \pi) \ \text{で} \ f(x) = \begin{cases} x & (0 \le x < \pi) \\ 0 & (-\pi \le x < 0) \end{cases} \ \text{となる周期} \ 2\pi \ \text{の関数}}$

点 $x = (2n+1)\pi$ で不連続.

$$f(x) \sim \frac{\pi}{4} - \sum_{n=1}^{\infty}\left\{\frac{2}{\pi(2n-1)^2}\cos(2n-1)x + (-1)^n\frac{1}{n}\sin nx\right\}$$

$$= \frac{\pi}{4} - \left(\frac{2}{\pi}\cos x - \sin x\right) - \frac{1}{2}\sin 2x - \left(\frac{2}{3^2\pi}\cos 3x - \frac{1}{3}\sin 3x\right)$$

$$- \frac{1}{4}\sin 4x - \left(\frac{2}{5^2\pi}\cos 5x - \frac{1}{5}\sin 5x\right) + \cdots. \qquad (1.35)$$

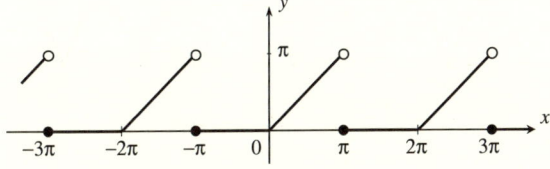

図 1-12 周期 2π の関数 6) のグラフ

7) $[-\pi, \pi)$ で $f(x) = \begin{cases} 1 & (|x| \leq a) \\ 0 & (a < |x| \leq \pi) \end{cases}$ となる周期 2π の関数

点 $x = \pm a + 2n\pi$ で不連続．

$$f(x) \sim \frac{a}{\pi} + \sum_{n=1}^{\infty} \frac{2\sin na}{n\pi} \cos nx$$

$$= \frac{a}{\pi} + \frac{2}{\pi}\left(\frac{\sin a}{1}\cos x + \frac{\sin 2a}{2}\cos 2x + \cdots\right). \tag{1.36}$$

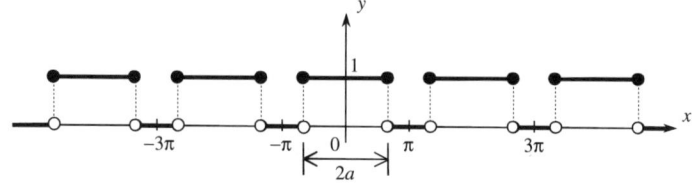

図 1-13　周期 2π の矩形波 7) のグラフ

8) 周期 π の関数 $f(x) = |\sin x|$

この関数は**全波整流波形**という．

$$|\sin x| = \frac{2}{\pi} - \sum_{n=1}^{\infty} \frac{4}{\pi(2n-1)(2n+1)} \cos 2nx$$

$$= \frac{2}{\pi} - \frac{4}{\pi}\left(\frac{\cos 2x}{1\cdot 3} + \frac{\cos 4x}{3\cdot 5} + \frac{\cos 6x}{5\cdot 7} + \cdots\right). \tag{1.37}$$

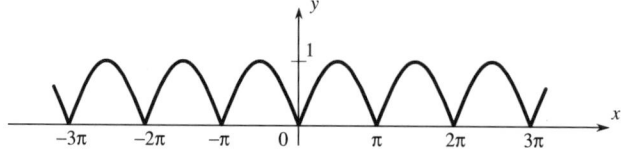

図 1-14　周期 π の全波整流波形

1.4 フーリエ級数の例

9) $[-\pi, \pi)$ で $f(x) = \begin{cases} \sin x & (0 \leq x < \pi) \\ 0 & (-\pi \leq x < 0) \end{cases}$ となる周期 2π の関数

この関数は**半波整流波形**といい，$f(x) = \dfrac{1}{2}(\sin x + |\sin x|)$ と書けるので前の全波整流波形の結果が使える．

$$f(x) = \frac{1}{\pi} + \frac{\sin x}{2} - \sum_{n=1}^{\infty} \frac{2}{\pi(2n-1)(2n+1)} \cos 2nx$$

$$= \frac{1}{\pi} + \frac{\sin x}{2} - \frac{2}{\pi}\left(\frac{\cos 2x}{1 \cdot 3} + \frac{\cos 4x}{3 \cdot 5} + \frac{\cos 6x}{5 \cdot 7} + \cdots\right). \quad (1.38)$$

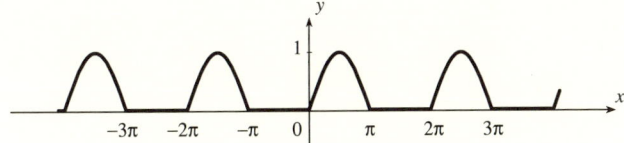

図 1-15 周期 2π の半波整流波形

このような具体的なフーリエ級数に関連した問題を解いてみよう．

問題 1.2 次の周期関数のフーリエ級数を求めよ．

1) $[-\pi, \pi)$ で $f(x) = e^x$ となる周期 2π の関数

$$\left[e^x \sim \frac{\sinh \pi}{\pi}\left\{1 + \sum_{n=1}^{\infty} \frac{2(-1)^n}{n^2+1}(\cos nx - n\sin nx)\right\}\right]$$

2) $[-2, 2)$ で $f(x) = e^{-|x|}$ となる周期 4 の関数

$$\left[e^{-|x|} = \frac{1}{2}\left(1 - \frac{1}{e^2}\right) + \sum_{n=1}^{\infty} \frac{1-(-1)^n/e^2}{1+\pi^2 n^2/4}\cos\frac{n\pi}{2}x\right]$$

3) $[-\pi, \pi)$ で $f(x) = x(\pi - x)$ となる周期 2π の関数

$$\left[x(\pi-x) \sim -\frac{\pi^2}{3} + \sum_{n=1}^{\infty}(-1)^{n-1}\left(\frac{4}{n^2}\cos nx + \frac{2\pi}{n}\sin nx\right)\right]$$

4) $[-\pi, \pi)$ で $f(x) = x^3$ となる周期 2π の関数

$$\left[x^3 \sim \sum_{n=1}^{\infty}(-1)^{n-1}\left(\frac{2\pi^2}{n} - \frac{12}{n^3}\right)\sin nx\right]$$

例題 1.1 周期 2π の関数 $f(x) = x^2$ のフーリエ級数 (1.31) を使って次の式を示せ.
$$1 + \frac{1}{2^2} + \frac{1}{3^2} + \frac{1}{4^2} + \cdots = \frac{\pi^2}{6}$$

《解》 式 (1.31) において, $x = \pi$ とおくと上式が得られる.

問題 1.3 フーリエ級数 (1.31) 〜 (1.38) のいずれかを使って以下の式を示せ.

1) $1 - \dfrac{1}{2^2} + \dfrac{1}{3^2} - \dfrac{1}{4^2} + \cdots = \dfrac{\pi^2}{12}$

2) $1 + \dfrac{1}{3^2} + \dfrac{1}{5^2} + \dfrac{1}{7^2} + \cdots = \dfrac{\pi^2}{8}$

3) $1 - \dfrac{1}{3} + \dfrac{1}{5} - \dfrac{1}{7} + \cdots = \dfrac{\pi}{4}$

4) $\dfrac{1}{1\cdot 3} + \dfrac{1}{3\cdot 5} + \dfrac{1}{5\cdot 7} \cdots = \dfrac{1}{2}$

1.5 ベクトルと関数★

内積と直交基底

ある区間 $[a,b]$ において複素数値の関数 f, g に対して, 次のような積分によって決まる複素数を (f,g) と表し, f と g の**内積**とよぶ.

$$(f, g) = \int_a^b f(x)\overline{g(x)}\, dx . \tag{1.39}$$

関数に対してこのように内積を定義したが, 実際に関数をベクトルとみなすことが可能である. この内積によって関数 $f(x)$ のノルム $\|f\|$ が,

$$\|f\|^2 = (f, f) = \int_a^b |f(x)|^2\, dx \tag{1.40}$$

のように定義される.

さて, n 次元複素ベクトル空間 $\mathbb{C}^n$ を考える. ここで, $\mathbb{C}$ は複素数の全体を表す記号である. その任意のベクトル $\boldsymbol{X}, \boldsymbol{Y} \in \mathbb{C}^n$ の内積も $(\boldsymbol{X}, \boldsymbol{Y})$ で表す. α を複素数とすれば,

$$(\alpha \boldsymbol{X}, \boldsymbol{Y}) = \alpha(\boldsymbol{X}, \boldsymbol{Y}), \quad (\boldsymbol{X}, \alpha \boldsymbol{Y}) = \overline{\alpha}(\boldsymbol{X}, \boldsymbol{Y}) \tag{1.41}$$

であり, $\boldsymbol{X}$ のノルム $\|\boldsymbol{X}\|$ は内積によって,

1.5 ベクトルと関数★

$$\|\boldsymbol{X}\|^2 = (\boldsymbol{X}, \boldsymbol{X}) \tag{1.42}$$

のように与えられる．$\mathbb{C}^n$ において**直交基底**を任意に選んで，

$$\{\boldsymbol{e}_1, \boldsymbol{e}_2, \cdots, \boldsymbol{e}_n\} \tag{1.43}$$

と表す．ベクトル $\boldsymbol{e}_i$ の長さは $\|\boldsymbol{e}_i\| = \sqrt{(\boldsymbol{e}_i, \boldsymbol{e}_i)}$ で与えられ，また直交性は，

$$(\boldsymbol{e}_i, \boldsymbol{e}_j) = 0 \qquad (i \neq j) \tag{1.44}$$

と表される．この基底を使って 2 つのベクトル $\boldsymbol{X}, \boldsymbol{Y}$ を次のように表すことができる．

$$\boldsymbol{X} = f_1 \boldsymbol{e}_1 + f_2 \boldsymbol{e}_2 + \cdots + f_n \boldsymbol{e}_n, \tag{1.45}$$

$$\boldsymbol{Y} = g_1 \boldsymbol{e}_1 + g_2 \boldsymbol{e}_2 + \cdots + g_n \boldsymbol{e}_n. \tag{1.46}$$

f_i や g_i はそれぞれ $\boldsymbol{X}, \boldsymbol{Y}$ の第 i 成分である．式 (1.45) と式 (1.46) において，両辺で $\boldsymbol{e}_i$ との内積をとることによって成分が，

$$f_i = \frac{1}{\|\boldsymbol{e}_i\|^2}(\boldsymbol{X}, \boldsymbol{e}_i), \qquad g_i = \frac{1}{\|\boldsymbol{e}_i\|^2}(\boldsymbol{Y}, \boldsymbol{e}_i) \tag{1.47}$$

のように得られる．また，n 次元ベクトル $\boldsymbol{X}$ と $\boldsymbol{Y}$ の内積は成分を使って，

$$\begin{aligned}(\boldsymbol{X}, \boldsymbol{Y}) &= \sum_{k=1}^{n} f_k \overline{g_k} \|\boldsymbol{e}_k\|^2 \\ &= f_1 \overline{g_1} \|\boldsymbol{e}_1\|^2 + f_2 \overline{g_2} \|\boldsymbol{e}_2\|^2 + \cdots + f_n \overline{g_n} \|\boldsymbol{e}_n\|^2\end{aligned} \tag{1.48}$$

と表される．普通は，$\boldsymbol{X}$ や $\boldsymbol{Y}$ は $\mathbb{C}^n$ の原点に始点があり，終点が $\mathbb{C}^n$ の中の点に対応する矢印で表される．ところで，ベクトル $\boldsymbol{X}$ や $\boldsymbol{Y}$ を離散的な n 個の変数 $k = 1, 2, \cdots, n$ に対して値が，$f(1) = f_1, f(2) = f_2, \cdots, f(n) = f_n$ および $g(1) = g_1, g(2) = g_2, \cdots, g(n) = g_n$ であるような関数とみなすのである．関数 $f(x)$ や $g(x)$ は，このような離散変数の関数 $f(k), g(k)$ $(1 \leq k \leq n)$ に対して，変数 k が連続実変数 x に移行したものと考えることができる．ベクトルは成分の数 n が次元であるが，連続実変数 x の関数はいわば無限次元ベクトルである．このように関数のなす空間，すなわち，関数空間は**無限次元ベクトル空間**とみなすことができる．n 次元ベクトル空間で式 (1.48) のように和 $\sum$ で与えられる内積は，無限次元ベクトル空間では式 (1.39) のように積分 $\int$ で与えられる内積となるのである．

関数空間における直交系★

さて，関数空間での直交基底とはどのようなものだろうか．そのような直交基底の候補として，区間 $[a,b]$ 上で定義された実 1 変数複素数値関数の無限個の組

$$\{\psi_1(x), \psi_2(x), \cdots, \psi_k(x), \cdots\} \tag{1.49}$$

を選んだとすると，式 (1.39) の内積およびノルム (1.40) に関して，

$$(\psi_i, \psi_j) = \int_a^b \psi_i(x)\overline{\psi_j(x)}\, dx = 0 \quad (i \neq j), \tag{1.50}$$

$$\|\psi_i\|^2 = (\psi_i, \psi_i) = \int_a^b |\psi_i(x)|^2\, dx \neq 0 \tag{1.51}$$

を満たすことが必要である．関数空間におけるこの 2 条件を満たす関数の組 (1.49) を単に**直交系**とよぶ．このような直交系を 1 つ選んで，任意の関数 $f(x)$ をベクトルとの類推で次のような級数展開

$$f(x) = \alpha_1\psi_1(x) + \alpha_2\psi_2(x) + \cdots + \alpha_n\psi_n(x) + \cdots \tag{1.52}$$

として表すことができるだろうか．選んだ直交系が適切なものかどうか，任意の関数に対して上記の級数展開が可能かどうか，などを判断することはそう簡単ではない．

いまは仮にそのような級数展開ができたと考えておこう．式 (1.52) の両辺と ψ_i との内積をとると，$(f, \psi_i) = \alpha_i\|\psi_i\|^2$ なので，係数が

$$\alpha_i = \frac{1}{\|\psi_i\|^2}(f, \psi_i) = \int_a^b f(x)\overline{\psi_i(x)}\, dx \bigg/ \int_a^b |\psi_i(x)|^2\, dx \tag{1.53}$$

のように得られる．また，$f(x)$ と異なる関数 $g(x)$ が同じ直交系 $\{\psi_i(x)\}$ で $g(x) = \sum\limits_{i=1}^{\infty}\beta_i\psi_i(x)$ のように展開されていれば，$f(x)$ と $g(x)$ の内積は，

$$(f, g) = \int_a^b f(x)\overline{g(x)}\, dx = \sum_{i=1}^{\infty} \alpha_i\overline{\beta_i}\,\|\psi_i\|^2 \tag{1.54}$$

のように与えられる．内積 (f,g) が 0 となるときは，ベクトルと同様に $f(x)$ と $g(x)$ が直交するというのである．

直交系の選び方は一意的ではない．考えている関数空間において適当な直交系，あるいは扱いやすい直交系を選択すればよい．周期 T または 2π の関数 $f(x)$ の区間 $[-T/2, T/2]$ または $[-\pi, \pi]$ における無限級数としてのフーリエ級数 (1.8) または (1.11) は，それぞれの内積

1.5 ベクトルと関数★

$$(f, g) = \int_{-T/2}^{T/2} f(x)\,\overline{g(x)}\,dx \tag{1.55}$$

または

$$(f, g) = \int_{-\pi}^{\pi} f(x)\,\overline{g(x)}\,dx \tag{1.56}$$

に関して直交系を,

$$\left\{ 1, \cos\frac{2\pi}{T}x, \cos\frac{4\pi}{T}x, \cos\frac{6\pi}{T}x, \cdots, \cos\frac{2n\pi}{T}x, \cdots \right.$$
$$\left. \sin\frac{2\pi}{T}x, \sin\frac{4\pi}{T}x, \sin\frac{6\pi}{T}x, \cdots, \sin\frac{2n\pi}{T}x, \cdots \right\} \tag{1.57}$$

または

$$\{ 1, \cos x, \cos 2x, \cos 3x, \cdots, \cos nx, \cdots$$
$$\sin x, \sin 2x, \sin 3x, \cdots, \sin nx, \cdots \} \tag{1.58}$$

のように選択したものである.これらのフーリエ級数の基底を**三角基底**とよぶことにする.

三角基底の直交性

特に,関数の組 (1.58) が区間 $[-\pi, \pi]$ において直交系であることを示そう.まず互いに直交性があることを内積の計算から確かめる.

$$(1, \cos nx) = \int_{-\pi}^{\pi} 1 \cdot \cos nx\,dx = 0, \tag{1.59}$$

$$(1, \sin nx) = \int_{-\pi}^{\pi} 1 \cdot \sin nx\,dx = 0 \tag{1.60}$$

は容易にわかる.次に $m \neq n$ に対して,

$$(\cos mx, \cos nx) = \int_{-\pi}^{\pi} \cos mx\,\cos nx\,dx$$
$$= \frac{1}{2}\int_{-\pi}^{\pi} \{\cos(m+n)x + \cos(m-n)x\}dx = 0, \tag{1.61}$$

$$(\sin mx, \sin nx) = \int_{-\pi}^{\pi} \sin mx\,\sin nx\,dx$$
$$= \frac{1}{2}\int_{-\pi}^{\pi} \{\cos(m-n)x - \cos(m+n)x\}dx = 0. \tag{1.62}$$

任意の m, n に対して，

$$(\cos mx, \sin nx) = \int_{-\pi}^{\pi} \cos mx \sin nx \, dx = 0. \tag{1.63}$$

このように互いの直交関係が確認できたが，ノルムも求めておこう．

$$\|1\|^2 = (1,1) = \int_{-\pi}^{\pi} 1 \cdot 1 \, dx = \int_{-\pi}^{\pi} dx = 2\pi, \tag{1.64}$$

$$\|\cos nx\|^2 = (\cos nx, \cos nx) = \int_{-\pi}^{\pi} \cos^2 nx \, dx = \pi, \tag{1.65}$$

$$\|\sin nx\|^2 = (\sin nx, \sin nx) = \int_{-\pi}^{\pi} \sin^2 nx \, dx = \pi. \tag{1.66}$$

この直交関係によって，フーリエ係数 (1.12), (1.13) は，次のように内積によって $\cos nx$ 成分や $\sin nx$ 成分が抽出されたものと考えられる．

$$\frac{a_0}{2} = \frac{1}{\|1\|^2}(f(x), 1) = \frac{1}{2\pi} \int_{-\pi}^{\pi} f(x) \, dx, \tag{1.67}$$

$$a_n = \frac{1}{\|\cos nx\|^2}(f(x), \cos nx) = \frac{1}{\pi} \int_{-\pi}^{\pi} f(x) \cos nx \, dx, \tag{1.68}$$

$$b_n = \frac{1}{\|\cos nx\|^2}(f(x), \sin nx) = \frac{1}{\pi} \int_{-\pi}^{\pi} f(x) \sin nx \, dx. \tag{1.69}$$

区間 $[-T/2, T/2]$ 上の基底 (1.57) が直交系であることも同様にして確かめることができるが，ノルムは次のように与えられる．

$$\|1\|^2 = (1,1) = \int_{-T/2}^{T/2} 1 \cdot 1 \, dx = \int_{-T/2}^{T/2} dx = T, \tag{1.70}$$

$$\left\|\cos \frac{2n\pi}{T}x\right\|^2 = \left(\cos \frac{2n\pi}{T}x, \cos \frac{2n\pi}{T}x\right)$$
$$= \int_{-T/2}^{T/2} \cos^2 \frac{2n\pi}{T}x \, dx = \frac{T}{2}, \tag{1.71}$$

$$\left\|\sin \frac{2n\pi}{T}x\right\|^2 = \left(\cos \frac{2n\pi}{T}x, \cos \frac{2n\pi}{T}x\right)$$
$$= \int_{-T/2}^{T/2} \cos^2 \frac{2n\pi}{T}x \, dx = \frac{T}{2}. \tag{1.72}$$

正規直交系

　直交系のうちで，ノルムがすべて 1 であるものを**正規直交系**という．三角基底 (1.57) と (1.58) を正規化したものは次のように与えられる．

$$\left\{ \frac{1}{\sqrt{T}}, \sqrt{\frac{2}{T}}\cos\frac{2\pi}{T}x, \sqrt{\frac{2}{T}}\cos\frac{4\pi}{T}x, \cdots, \sqrt{\frac{2}{T}}\cos\frac{2n\pi}{T}x, \cdots \right.$$

$$\left. \sqrt{\frac{2}{T}}\sin\frac{2\pi}{T}x, \sqrt{\frac{2}{T}}\sin\frac{4\pi}{T}x, \cdots, \sqrt{\frac{2}{T}}\sin\frac{2n\pi}{T}x, \cdots \right\} \tag{1.73}$$

および

$$\left\{ \frac{1}{\sqrt{2\pi}}, \frac{1}{\sqrt{\pi}}\cos x, \frac{1}{\sqrt{\pi}}\cos 2x, \cdots, \frac{1}{\sqrt{\pi}}\cos nx, \cdots \right.$$

$$\left. \frac{1}{\sqrt{\pi}}\sin x, \frac{1}{\sqrt{\pi}}\sin 2x, \cdots, \frac{1}{\sqrt{\pi}}\sin nx, \cdots \right\}. \tag{1.74}$$

　フーリエ級数を記述するとき正規直交系を使ってもよい．例えば，式 (1.11) の周期 2π の関数 $f(x)$ のフーリエ級数は，正規直交系 (1.74) を使うと

$$f(x) \sim \frac{a_0}{2\sqrt{\pi}} + \sum_{n=1}^{\infty} \left(\frac{a_n}{\sqrt{\pi}}\cos nx + \frac{b_n}{\sqrt{\pi}}\sin nx \right) \tag{1.75}$$

のように表すことができる．このフーリエ係数は次のように計算できる．

$$a_n = \frac{1}{\sqrt{\pi}} \int_{-\pi}^{\pi} f(x) \cos nx \, dx \quad (n = 0, 1, 2, \cdots), \tag{1.76}$$

$$b_n = \frac{1}{\sqrt{\pi}} \int_{-\pi}^{\pi} f(x) \sin nx \, dx \quad (n = 1, 2, \cdots). \tag{1.77}$$

　同じようにして，関数空間における直交系 (1.49) に対応した正規直交系は，

$$\left\{ \frac{\psi_1(x)}{\|\psi_1\|}, \frac{\psi_2(x)}{\|\psi_2\|}, \cdots, \frac{\psi_k(x)}{\|\psi_k\|}, \cdots \right\} \tag{1.78}$$

となる．関数を級数展開するとき，一般の直交系を使うか正規直交系を使うかは重要な問題ではない．

完全性★

　n 次元ベクトル空間 $\mathbb{C}^n$ では，任意の基底に関して任意のベクトルを 式 (1.45) や式 (1.46) のように表すことができる．しかし関数空間では，勝手に式 (1.49) のような直交系をとってきても，いつでも任意の関数を記述できるとは限らない．そこで，関数空間における直交系の完全性という概念が必要となる．

直交系 (1.49) が区間 $[a,b]$ において**完全**であるとは，ある関数 $f(x)$ がすべての基底 $\psi_i(x)$ $(i=1,2,\cdots)$ と直交するならば，すなわち，

$$(f,\psi_i) = \int_a^b f(x)\overline{\psi_i}(x)\,dx = 0 \quad (i=1,2,\cdots) \tag{1.79}$$

ならば，$f(x)$ は「ほとんどいたるところで 0 」（または「有限個の点を除いて 0 」）でなければならないことである．

式 (1.79) は，すべてのフーリエ係数が 0 となることを意味している．すべてのフーリエ係数が 0 ならば，$f(x)$ はほとんどいたるところで 0 であることを保証するのが直交系の完全性である．直交系が完全でないとすれば，その直交系で展開された級数の形に表すことのできない関数が現れてしまう．

三角基底 (1.57) や (1.58) が完全であることは，後に 1.8 節でパーセバルの公式からも示されるが，また 2.6 節で再び考えることにしたい．

つまり，関数を展開するためには**完全直交系**でなくてはいけない．

具体例

1. 区間 $[-\pi,\pi]$ 上の関数の空間において無限個の正弦関数の組

$$\{\sin x, \sin 2x, \sin 3x, \cdots, \sin nx, \cdots\} \tag{1.80}$$

を選ぶ．これが直交系をなすことは式 (1.62) において確かめた．$[-\pi,\pi]$ 上の関数として $f(x) = \cos x$ を考える．すると $\cos x$ は恒等的には 0 ではないが，すべての $\sin kx$ と直交する．実際，

$$(\cos x, \sin kx) = \int_{-\pi}^{\pi} \cos x \sin kx\,dx = 0 \quad (k=1,2,\cdots) \tag{1.81}$$

である．よって完全ではない．すなわち，$\cos x$ は $\sin kx$ のいかなる級数展開によっても表すことができない．

2. 上記の直交系 (1.80) は，区間 $[0,\pi/2]$ においては直交系にはならない．実際，$\sin x$ と $\sin 4x$ との内積は，

$$(\sin x, \sin 4x) = \int_0^{\pi/2} \sin x \sin 4x\,dx = \frac{1}{2}\int_0^{\pi/2}(\cos 3x - \cos 5x)\,dx$$

$$= \frac{1}{2}\left[\frac{1}{3}\sin 3x - \frac{1}{5}\sin 5x\right]_0^{\pi/2} = -\frac{1}{15} \neq 0$$

となって直交しない．関数の組が直交系となるか否かは，区間 $[a,b]$ の選び方にも深く依存していることなのである．

1.6 複素フーリエ級数

周期 T の関数 $f(x)$ の複素指数関数 $e^{i\frac{2n\pi}{T}x}$ による級数展開

$$f(x) \sim \sum_{n=-\infty}^{\infty} c_n e^{i\frac{2n\pi}{T}x}, \quad c_n = \frac{1}{T}\int_{-T/2}^{T/2} f(x) e^{-i\frac{2n\pi}{T}x} dx \tag{1.82}$$

を $f(x)$ の**複素フーリエ級数**という．周期 2π の関数 $f(x)$ に対する複素フーリエ級数は，次のようになる．

$$f(x) \sim \sum_{n=-\infty}^{\infty} c_n e^{inx}, \quad c_n = \frac{1}{2\pi}\int_{-\pi}^{\pi} f(x) e^{-inx} dx \tag{1.83}$$

フーリエ級数 (1.8) と (1.82)，および (1.11) と (1.83) は本質的に同じものである．オイラーの公式から，

$$e^{i\frac{2n\pi}{T}x} = \cos\frac{2n\pi}{T}x + i\sin\frac{2n\pi}{T}x, \tag{1.84}$$

$$e^{-i\frac{2n\pi}{T}x} = \cos\frac{2n\pi}{T}x - i\sin\frac{2n\pi}{T}x \tag{1.85}$$

および

$$\cos\frac{2n\pi}{T}x = \frac{1}{2}\left(e^{i\frac{2n\pi}{T}x} + e^{-i\frac{2n\pi}{T}x}\right), \tag{1.86}$$

$$\sin\frac{2n\pi}{T}x = \frac{1}{2i}\left(e^{i\frac{2n\pi}{T}x} - e^{-i\frac{2n\pi}{T}x}\right) \tag{1.87}$$

が知られている．周期が 2π のときは，

$$e^{inx} = \cos nx + i\sin nx, \quad e^{-inx} = \cos nx - i\sin nx \tag{1.88}$$

および

$$\cos nx = \frac{1}{2}\left(e^{inx} + e^{-inx}\right), \quad \sin nx = \frac{1}{2i}\left(e^{inx} - e^{-inx}\right) \tag{1.89}$$

である．これを使って，周期 2π のとき，式 (1.83) の第 1 の式が式 (1.11) の形になることを示そう．

$$\sum_{n=-\infty}^{\infty} c_n e^{inx} = \sum_{n=1}^{\infty} c_{-n} e^{-inx} + c_0 + \sum_{n=1}^{\infty} c_n e^{inx}$$

$$= c_0 + \sum_{n=1}^{\infty}\left\{c_{-n}(\cos nx - i\sin nx) + c_n(\cos nx + i\sin nx)\right\}$$

$$= c_0 + \sum_{n=1}^{\infty}\left\{(c_n + c_{-n})\cos nx + i(c_n - c_{-n})\sin nx\right\}. \tag{1.90}$$

これが式 (1.11) を表していると考える．すると，係数の間に

$$a_0 = 2c_0, \qquad a_n = c_n + c_{-n}, \qquad b_n = i(c_n - c_{-n}), \tag{1.91}$$

あるいは

$$c_0 = \frac{a_0}{2}, \qquad c_n = \frac{1}{2}(a_n - ib_n), \qquad c_{-n} = \frac{1}{2}(a_n + ib_n) \tag{1.92}$$

という対応がつく．$f(x)$ が複素数値関数ならば，係数 a_n, b_n および c_n は複素数である．また，$f(x)$ が実数値関数ならば，a_n, b_n は実数，および $\overline{c_n} = c_{-n}$ である．

複素フーリエ級数 (1.83) の直交系は，三角基底 (1.58) に対応して，

$$\left\{ \cdots, e^{-i3x}, e^{-i2x}, e^{-ix}, 1, e^{ix}, e^{i2x}, e^{i3x}, \cdots \right\} \tag{1.93}$$

で与えられる．これが直交系をなすことは，内積 (1.39) によって，

$$
\begin{aligned}
(e^{inx}, e^{imx}) &= \int_{-\pi}^{\pi} e^{inx} \overline{e^{imx}}\, dx \\
&= \int_{-\pi}^{\pi} e^{i(n-m)x}\, dx = 0 \quad (n \neq m)
\end{aligned}
\tag{1.94}
$$

のように確かめられる．各基底 e^{inx} のノルムは，

$$\|e^{inx}\|^2 = \int_{-\pi}^{\pi} e^{inx} \overline{e^{inx}}\, dx = \int_{-\pi}^{\pi} 1\, dx = 2\pi. \tag{1.95}$$

したがって，式 (1.82) と式 (1.83) における複素フーリエ係数 c_n は，それぞれ次のように内積から得られたと考えられる．

$$
\begin{aligned}
c_n = \frac{1}{T}\left(f, e^{i\frac{2n\pi}{T}x}\right) &= \frac{1}{T}\int_{-T/2}^{T/2} f(x) \overline{e^{i\frac{2n\pi}{T}x}}\, dx \\
&= \frac{1}{T}\int_{-T/2}^{T/2} f(x)\, e^{-i\frac{2n\pi}{T}x}\, dx,
\end{aligned}
\tag{1.96}
$$

$$
\begin{aligned}
c_n = \frac{1}{2\pi}\left(f, e^{inx}\right) &= \frac{1}{2\pi}\int_{-\pi}^{\pi} f(x) \overline{e^{inx}}\, dx \\
&= \frac{1}{2\pi}\int_{-\pi}^{\pi} f(x)\, e^{-inx}\, dx.
\end{aligned}
\tag{1.97}
$$

問題 1.4 次の複素フーリエ級数を示せ.

1) 周期 2π の $f(x) = x$ の複素フーリエ級数

$$x \sim \sum_{n=-\infty, n\neq 0}^{\infty} i\frac{(-1)^n}{n} e^{inx}$$

2) 周期 2π の $f(x) = x^2$ の複素フーリエ級数

$$x^2 = \frac{\pi^2}{3} + \sum_{n=-\infty, n\neq 0}^{\infty} 2\frac{(-1)^n}{n^2} e^{inx}$$

3) 周期 2π の $f(x) = x^3$ の複素フーリエ級数

$$x^3 \sim \sum_{n=-\infty, n\neq 0}^{\infty} (-1)^n i \left(\frac{\pi^2}{n} - \frac{6}{n^3}\right) e^{inx}$$

1.7 周期関数のたたみこみ

フーリエ解析にとって重要なたたみこみを定義しなければならない.合成積ともいわれる.たたみこみには,3 種類ある.(i) 周期関数のたたみこみ,(ii) フーリエ変換で扱われる非周期関数のたたみこみ (4.6 節),および (iii) ラプラス変換で扱われる関数のたたみこみ (5.5 節) である.

ここでは,周期関数のたたみこみを定義する.周期が T の周期関数 $f(x)$,$g(x)$ に対する**たたみこみ** $f*g(x)$ は,次の積分で定義される.

$$\boxed{f*g(x) = \frac{1}{T}\int_{-T/2}^{T/2} f(\tau)g(x-\tau)\,d\tau.} \tag{1.98}$$

周期が $T = 2\pi$ のときは,

$$\boxed{f*g(x) = \frac{1}{2\pi}\int_{-\pi}^{\pi} f(\tau)g(x-\tau)\,d\tau} \tag{1.99}$$

である.

2 つの区分的なめらかな関数 $f(x), g(x)$ とその複素フーリエ級数が次のように与えられている.

$$f(x) \sim \sum_{n=-\infty}^{\infty} c_n e^{i\frac{2n\pi}{T}x}, \tag{1.100}$$

$$g(x) \sim \sum_{n=-\infty}^{\infty} \gamma_n e^{i\frac{2n\pi}{T}x}. \tag{1.101}$$

このとき，$f(x)$ と $g(x)$ のたたみこみ $f * g(x)$ のフーリエ級数の係数は，それぞれの係数の積になる．したがって，

$$\boxed{f * g(x) = \sum_{n=-\infty}^{\infty} c_n \gamma_n e^{i\frac{2n\pi}{T}x}} \tag{1.102}$$

が得られる．これを確かめるには，$f * g(x)$ のフーリエ係数を式 (1.82) の後者に従って計算する．

$$\begin{aligned}
&\left[f * g(x) \text{の} n \text{次の項の複素フーリエ係数}\right] \\
&= \frac{1}{T}\int_{-T/2}^{T/2} f * g(x)\, e^{-i\frac{2n\pi}{T}x}\, dx \\
&= \frac{1}{T}\int_{-T/2}^{T/2} \left(\frac{1}{T}\int_{-T/2}^{T/2} f(\tau)g(x-\tau)\, d\tau\right) e^{-i\frac{2n\pi}{T}x}\, dx \\
&= \frac{1}{T^2}\int_{-T/2}^{T/2}\int_{-T/2}^{T/2} d\tau\, dx\, f(\tau)\, g(x-\tau)\, e^{-i\frac{2n\pi}{T}x} \\
&= \frac{1}{T^2}\int_{-T/2}^{T/2}\int_{-T/2}^{T/2} d\tau\, d\xi\, f(\tau)\, g(\xi)\, e^{-i\frac{2n\pi}{T}(\xi+\tau)} \\
&= \left(\frac{1}{T}\int_{-T/2}^{T/2} f(\tau)\, e^{-i\frac{2n\pi}{T}\tau}\, d\tau\right) \cdot \left(\frac{1}{T}\int_{-T/2}^{T/2} g(\xi)\, e^{-i\frac{2n\pi}{T}\xi}\, d\xi\right) \\
&= c_n\, \gamma_n. \tag{1.103}
\end{aligned}$$

例題 1.2 たたみこみの交換則 $f * g(x) = g * f(x)$ が成り立つことを示せ．

《解》 実際，$T = 2\pi$ のときには次のように確かめられる．

$$\begin{aligned}
f * g(x) &= \frac{1}{2\pi}\int_{-\pi}^{\pi} f(\tau)g(x-\tau)\, d\tau \\
&= \frac{1}{2\pi}\int_{x+\pi}^{x-\pi} f(x-\xi)g(\xi)\,(-d\xi) \\
&= \frac{1}{2\pi}\int_{x-\pi}^{x+\pi} f(x-\xi)g(\xi)\, d\xi
\end{aligned}$$

1.8 パーセバルの等式★

$$= \frac{1}{2\pi}\int_{-\pi}^{\pi} f(x-\xi)g(\xi)\,d\xi$$
$$= g * f(x).$$

一般の T のときも同様に示すことができる．

問題 1.5 1) 区間 $[-\pi,\pi)$ で，$f(x)=x$ および $g(x)=x^2$ となる 2 つの周期 2π の関数のたたみこみが次のようになることを示せ．

$$f*g(x) = \begin{cases} -\dfrac{x^3}{3} + \pi x^2 - \dfrac{2\pi^2}{3}x & (x \geq 0) \\[1ex] -\dfrac{x^3}{3} - \pi x^2 - \dfrac{2\pi^2}{3}x & (x < 0) \end{cases}$$

$$= -\frac{x^3}{3} + \operatorname{sgn}(x)\,\pi x^2 - \frac{2\pi^2}{3}x$$

$(\operatorname{sgn}(x) = 1\ (x \geq 0),\ = -1\ (x < 0)$ は符号関数である$)$

2) 上の小問 1) のたたみこみ $f*g(x)$ のフーリエ級数を求めよ．

1.8 パーセバルの等式★

周期 T の関数 $f(x)$ のフーリエ級数 (1.8) におけるフーリエ係数 a_n，b_n および複素フーリエ級数 (1.82) の係数 c_n と $|f(x)|^2$ の積分の間に，次の等式が成り立つ．

$$\boxed{\ \frac{|a_0|^2}{2} + \sum_{n=1}^{\infty}\left(|a_n|^2 + |b_n|^2\right) = 2\sum_{n=-\infty}^{\infty}|c_n|^2 = \frac{2}{T}\int_{-T/2}^{T/2}|f(x)|^2\,dx\ .\ }$$

(1.104)

この関係式をフーリエ級数に対する**パーセバルの等式**という（4.6 節では，フーリエ変換に対するパーセバルの等式が与えられる）．

パーセバルの等式は，たたみこみを使って示すことができる．式 (1.98) において $g(x)$ を $\overline{f(-x)}$ とおく．すなわち，

$$g(x) = \overline{f(-x)} = \sum_{n=-\infty}^{\infty} \overline{c_n}\, e^{i\frac{2n\pi}{T}x} \tag{1.105}$$

とおくと，式 (1.98) と式 (1.102) より，

$$\frac{1}{T}\int_{-T/2}^{T/2} f(\tau)\overline{f(-(x-\tau))}\,d\tau = \sum_{n=-\infty}^{\infty} c_n\overline{c_n}\, e^{i\frac{2n\pi}{T}x} \tag{1.106}$$

となる．ここで，$x=0$ とおくと式 (1.104) の第 2 の等号が得られる．第 1 の等号は，式 (1.92) からただちに導かれる．

式 (1.104) の左辺で $N+1$ 項までの有限和をとったとすれば，次のように不等式が得られる．

$$\frac{|a_0|^2}{2} + \sum_{n=1}^{N}\left(|a_n|^2 + |b_n|^2\right) = 2\sum_{n=-N}^{N}|c_n|^2$$
$$\leq \frac{2}{T}\int_{-T/2}^{T/2} |f(x)|^2\,dx. \tag{1.107}$$

これを**ベッセルの不等式**という．

問題 1.6 周期 2π の関数 x^2 のフーリエ級数 (1.31) にパーセバルの等式 (1.104) を使って，次の無限級数の値を求めよ．

$$\frac{1}{1^4} + \frac{1}{2^4} + \frac{1}{3^4} + \frac{1}{4^4} + \cdots$$

三角基底の完全性とパーセバルの等式

1.5 節で直交系の完全性について述べた．完全とは，高々有限個の点を除き $f(x)=0$ ならばフーリエ係数はすべて $a_n=b_n=0$ であり，逆にフーリエ係数がすべて 0 ならば $f(x)$ は，（1 周期あたり）高々有限個の点を除き 0 となることをいう．ここで，式 (1.104) からただちに，「$a_n=b_n=0 \Leftrightarrow f(x)=0$ (高々有限個の点を除く)」が読み取れる．したがって，パーセバルの公式からも三角基底 (1.57) および (1.58) が完全であることがわかる．

最小二乗平均近似

さて，$N+1$ 項までの任意の三角級数を 1 つ選び次のように表す．

$$R_N(x) = \frac{p_0}{2} + \sum_{n=1}^{N}\left(p_n\cos\frac{2n\pi}{T}x + q_n\sin\frac{2n\pi}{T}x\right). \tag{1.108}$$

また，周期 T の関数 $f(x)$ のフーリエ級数が式 (1.8) であるとして，級数 $R_N(x)$ を $f(x)$ の近似式と考える．各点 x において，$|f(x)-R_N(x)|$ が誤差の大きさであるが，その二乗平均値が最小になるような係数 p_n, q_n を決定したい．それで二乗平均値を計算する．

1.8 パーセバルの等式★

$$\frac{2}{T}\int_{-T/2}^{T/2}|f(x)-R_N(x)|^2\,dx$$

$$=\frac{2}{T}\int_{-T/2}^{T/2}|f(x)|^2\,dx-\frac{1}{2}\left(a_0\overline{p_0}+\overline{a_0}p_0\right)$$

$$-\sum_{n=1}^{N}\left(a_n\overline{p_n}+\overline{a_n}p_n+b_n\overline{q_n}+\overline{b_n}q_r\right)+\left\{\frac{|p_0|^2}{2}+\sum_{n=1}^{N}\left(|p_n|^2+|q_n|^2\right)\right\}$$

$$=\frac{2}{T}\int_{-T/2}^{T/2}|f(x)|^2\,dx+\left\{\frac{1}{2}|a_0-p_0|^2+\sum_{n=1}^{N}\left(|a_n-p_n|^2+|b_n-q_n|^2\right)\right\}$$

$$-\left\{\frac{|a_0|^2}{2}+\sum_{n=1}^{N}\left(|a_n|^2+|b_n|^2\right)\right\}. \tag{1.109}$$

これが最小になるのは、係数 p_n, q_n が $f(x)$ のフーリエ係数 a_n, b_n と一致するとき ($p_n=a_n$, $q_n=b_n$) であることがわかる．言い換えると，$f(x)$ を式 (1.108) の形の三角多項式 $R_N(x)$ で，二乗平均値を最小にするような近似をするとき，項数 $N+1$ にかかわりなく $f(x)$ のフーリエ級数の最初の $N+1$ 項までの有限和

$$S_N[f,x]=\frac{a_0}{2}+\sum_{n=1}^{N}(a_n\cos nx+b_n\sin nx) \tag{1.110}$$

が最もよい近似式である．これをフーリエ有限和という．

さて，フーリエ級数の有限和 $S_N[f,x]$ を $f(x)$ の近似式とするとき，

$$0\le\frac{2}{T}\int_{-T/2}^{T/2}|f(x)-S_N[f,x]|^2\,dx$$

$$=\frac{2}{T}\int_{-T/2}^{T/2}|f(x)|^2\,dx-\left\{\frac{|a_0|^2}{2}+\sum_{n=1}^{N}\left(|a_n|^2+|b_n|^2\right)\right\} \tag{1.111}$$

となるので，前に得たベッセルの不等式 (1.107) が，これによっても示されたことになる．この不等式からわかることは，N が大きくなるほど近似がよくなっていく．そして，パーセバルの公式から，$N=\infty$ のときフーリエ級数が $f(x)$ と高々有限個の点を除いて一致するのである．

―― フーリエという人 ――――――――――――――――――――――

　　フーリエ (1768-1830) の人物伝，およびフーリエ解析の発展の歴史はそれ自体，物語としても大変興味深い．フランス革命期の人である．フーリエは，1768 年にフランスで裁縫職人の子として生まれ，1796 年 エコール・ポリテクニクの教授になった．1798 年には，ナポレオンのエジプト遠征にも従軍したこともあり，イゼール県の知事をも務めた．1800 年頃から熱伝導の研究を始め，熱量は温度勾配に比例して流れると考えられることから熱伝導方程式を導いた．任意の関数は三角級数で表されると考えて，熱伝導方程式の境界値問題の解法を示した．熱伝導方程式の解法は 7 章で説明される．

2. 収束定理★

フーリエ級数の収束の問題は，19 世紀のはじめにフーリエが彼の理論を提唱し始めたときから，今日に至ってもなお延々と続いている基本的な問題である．収束定理といっても歴史的にさまざまな定理が得られてきた．フーリエ級数の収束性は関数の性質に微妙にかつ大きく依存し，さまざまな関数に対してそれぞれに収束性が論じられてきたのである．本章では，そのような中でディリクレによる応用上重要と思われる収束定理を説明する（初めて学ぶ人は，本章を飛ばしてもよい．ただし，2.1 節だけは読んで欲しい）．

2.1 収束定理★

まず，フーリエ級数とは何であったかをもう一度整理することから始めよう．周期 2π の関数 $f(x)$ を区間 $[-\pi, \pi]$ において考える．この $f(x)$ に $\cos nx$ および $\sin nx$ を掛けて，$[-\pi, \pi]$ 上の積分としてフーリエ係数

$$a_n = \frac{1}{\pi} \int_{-\pi}^{\pi} f(x) \cos nx \, dx \qquad (n = 0, 1, 2, \cdots), \tag{2.1}$$

$$b_n = \frac{1}{\pi} \int_{-\pi}^{\pi} f(x) \sin nx \, dx \qquad (n = 1, 2, \cdots) \tag{2.2}$$

を計算する．この積分が可能で a_n および b_n が有界ならば，これを使って無限級数

$$S[f, x] = \frac{a_0}{2} + \sum_{n=1}^{\infty} (a_n \cos nx + b_n \sin nx) \tag{2.3}$$

を定義する．これが $f(x)$ に対応するフーリエ級数で，式 (1.11) は $f(x) \sim$

$S[f,x]$ と表される．ここで問題が提起される．

収束の問題

どんな $f(x)$ に対してフーリエ級数 $S[f,x]$ が収束するか．収束するとしたら，その極限値は $f(x)$ と一致するか．すなわち，$S[f,x] = f(x)$ が成立するかどうかが問題となる．

このような基本的問題に対し，次のディリクレの結果が知られている．

収束定理

周期 2π の関数 $f(x)$ が区分的なめらかならば，$f(x)$ のフーリエ級数 $S[f,x]$ は区間 $[-\pi, \pi]$ のいたるところで収束する．特に，

(i) $f(x)$ が $x = x_0$ において連続ならば，フーリエ級数の極限値は $f(x_0)$ と一致する．

$$S[f, x_0] = f(x_0). \tag{2.4}$$

(ii) $f(x)$ が $x = x_1$ において不連続ならば，フーリエ級数の極限値は x_1 における左右の片側極限値の平均値と一致する．

$$S[f, x_1] = \frac{1}{2}\{f(x_1 - 0) + f(x_1 + 0)\}. \tag{2.5}$$

注意: $f(x)$ が点 x において連続ならば，$\frac{1}{2}\{f(x-0) + f(x+0)\} = f(x)$ なので，上記の定理で (i), (ii) は区別することなく『$f(x)$ が区分的なめらかならば，フーリエ級数は $\frac{1}{2}\{f(x-0) + f(x+0)\}$ に収束する』と述べてもよい．フーリエ級数の収束性の問題は，特に不連続点において十分な注意を払わなければならず，連続点とは区別して扱うことが必要となる．よって，連続な点と不連続な点を区別して論じるほうが理解しやすいと思われる．

2.2 収束定理の証明(前半)★

この収束定理を次の順序で証明していこう．

A. フーリエ係数 a_n, b_n が有界であること．
B. $n \to \infty$ のとき $a_n \to 0$ および $b_n \to 0$ であること．
C. x_0 において $f(x)$ が連続ならば，$S[f(x_0)]$ が $f(x_0)$ に収束すること．

2.2 収束定理の証明 (前半) ★

D. 新しい関数 $\widetilde{f}(x) = \frac{1}{2}\{f(2x_1 - x) + f(x)\}$ $\left(= \frac{1}{2}\{f(x_1 - \xi) + f(x_1 + \xi)\},\ \xi = x - x_1\right)$ を定義すると，これは $f(x)$ の不連続な点 x_1 においても連続関数となる．$\widetilde{f}(x)$ に対しては，上記 C の連続の場合に帰着させることができて，x_1 においてフーリエ級数 $S[\widetilde{f}, x_1]$ が $\widetilde{f}(x_1)$ に収束することを示す．これによって証明が完結する（C, D は 2.4 節で扱われる）．

補題 A. 区間 $[a, b]$ 上の区分的連続な関数 $f(x)$ に対して，2 つの積分

$$\int_a^b f(x) \cos \lambda x\, dx, \qquad \int_a^b f(x) \sin \lambda x\, dx \tag{2.6}$$

は有界である．

《証明》 区分的連続な関数 $f(x)$ はいたるところで有界であるから，$[a, b]$ において $|f(x)| \leq M$ なる定数 M が存在する．最初の積分は，

$$\left|\int_a^b f(x) \cos \lambda x\, dx\right| \leq \int_a^b |f(x) \cos \lambda x|\, dx \leq \int_a^b |f(x)||\cos \lambda x|\, dx$$

$$\leq M(b - a)$$

となって有界である．後者の積分も同様にして，有界であることがわかる．

これより，区間 $[a, b] = [-\pi, \pi]$ のとき，フーリエ係数 a_n, b_n が有界となることがわかる．

補題 B. （リーマン・ルベーグ） 区間 $[a, b]$ 上の区分的連続な関数 $f(x)$ に対して，

$$\lim_{\lambda \to \infty} \int_a^b f(x) \cos \lambda x\, dx = 0, \qquad \lim_{\lambda \to \infty} \int_a^b f(x) \sin \lambda x\, dx = 0 \tag{2.7}$$

となる．

《証明》 まず，$f(x)$ が区分的なめらかであると仮定する．最初の式の積分に対して，部分積分を行なうと，

$$\int_a^b f(x) \cos \lambda x\, dx$$

$$= \left[\frac{1}{\lambda} f(x) \sin \lambda\right]_a^b - \frac{1}{\lambda} \int_a^b f'(x) \sin \lambda x\, dx$$

$$= \frac{1}{\lambda}\left\{f(b - 0) \sin \lambda b - f(a + 0) \sin \lambda a - \int_a^b f'(x) \sin \lambda x\, dx\right\}.$$

$f'(x)$ は区分的連続なので,補題 A より積分 $\int_a^b f'(x)\sin\lambda x\,dx$ は有界である.よって,$\{\ \}$ の中はすべて有界.ゆえに,$\lambda\to\infty$ のとき $\int_a^b f(x)\cos\lambda x\,dx \to 0$ となる.区分的なめらかなときには,式 (2.7) の第 2 の極限も同様にして示すことができる.次に,$f(x)$ が区分的連続であると仮定する.区分的連続な $f(x)$ は区分的なめらかな関数によって,近似することができる.すなわち,任意に小さな正数 ε をとると,適当な区分的なめらかな関数 ($f_\varepsilon(x)$ とする) が存在して,

$$|f(x)-f_\varepsilon(x)|<\varepsilon$$

とできる.すると,

$$\left|\int_a^b f(x)\cos\lambda x\,dx\right| = \left|\int_a^b \{(f(x)-f_\varepsilon(x))+f_\varepsilon(x)\}\cos\lambda x\,dx\right|$$

$$\leq \int_a^b |f(x)-f_\varepsilon(x)||\cos\lambda x|\,dx + \left|\int_a^b f_\varepsilon(x)\cos\lambda x\,dx\right|$$

$$< \varepsilon(b-a) + \left|\int_a^b f_\varepsilon(x)\cos\lambda x\,dx\right|.$$

この第 2 項は,区分的なめらかな関数 $f_\varepsilon(x)$ に対する積分なので,$\lambda\to\infty$ のとき 0 に収束する.また,ε はいくらでも小さくできるので第 1 項 $\varepsilon(b-a)\to 0$ ($\varepsilon\to 0$) である.よって,$\int_a^b f(x)\cos\lambda x\,dx \to 0$ ($\lambda\to\infty$) が証明できた.

このことから,区間 $[a,b]=[-\pi,\pi]$ のとき,フーリエ係数は $a_n, b_n \to 0$ ($n\to\infty$) となることがわかる.

2.3 ディリクレ核★

フーリエ有限和とディリクレ核

収束定理の証明の後半 C, D に進む前に,もう少し準備が必要である.フーリエ級数の最初の $N+1$ 項までの有限和 (1.110) で,$N\to\infty$ としたものがフーリエ級数である.

$$\lim_{N\to\infty} S_N[f,x] = S[f,x]. \tag{2.8}$$

フーリエ有限和 (1.110) において,フーリエ係数 a_n, b_n を積分で表すと,

2.3 ディリクレ核★

$$S_N[f,x] = \frac{1}{2\pi}\int_{-\pi}^{\pi} f(y)\,dy + \sum_{n=1}^{N}\left\{\left(\frac{1}{\pi}\int_{-\pi}^{\pi} f(y)\cos ny\,dy\right)\cos nx\right.$$
$$\left. + \left(\frac{1}{\pi}\int_{-\pi}^{\pi} f(y)\sin ny\,dy\right)\sin nx\right\}$$
$$= \frac{1}{\pi}\int_{-\pi}^{\pi} f(y)\left\{\frac{1}{2} + \sum_{n=1}^{N}(\cos ny\cos nx + \sin ny\sin nx)\right\}dy$$
$$= \frac{1}{\pi}\int_{-\pi}^{\pi} f(y)\left(\frac{1}{2} + \sum_{n=1}^{N}\cos n(x-y)\right)dy$$
$$= \frac{1}{\pi}\int_{-\pi}^{\pi} f(x+\xi)\left(\frac{1}{2} + \sum_{n=1}^{N}\cos n\xi\right)d\xi \tag{2.9}$$

となる．最後の等号は，変数変換 ($y \to y = x + \xi$) を行なったものである．ここで，各自然数 N に対して，

$$D_N(x) = \frac{1}{2} + \sum_{n=1}^{N}\cos nx$$
$$= \frac{1}{2} + \cos x + \cos 2x + \cdots + \cos Nx \tag{2.10}$$

と表すことにする．関数 $D_N(x)$ を**ディリクレ核**という．ディリクレ核を使うと，フーリエ有限和は，

$$S_N[f,x] = \frac{1}{\pi}\int_{-\pi}^{\pi} f(x+\xi)\,D_N(\xi)\,d\xi \tag{2.11}$$

と表される．よって，フーリエ級数は，

$$\boxed{S[f,x] = \lim_{N\to\infty}\frac{1}{\pi}\int_{-\pi}^{\pi} f(x+\xi)D_N(\xi)\,d\xi} \tag{2.12}$$

となる．これによって，フーリエ級数 $S[f,x]$ の収束性は，$f(x)$ に依存することはもちろんだが，ディリクレ核 $D_N(x)$ の $N \to \infty$ の極限の性質にも大きく依存していることがわかる．

ディリクレ核の性質

まず，式 (2.10) のディリクレ核 $D_N(x)$ は，次の形に表されることに注意する．

$$D_N(x) = \begin{cases} N + \dfrac{1}{2} & (x = 2n\pi) \\[2mm] \dfrac{\sin\left(N + \frac{1}{2}\right)x}{2\sin\frac{1}{2}x} & (x \neq 2n\pi). \end{cases} \tag{2.13}$$

問 2.1 式 (2.10) から式 (2.13) を導け.

ディリクレ核 $D_N(x)$ の性質は，次のようにまとめられる．

i) $D_N(x + 2\pi) = D_N(x)$ （基本周期 2π）

ii) $D_N(-x) = D_N(x)$ （偶関数）

iii) $\dfrac{1}{\pi}\displaystyle\int_{-\pi}^{\pi} D_N(x)\,dx = 1$ （1 周期分の面積一定）

iv) $D_N(2k\pi) = N + \dfrac{1}{2} \to \infty\ (N \to \infty)$ （k：整数）

ディリクレ核のグラフの様子は，図 2-1 で与えられる．

N が大きくなると $D_N(x)$ は，周期 2π の各区間 $[(2k-1)\pi, (2k+1)\pi]$ の中の中心 $x = 2k\pi$ にある 1 つの山がどんどん大きくなっていく．そのとき山の幅は $\dfrac{1}{N}$ に比例して狭くなっていく．$D_N(x)$ は $N \to \infty$ のとき，3 章で扱われる周期的デルタ関数 $\delta_{2\pi}(x)$ に限りなく近づく．

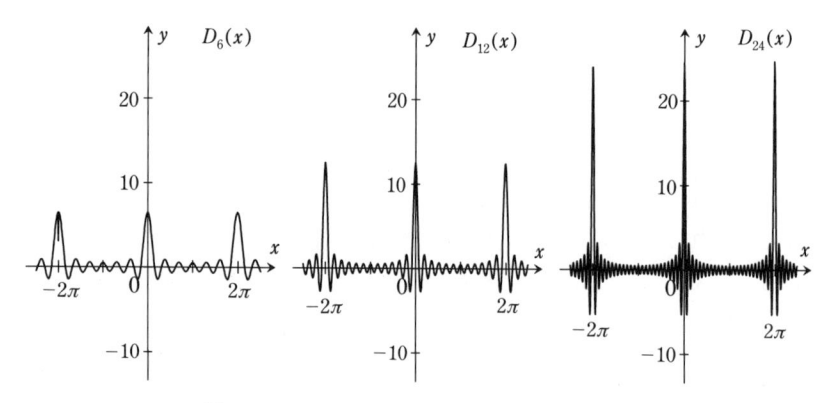

図 2-1 ディリクレ核 $D_6(x)$, $D_{12}(x)$, $D_{24}(x)$

2.4 収束定理の証明 (後半) ★

ここで収束定理の証明に戻ることにしよう．

補題 C. 区分的なめらかな $f(x)$ が $x = x_0$ で連続ならば，フーリエ級数 $S[f(x)]$ は x_0 において $f(x)$ と一致する．

$$S[f, x_0] = f(x_0). \tag{2.14}$$

《証明》 フーリエ級数が式 (2.12) となるので，証明すべきことは次の式である．

$$S[f, x_0] = f(x_0)$$
$$\Leftrightarrow \lim_{N\to\infty} \frac{1}{\pi} \int_{-\pi}^{\pi} f(x_0 + \xi) D_N(\xi)\, d\xi = f(x_0)$$
$$\Leftrightarrow \lim_{N\to\infty} \left(\frac{1}{\pi} \int_{-\pi}^{\pi} f(x_0 + \xi) D_N(\xi)\, d\xi - f(x_0) \right) = 0. \tag{2.15}$$

式 (2.15) は，第 2 項の $f(x_0)$ に $1 = \frac{1}{\pi} \int_{-\pi}^{\pi} D_N(\xi)\, d\xi$ を掛けることによって，

$$\lim_{N\to\infty} \frac{1}{\pi} \int_{-\pi}^{\pi} \{f(x_0 + \xi) - f(x_0)\} D_N(\xi)\, d\xi = 0 \tag{2.16}$$

となる．式 (2.13) を使ってディリクレ核 $D_N(\xi)$ を具体的に書けば，

$$\lim_{N\to\infty} \frac{1}{\pi} \int_{-\pi}^{\pi} \{f(x_0 + \xi) - f(x_0)\} \frac{\sin\left(N + \frac{1}{2}\right)\xi}{2\sin\frac{1}{2}\xi}\, d\xi = 0 \tag{2.17}$$

となる．さらに整理して，証明すべき式は，

$$\boxed{\lim_{N\to\infty} \int_{-\pi}^{\pi} F(\xi; x_0) \sin\left(N + \frac{1}{2}\right)\xi\, d\xi = 0} \tag{2.18}$$

となった．ただし，

$$F(\xi; x_0) = \frac{f(x_0 + \xi) - f(x_0)}{2\pi \sin\frac{1}{2}\xi}. \tag{2.19}$$

式 (2.18) の積分区間を，$[-\pi, -a]$, $(-a, a)$ および $[a, \pi]$ の 3 つの部分に分けて考える．

$$\boxed{\text{式 (2.18) の積分}} = \int_{-\pi}^{-a} F(\xi;x_0) \sin\left(N+\frac{1}{2}\right)\xi\, d\xi$$
$$+ \int_{-a}^{a} F(\xi;x_0) \sin\left(N+\frac{1}{2}\right)\xi\, d\xi$$
$$+ \int_{a}^{\pi} F(\xi;x_0) \sin\left(N+\frac{1}{2}\right)\xi\, d\xi. \qquad (2.20)$$

さて式 (2.19) より，変数が ξ の関数 $F(\xi;x_0)$ は，区間 $[-\pi, -a]$ および $[a, \pi]$ においては，区分的なめらかである（区間 $[-\pi, -a]$ および $[a, \pi]$ においては，$F(\xi;x_0)$ の分母 $\sin\frac{1}{2}\xi$ は 0 にはならない）．

区間 $(-a, a)$ において，$\xi = 0$ では $\sin\frac{1}{2}\xi = 0$ となるので $F(\xi;x_0)$ の振舞いに注意しなければならない．どんなに小さな $a > 0$ に対しても，$\pi > |\xi| > a$ においては，$F(\xi;x_0)$ は区分的なめらかである．$\xi = 0$ において $F(\xi;x_0)$ の片側極限値を計算してみると，

$$F(0-;x_0) = \lim_{\xi \to 0-} F(\xi;x_0)$$
$$= \lim_{\xi \to 0-} \frac{1}{\pi} \frac{f(x_0+\xi)-f(x_0)}{\xi} \frac{\frac{1}{2}\xi}{\sin\frac{1}{2}\xi} = \frac{1}{\pi} f'(x_0-0), \qquad (2.21)$$

$$F(0+;x_0) = \lim_{\xi \to 0+} F(\xi;x_0)$$
$$= \lim_{\xi \to 0+} \frac{1}{\pi} \frac{f(x_0+\xi)-f(x_0)}{\xi} \frac{\frac{1}{2}\xi}{\sin\frac{1}{2}\xi} = \frac{1}{\pi} f'(x_0+0) \qquad (2.22)$$

のようになった．定理の仮定は，$f(x)$ が区分的なめらかなことである．これは，$f'(x_0-0), f'(x_0+0)$ が存在することであり，式 (2.21), (2.22) から，$F(\xi;x_0)$ が片側極限値をもつことと同値となる．すなわち，区間 $(-a, a)$ では，$F(\xi;x_0)$ は区分的連続であることがわかった．

よって，式 (2.20) の第 1, 第 2, 第 3 の積分に対する $N \to \infty$ の極限は，リーマン・ルベーグの補題 B によって，区分的連続な $F(\xi;x_0)$ に対して 0 に収束する．よって，式 (2.18) が示され，補題 C の主張が証明された．

続けて証明の最後の部分を見ることにしよう．

補題 D. 区分的なめらかな $f(x)$ が $x = x_1$ で不連続ならば，$f(x)$ のフーリエ級数 $S[f, x]$ は，x_1 において $\frac{1}{2}\{f(x_1-0) + f(x_1+0)\}$ に収束する．

2.4 収束定理の証明 (後半) ★

《証明》 x_1 を固定して，$f(x)$ に対して x_1 で連続な新しい関数

$$\widetilde{f}(x) = \frac{1}{2}\{f(2x_1 - x) + f(x)\}$$
$$= \frac{1}{2}\{f(x_1 - \xi) + f(x_1 + \xi)\} \quad (\xi = x - x_1) \tag{2.23}$$

を定義することができる．実際，x_1 における片側極限値は，

$$\widetilde{f}_-(x_1) = \widetilde{f}_+(x_1) = \frac{1}{2}\{f(x_1 - 0) + f(x_1 + 0)\} \tag{2.24}$$

のように等しい．よって $\widetilde{f}(x)$ は，x_1 において連続である．$f(x)$ が区分的なめらかなので，$\widetilde{f}(x)$ も区分的なめらかである．

さて，フーリエ有限和 (2.11) に戻って，$D_N(x)$ が偶関数であることに注意すると，

$$\frac{1}{\pi}\int_{-\pi}^{\pi} f(x_1 + \xi)\, D_N(\xi)\, d\xi = \frac{1}{\pi}\int_{-\pi}^{\pi} f(x_1 - \xi)\, D_N(\xi)\, d\xi \tag{2.25}$$

と表すことができる．したがって，

連続関数の収束定理

本書で紹介したディリクレの収束定理は，区分的ではあるが，関数になめらかさを仮定したものである．なめらかさを仮定しないと，各点収束は保証されない．

関数になめらかさを仮定せずに，デュ・ボア・レイモンは 1876 年に，1 点において収束しないフーリエ級数をもつような連続関数の例を与えた．これ以後，いろいろな例が出されたり，いろいろな条件のもとでの収束性の定理が得られてきた．この問題について，1966 年にカルレソンは二乗可積分関数のフーリエ級数は，**ほとんどいたるところで収束**するという結果を得た．連続関数は二乗可積分関数なので，「連続関数のフーリエ級数は，ほとんどいたるところで収束する」ことがわかる．すなわち，連続関数では高々有限個の点においてフーリエ級数が発散する可能性がある．この結果を得るのに，90 年を要した．フーリエ解析誕生のころからは，160 年以上である．これは，収束定理の歴史の一端であるが，このようにいまだに続いている大きな問題である．

$$S_N[f, x_1] = \frac{1}{\pi} \int_{-\pi}^{\pi} f(x_1 + \xi) D_N(\xi) d\xi$$

$$= \frac{1}{2} \left(\frac{1}{\pi} \int_{-\pi}^{\pi} f(x_1 + \xi) D_N(\xi) d\xi + \frac{1}{\pi} \int_{-\pi}^{\pi} f(x_1 - \xi) D_N(\xi) d\xi \right)$$

$$= \frac{1}{\pi} \int_{-\pi}^{\pi} \frac{1}{2} \{f(x_1 + \xi) + f(x_1 - \xi)\} D_N(\xi) d\xi$$

$$= \frac{1}{\pi} \int_{-\pi}^{\pi} \widetilde{f}(x_1 + \xi) D_N(\xi) d\xi = S_N[\widetilde{f}, x_1]. \tag{2.26}$$

さて，x_1 において連続な関数 $\widetilde{f}(x)$ のフーリエ級数 $S_N[\widetilde{f}, x]$ は，x_1 において $\widetilde{f}(x_1)$ に収束することが，前の補題 C で保証されている．よって，$f(x)$ のフーリエ級数 $S_N[f, x]$ は式 (2.26) から，x_1 において，

$$\lim_{N \to \infty} S_N[f, x_1] = \lim_{N \to \infty} S_N[\widetilde{f}, x_1] = \widetilde{f}(x_1)$$
$$= \frac{1}{2} \{f(x_1 - 0) + f(x_1 + 0)\} \tag{2.27}$$

のように不連続点の片側極限値の平均値に等しくなる．

以上で，収束定理の証明が完了する．

2.5 ギブスの現象★

1.3 節の例 (周期 2π の $f(x) = x$) の不連続点で，フーリエ級数が突起をもつことを見た．これが**ギブスの現象**である．この現象を詳しく見てみよう．

区分的なめらかな関数のフーリエ級数は，収束定理で見たように，各点で収束する．ところが，その関数が不連続点をもてば，フーリエ級数は一様収束はしない．それは，ギブスの現象とよばれる関数値の飛び出しが起きるためである．

一般の関数を対象にした議論もできるが簡単な例

$$f(x) = \begin{cases} 1 & (0 \leq x < \pi) \\ -1 & (-\pi \leq x < 0) \end{cases} \tag{2.28}$$

を考えよう．フーリエ級数は，

$$S[f, x] = \frac{4}{\pi} \left(\sin x + \frac{1}{3} \sin 3x + \cdots + \frac{1}{2N-1} \sin(2N-1)x + \cdots \right) \tag{2.29}$$

となる．N 項までのフーリエ有限和は，

2.5 ギブスの現象★

$$S_N[f,x] = \frac{4}{\pi}\left(\sin x + \frac{1}{3}\sin 3x + \cdots + \frac{1}{2N-1}\sin(2N-1)x\right)$$

$$= \frac{4}{\pi}\int_0^x (\cos y + \cos 3y + \cdots + \cos(2N-1)y)\,dy$$

$$= \frac{2}{\pi}\int_0^x \frac{\sin 2Ny}{\sin y}dy \tag{2.30}$$

のように表すことができる.

フーリエ有限和 $S_N[f,x]$ が極大または極小となる x は,

$$\frac{d}{dx}S[f,x] = 0 \;\to\; \frac{\sin 2Nx}{\sin x} = 0 \;\to\; x = \frac{l\pi}{2N} \;\;(l:整数). \tag{2.31}$$

よって, 不連続点である原点 $x=0$ の右側の, 第1の山は $x=\dfrac{\pi}{2N}$ にある. その山の高さは,

$$S_N\!\left[f,\frac{\pi}{2N}\right] = \frac{2}{\pi}\int_0^{\pi/2N}\frac{\sin 2Ny}{\sin y}dy$$

$$= \frac{2}{\pi}\int_0^{\pi}\frac{\left(\frac{\xi}{2N}\right)}{\sin\left(\frac{\xi}{2N}\right)}\frac{\sin\xi}{\xi}d\xi \quad (y\to\xi=2Ny) \tag{2.32}$$

となる. $N\to\infty$ のとき, フーリエ有限和はフーリエ級数 $S[f,x]$ になるが, この山の位置 $x=\dfrac{\pi}{2N}$ は右から限りなく 0 に近づき, 高さ (極大値) は,

$$\lim_{N\to\infty} S\!\left[f,\frac{\pi}{2N}\right] = \frac{2}{\pi}\int_0^{\pi}\frac{\sin\xi}{\xi}d\xi$$

$$= \frac{2}{\pi}\mathrm{Si}\,\pi \approx 1.1789\cdots \tag{2.33}$$

に収束する. 関数の値 $f(0+)=1$ と比べて約 18% の突起が残る. これがギブスの現象である. 式 (2.33) における $\mathrm{Si}\,\pi$ は, **積分正弦関数** $\mathrm{Si}\,x$ の $x=\pi$ における値である.

一般に, 区分的なめらかな関数 $f(x)$ の不連続点 x_1 において, ギブスの現象は不連続な関数の値の差に比例し, その約 18% の突起が上下に現れる. 上下方向の突起間の大きさは, 約 $|f(x_1+0)-f(x_1-0)|\times 1.1789\cdots$ となる (図1-8参照).

─── 積分正弦関数 ───────────────────────────────

式 (2.33) における記号 $\mathrm{Si}\,\pi$ は,積分正弦関数 $\mathrm{Si}\,x = \int_0^x \dfrac{\sin\xi}{\xi}\,d\xi$ の $x=\pi$ の値を表す.この関数に関連して,$\mathrm{sinc}\,x = \dfrac{\sin x}{x}$ という記号が使われることもある.すなわち,$\mathrm{Si}\,x = \int_0^x \mathrm{sinc}\,\xi\,d\xi$ と表され,奇関数である.主要な値は,$\mathrm{Si}\,0 = 0, \mathrm{Si}\,\pi = 1.852\cdots, \mathrm{Si}\,\infty = \lim_{x\to\infty} \mathrm{Si}\,x = \dfrac{\pi}{2}$ である.

関数 $\mathrm{sinc}\,x = \dfrac{\sin x}{x}$ は,高等学校の微積分においても $\lim_{x\to 0}\dfrac{\sin x}{x} = 1$ という極限のところで登場してくる.関数 $\mathrm{Si}\,x$ と $\mathrm{sinc}\,x$ のグラフは図 2-2 のようになる.

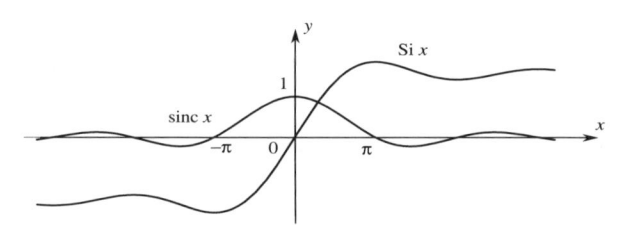

図 2-2 関数 $\mathrm{Si}\,x$ と $\mathrm{sinc}\,x$ のグラフ

───

2.6 三角基底の完全性★

完全性もディリクレ核と密接に関係しているので,1.5 節では詳しいことは説明できなかった.1.8 節でパーセバルの等式から三角基底が完全であることを確認した.ここでは,周期 2π の区分的なめらかな関数に対して,三角基底 (1.58) が完全であることを見よう(三角基底 (1.57) も同様に完全直交系であるが,周期が異なるだけである).

まず,周期 2π の区分的なめらかかつ連続な関数だけを考える.その中で,三角基底 (1.58) のすべての基底と直交する関数があったとして,それを $f(x)$ とする.すなわち,$k = 1, 2, \cdots$ に対して,

2.6 三角基底の完全性★

$$(f, 1) = \int_{-\pi}^{\pi} f(x)\,dx = 0,$$

$$(f, \cos kx) = \int_{-\pi}^{\pi} f(x) \cos kx\,dx = 0, \qquad (2.34)$$

$$(f, \sin kx) = \int_{-\pi}^{\pi} f(x) \sin kx\,dx = 0$$

が成り立つような関数を $f(x)$ とする．このような $f(x)$ は，区間 $[-\pi, \pi]$ において恒等的に 0 でしかないときに，三角基底 (1.58) は**完全**である．

さて，関数 $f(x)$ は各基底と直交性 (2.34) を満たすが，恒等的には 0 ではないと仮定しよう．すると，$x = p \in [-\pi, \pi]$ なる点があって，$f(p) \neq 0$ となる．ここで $f(p) > 0$ としておく（もし $f(p) < 0$ ならば，$-f(x)$ を考えればよい）．$f(x)$ は連続だから，正の数 ε と δ があって，小さな区間 $(p - \varepsilon, p + \varepsilon)$ 上で $f(x) > \delta > 0$ となる（1 点 p のみで $f(x) \neq 0$ となることはあり得ない）．

そこで，ディリクレ核 $D_N(x-p)$ と $f(x)$ との内積をとると，式 (2.34) より，

$$\begin{aligned}(f(x), D_N(x-p)) &= \int_{-\pi}^{\pi} f(x) D_N(x-p)\,dx = \int_{-\pi}^{\pi} f(x+p) D_N(x)\,dx \\ &= \left(f(x+p), \frac{1}{2} + \sum_{n=1}^{N} \cos n(x)\right) \\ &= \frac{1}{2}(f(x+p), 1) + \sum_{n=1}^{N}(f(x+p), \cos nx) = 0 \qquad (2.35)\end{aligned}$$

のように 0 である．一方，補題 C の結果を使う．特に，式 (2.15) を参考にすると，この内積は $N \to \infty$ の極限において，

$$(f(x), D_N(x-p)) = \int_{-\pi}^{\pi} f(x+p) D_N(x)\,dx \;\to\; f(p) \qquad (2.36)$$

のように $f(p) > 0$ に収束する．しかし，これは矛盾である．よって，区分的なめらかかつ連続な関数 $f(x)$ は**恒等的に** 0 でなければならない．これで三角基底 (1.58) が完全であることが示された．

いま，周期 2π の区分的なめらかな関数に対象を広げよう．これらは有限個の点を除いて連続であるから，直交条件 (2.34) を満たす区分的なめらかな関数は，ほとんどいたるところで 0 である．

フーリエ級数の一意性★

上記の完全性の条件から，フーリエ級数の一意性が導かれる．いま 2 つの区分的なめらかな関数 $f(x), g(x)$ のフーリエ係数が一致したとする．すなわち，すべての n に対して，

$f(x)$ のフーリエ係数：
$$a_n = \frac{1}{\pi} \int_{-\pi}^{\pi} f(x) \cos nx \, dx, \qquad b_n = \frac{1}{\pi} \int_{-\pi}^{\pi} f(x) \sin nx \, dx, \qquad (2.37)$$

$g(x)$ のフーリエ係数：
$$\alpha_n = \frac{1}{\pi} \int_{-\pi}^{\pi} g(x) \cos nx \, dx, \qquad \beta_n = \frac{1}{\pi} \int_{-\pi}^{\pi} g(x) \sin nx \, dx \qquad (2.38)$$

とおいて，$a_n = \alpha_n, b_n = \beta_n$ であるとする．このとき，$f(x)$ と $g(x)$ はほとんどいたるところで一致する．

なぜならば，$a_n = \alpha_n$ および $b_n = \beta_n$ は，$\int_{-\pi}^{\pi} (f(x) - g(x)) \cos nx \, dx = 0$ および $\int_{-\pi}^{\pi} (f(x) - g(x)) \sin nx \, dx = 0$ を意味する．これより，$f(x) - g(x) = 0$ がほとんどいたるところで成立することがわかる．

2.7 フーリエ級数の項別微分と項別積分★

式 (2.3) のフーリエ級数 $S[f, x]$ を項別積分すると，

$$S[f, x] \to \int_0^x S[f, \xi] \, d\xi = \frac{a_0}{2} x + \sum_{n=1}^{\infty} \left(-\frac{b_n}{n} \cos nx + \frac{a_n}{n} \sin nx \right) \qquad (2.39)$$

のように無限級数となるが，第 1 項 $\dfrac{a_0}{2} x$ は三角基底で表されないので，これはフーリエ級数ではない．第 2 項以降の係数は，

$$-\frac{b_n}{n} \qquad \text{および} \qquad \frac{a_n}{n} \qquad (2.40)$$

である．これらは，もとのフーリエ係数 a_n, b_n の $\dfrac{1}{n}$ 倍であり，$a_n, b_n \to 0$ ($n \to \infty$) ならば，a_n, b_n よりも急速に収束するので必ず 0 に収束する．したがって，区分的なめらかな関数 $f(x)$ のフーリエ級数の項別積分 (2.39) は，必ず収束する．関数 $f(x)$ に定数項がなければ，項別積分はフーリエ級数となる．

2.7 フーリエ級数の項別微分と項別積分 ★

例題 2.1 周期 2π の x のフーリエ級数 (1.26) を積分することによって，周期 2π の x^2 のフーリエ級数 (1.31) を求めよ．

《解》 式 (1.26) の両辺を項別に 0 から x まで定積分すると，

$$\int_0^x x\,dx = \frac{x^2}{2} \sim \int_0^x \sum_{n=1}^{\infty} (-1)^{n-1} \frac{2}{n} \sin nx\,dx$$

$$= \sum_{n=1}^{\infty} (-1)^{n-1} \frac{2}{n} \int_0^x \sin nx\,dx$$

$$= -\sum_{n=1}^{\infty} (-1)^{n-1} \frac{2}{n^2} (\cos nx - 1)$$

$$= -2\left(\frac{\cos x}{1^2} - \frac{\cos 2x}{2^2} + \frac{\cos 3x}{3^2} - \cdots\right)$$

$$\quad + 2\left(\frac{1}{1^2} - \frac{1}{2^2} + \frac{1}{3^2} - \cdots\right)$$

$$= -2\left(\frac{\cos x}{1^2} - \frac{\cos 2x}{2^2} + \frac{\cos 3x}{3^2} - \cdots\right) + \frac{\pi^2}{6}.$$

この最後の等号は，問題 1.3 の 1) の結果を使って得られる．よって，x^2 のフーリエ級数が，

$$x^2 = \frac{\pi^2}{3} - 4\left(\frac{\cos x}{1^2} - \frac{\cos 2x}{2^2} + \frac{\cos 3x}{3^2} - \cdots\right)$$

のように得られて，式 (1.31) と一致する．

この例題は，x^2 のフーリエ級数 (1.31) を微分することによって，x のフーリエ級数 (1.26) が得られることも暗に示唆している．

問題 2.2 周期 2π の x^2 のフーリエ級数を項別積分することによって，周期 2π の x^3 のフーリエ級数を求めよ．

次に微分を考えよう．式 (2.3) のフーリエ級数 $S[f,x]$ を項別微分したもの

$$S[f,x] \;\rightarrow\; \frac{d}{dx} S[f,x] = \sum_{n=1}^{\infty} \left\{(nb_n)\cos nx + (-na_n)\sin nx\right\} \qquad (2.41)$$

は，三角基底によって表された無限級数としてのフーリエ級数である．この級数のフーリエ係数は，

$$nb_n \qquad \text{および} \qquad -na_n \qquad\qquad (2.42)$$

となって，もとのフーリエ係数 a_n, b_n の n 倍である．一般に，$a_n, b_n \to 0$ ($n \to \infty$) であっても，これらは 0 に収束するとは限らない．したがって，区分的なめらかな関数 $f(x)$ のフーリエ級数の項別微分 (2.41) は，収束するとは限らない（区分的なめらかな関数の中には，微分が区分的連続となるものがある）．しかしながら，$f'(x)$ が区分的なめらかならば，項別微分が可能である．

　フーリエ級数の項別積分と項別微分を，ダイヤグラムで整理してみよう．区分的なめらかな関数 $f(x)$ に対して，そのフーリエ級数 $S[f, x]$ (矢印 (a)) は各点収束する．フーリエ級数 $S[f, x]$ の項別積分 (矢印③) は無限級数として収束する．また，フーリエ級数 $S[f, x]$ の項別微分 (矢印④) によって得られる級数は，一般に収束するとは限らない．

　次に，左側の列で，$f(x)$ の積分 (矢印①) は，区分的なめらかな関数に対してはつねに可能である．$f(x)$ の片側微分は存在するが，微分 $f'(x)$ (矢印②) は有限個の点を除いてしか定義できない．

$$
\begin{array}{ccc}
\int_0^x f(\xi)\,d\xi & \xrightarrow{(b)} & \int_0^x S[f, \xi]\,d\xi \quad \text{(項別積分)} \\
① \uparrow \int & & ③ \uparrow \int \\
\boxed{f(x)\,\text{(区分的なめらか)}} & \xrightarrow{(a)} & S[f, x] \quad \text{(フーリエ級数)} \\
② \downarrow \dfrac{d}{dx} & & ④ \downarrow \dfrac{d}{dx} \\
f'(x)\,\text{(有限個の点を除く)} & \xrightarrow{(c)} & \dfrac{d}{dx} S[f, x] \quad \text{(項別微分)}
\end{array}
$$

3. デルタ関数

関数の概念を拡張することによって，微分ができなかった関数も微分を考えることができるようになる．このような広い概念の関数は超関数といわれる．関数概念が広がることによって，フーリエ解析の理論が豊かさを増すばかりでなく応用も大きく広がっていく．このような関数概念の拡張は，量子論の構築において，ディラックによって考えられたデルタ関数に始まる．超関数の世界は大きく広がっているけれども，ディラックのデルタ関数を理解すれば，それだけでもフーリエ解析の理論の豊かさと応用に対する威力が増す．本章では，難しい超関数の理論には立ち入らないでディラックのデルタ関数を解説する（5章ではラプラス変換におけるデルタ関数の定義が与えられる）．

3.1 デルタ関数

関数とは，変数 x の値を定めたとき数値（実数または複素数）を1つ決めるルールである．デルタ関数は $\delta(x)$ と表され「関数」の名がついてはいるものの，このような意味の関数ではない．

デルタ関数 $\delta(x)$ とは，点 $x=0$ に**面積 1 が集中した関数**ということができる．特に，$x=0$ においてデルタ関数の値を特定することはできない．点は幅が 0 であるから，普通の関数であれば面積をもつことはできない．しかし，この特殊な関数の値 $\delta(0)$ は強いていえば無限大である．この様子を式によって記述すれば，

$$\int_{-\infty}^{\infty} \delta(x)\,dx = 1, \qquad \int_{-\varepsilon}^{\varepsilon} \delta(x)\,dx = 1 \quad (\varepsilon:\text{任意正数}) \tag{3.1}$$

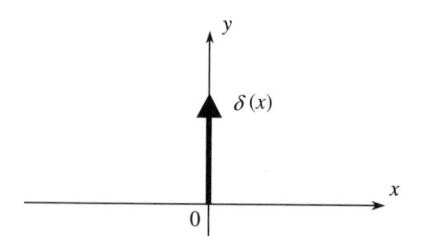

図 3-1 デルタ関数のグラフ

である．最初の積分によって全区間における総面積が 1 であることを示し，第 2 の積分によって全面積 1 が点 $x = 0$ に集中していることを示している．

さて，デルタ関数の定義を述べよう．まず，有限な区間の外側で 0 となるか，あるいは $x \to \pm\infty$ において十分はやく 0 になる連続関数を考える．このような関数を**テスト関数**という．デルタ関数は，このような任意のテスト関数 $f(x)$ との積の積分が，次のように $f(0)$ の値を与えるものとして定義される．

$$\int_{-\infty}^{\infty} f(x)\delta(x)\,dx = f(0). \tag{3.2}$$

式 (3.1) の 2 つの積分は，この式において $f(x)$ が $x = 0$ の近くで値が 1 であるようなテスト関数 $f(x)$ を選んだことに対応する．デルタ関数は，ほかのテスト関数の $x = 0$ の値を出させる作用素と見ることもできる．式 (3.2) の意味は，以下でモデル関数を使って示される．デルタ関数のグラフを描くことは事実上不可能だが，本書では図 3-1 のように矢印で表すことにする．

モデル関数

デルタ関数は，モデル関数を使うとイメージを描きやすいであろう．デルタ関数 $\delta(x)$ のモデル関数 ($\mathscr{D}_a(x)$ と表す) とは，パラメータつきの関数で全区間 $-\infty < x < \infty$ において全面積が 1 であり，パラメータの極限 $a \to \infty$ においてデルタ関数と認められるものである．すなわち，

$$\lim_{a \to \infty} \mathscr{D}_a(x) = \delta(x), \qquad \int_{-\infty}^{\infty} \mathscr{D}_a(x)\,dx = 1. \tag{3.3}$$

そのようなモデル関数のいくつかは次のようなものである．

3.1 デルタ関数

A. $\mathscr{D}_a(x) = \begin{cases} a & \left(|x| \le \dfrac{1}{2a}\right) \\ 0 & \left(|x| > \dfrac{1}{2a}\right) \end{cases}$ $\qquad (\mathscr{D}_a(0) = a),$

B. $\mathscr{D}_a(x) = \begin{cases} -a^2|x| + a & \left(|x| \le \dfrac{1}{a}\right) \\ 0 & \left(|x| > \dfrac{1}{a}\right) \end{cases}$ $\qquad (\mathscr{D}_a(0) = a),$

C. $\mathscr{D}_a(x) = \dfrac{\sin ax}{\pi x} = \dfrac{a}{\pi} \operatorname{sinc} ax$ $\qquad \left(\mathscr{D}_a(0) = \dfrac{a}{\pi}\right),$

D. $\mathscr{D}_a(x) = \sqrt{\dfrac{a}{\pi}} e^{-ax^2}$ $\qquad \left(\mathscr{D}_a(0) = \sqrt{\dfrac{a}{\pi}}\right).$

ここで，最初のモデル関数 **A** を使って式 (3.2) を示してみよう．テスト関数 $f(x)$ との積の積分

$$I_a[f(x)] = \int_{-\infty}^{\infty} f(x) \mathscr{D}_a(x)\,dx = \int_{-1/2a}^{1/2a} f(x) \cdot a\,dx \tag{3.4}$$

を考える．$f(x)$ は連続関数で，大きな a の値に対して区間 $[-1/2a, 1/2a]$ は十分小さくなり，次の式が成り立つような c が存在する．

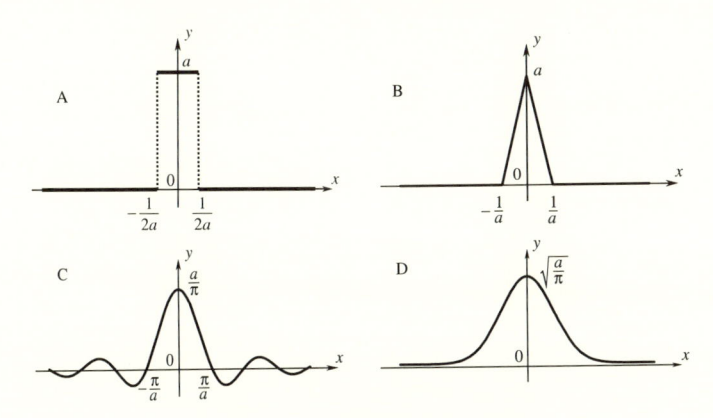

図 3-2 デルタ関数のモデル関数

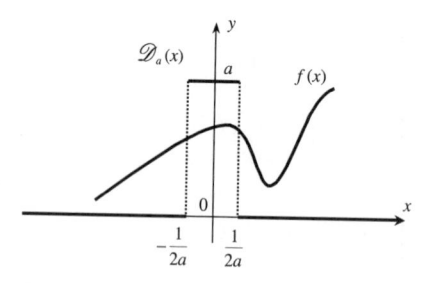

図 3-3 関数 $f(x)$ とモデル関数 **A** との積

$$I_a[f(x)] = f(c) \int_{-1/2a}^{1/2a} a\,dx = f(c) \cdot 1$$
$$= f(c) \qquad \left(-\frac{1}{2a} < c < \frac{1}{2a}\right). \tag{3.5}$$

そこで，極限 $a \to \infty$ をとると $c \to 0$ となるので $\lim_{a\to\infty} I_a[f(x)] = \lim_{a\to\infty} f(c) = f(0)$. よって，

$$\int_{-\infty}^{\infty} f(x) \lim_{a\to\infty} \mathscr{D}_a(x)\,dx = f(0) \tag{3.6}$$

を得る．実際，式 (3.2) は，具体的なモデル関数には依存しないデルタ関数の性質を表している．

例題 3.1 モデル関数 **C** を使って次の公式を示せ．

$$\delta(x) = \frac{1}{2\pi} \int_{-\infty}^{\infty} e^{i\lambda x}\,d\lambda = \frac{1}{2\pi} \int_{-\infty}^{\infty} e^{-i\lambda x}\,d\lambda \tag{3.7}$$

《解》　モデル関数 **C**：$\mathscr{D}_a(x) = \dfrac{\sin ax}{\pi x} = \dfrac{a}{\pi}\,\mathrm{sinc}\,ax$ は，次のように積分を使って表すことができる．

$$\frac{\sin ax}{\pi x} = \frac{1}{2\pi} \int_{-a}^{a} \cos \lambda x\,d\lambda = \frac{1}{4\pi} \int_{-a}^{a} \left(e^{i\lambda x} + e^{-i\lambda x}\right) d\lambda.$$

さらに，$\int_{-a}^{a} e^{i\lambda x}\,d\lambda = \int_{-a}^{a} e^{-i\lambda x}\,d\lambda$ に注意すると，

$$\mathscr{D}_a(x) = \frac{\sin ax}{\pi x} = \frac{1}{2\pi} \int_{-a}^{a} e^{i\lambda x}\,d\lambda = \frac{1}{2\pi} \int_{-a}^{a} e^{-i\lambda x}\,d\lambda$$

を得る．ここで，極限 $a \to \infty$ をとれば，公式 (3.7) が得られる（この公式 (3.7) と 4.5 節における公式 (4.34) と比較せよ）．

3.2 デルタ関数の基本的性質

いま見てきたようにデルタ関数は普通の関数ではないが，いろいろな性質を調べてみると普通の関数のように振る舞っているような一面もある．ここではデルタ関数のもつ性質を見ていくことにしよう．

δA. 任意関数の積分表示

$$\boxed{\int_{-\infty}^{\infty} f(\xi+x)\delta(\xi)\,d\xi = \int_{-\infty}^{\infty} f(\xi)\delta(x-\xi)\,d\xi = f(x)} \tag{3.8}$$

関数 $f(x)$ と実数 ξ に対して，$h(\xi) = f(\xi+x)$ を ξ の関数とみなす．関数 $h(\xi)$ に対して式 (3.2) を使えば，

$$h(0) = \int_{-\infty}^{\infty} h(\xi)\delta(\xi)\,d\xi = \int_{-\infty}^{\infty} f(\xi+x)\delta(\xi)\,d\xi$$
$$= f(\xi+x)\Big|_{\xi=0} = f(x)$$

を得る．公式 (3.8) の第 2 の積分が $f(x)$ に一致することも同様に確かめられる．

δB. 縮尺

$$\boxed{\delta(cx) = \frac{1}{|c|}\delta(x) \qquad (c \neq 0)} \tag{3.9}$$

変数変換 $x \to \xi = cx$ をする．

$c > 0$ のとき

$$\int_{-\infty}^{\infty} f(x)\,\delta(cx)\,dx = \int_{-\infty}^{\infty} f\left(\frac{\xi}{c}\right)\delta(\xi)\frac{1}{c}\,d\xi = \frac{1}{c}\int_{-\infty}^{\infty} f\left(\frac{\xi}{c}\right)\delta(\xi)\,d\xi$$
$$= \frac{1}{c}f(0) = \frac{1}{c}\int_{-\infty}^{\infty} f(x)\,\delta(x)\,dx = \int_{-\infty}^{\infty} f(x)\left(\frac{1}{c}\delta(x)\right)dx$$

$c < 0$ のとき

$$\int_{-\infty}^{\infty} f(x)\,\delta(cx)\,dx = \int_{\infty}^{-\infty} f\left(\frac{\xi}{c}\right)\delta(\xi)\frac{1}{c}\,d\xi = -\frac{1}{c}\int_{-\infty}^{\infty} f\left(\frac{\xi}{c}\right)\delta(\xi)\,d\xi$$
$$= \frac{1}{|c|}f(0) = \frac{1}{|c|}\int_{-\infty}^{\infty} f(x)\,\delta(x)\,dx = \int_{-\infty}^{\infty} f(x)\left(\frac{1}{|c|}\delta(x)\right)dx$$

δC. 偶関数

$$\boxed{\delta(-x) = \delta(x)} \tag{3.10}$$

公式 (3.9) で $c = -1$ とおく．これでデルタ関数は偶関数であることがわかる．

問題 3.1 関数 $f(x)$ が偶関数のとき，式 (3.2) は $2\int_0^\infty f(x)\delta(x)\,dx = f(0)$ のように表されることを示せ．

δD. $f(0)$ を取り出す作用素

$$\boxed{f(x)\,\delta(x) = f(0)\delta(x)} \tag{3.11}$$

テスト関数 $f(x), g(x)$ に対して次の式を得る．

$$\int_{-\infty}^\infty \bigl(f(x)\delta(x)\bigr)g(x)\,dx = \int_{-\infty}^\infty \bigl(f(x)g(x)\bigr)\delta(x)\,dx = f(0)g(0)$$
$$= f(0)\int_{-\infty}^\infty g(x)\,\delta(x)\,dx = \int_{-\infty}^\infty \bigl(f(0)\delta(x)\bigr)g(x)\,dx.$$

これが任意の $g(x)$ に対して成り立つことから式 (3.11) を得る．式 (3.2) はこの公式の積分形である．この公式からも，$\delta(x)$ は任意の関数 $f(x)$ の $x=0$ の値を取り出す作用素とみなすことができる．

3.3 広い意味の微分

普通の関数 $f(x)$ の普通の微分の定義は，

$$f(x) \longrightarrow f'(x) = \lim_{h \to 0} \frac{f(x+h) - f(x)}{h} \tag{3.12}$$

である．普通の微分が定義されない関数でも，微分の定義を見直し，かつ関数の概念を超関数にまで広げることによって微分が定義される．

広い意味の微分は次のように定められる．区分的なめらかな関数を $f(x)$ とする．任意のテスト関数を $g(x)$ とする．$f(x)$ は普通の微分が定義されない点をもつ可能性があるが，$f'(x)$ で広い意味での微分を表すものとする．一方，$g(x)$ は普通の微分 $g'(x)$ をもつものとする．この 2 つの関数 $f(x), g(x)$ に対して部分積分の公式が成り立つことを思い出す．

$$\int_{-\infty}^\infty f'(x)g(x)\,dx = \Bigl[f(x)\,g(x)\Bigr]_{-\infty}^\infty - \int_{-\infty}^\infty f(x)g'(x)\,dx. \tag{3.13}$$

3.3 広い意味の微分

ここで，$g(x)$ は $x \to \pm\infty$ のとき $g(x) \to 0$ となるので，上記の部分積分の公式は次のようになる．

$$\boxed{\int_{-\infty}^{\infty} f'(x)\,g(x)\,dx = -\int_{-\infty}^{\infty} f(x)\,g'(x)\,dx\,.} \tag{3.14}$$

広い意味の微分 $f'(x)$ とは，任意の $g(x)$ に対して，式 (3.14) が成り立つような関数として定義する（自分自身は普通の微分ができないくせに，微分可能な他人に頼って微分を定義してもらっている．「他人のふんどしで相撲を取る」とはこのことか）．

ヘビサイド関数 $u(x)$ の微分

ヘビサイド関数 $u(x)$ の定義は，

$$u(x) = \begin{cases} 1 & (x \geq 0) \\ 0 & (x < 0) \end{cases} \tag{3.15}$$

であり，ステップ関数ともいわれる．$u(x)$ は区分的なめらかな関数で，明らかに $x = 0$ で普通の微分 $u'(0)$ が定義できない．そこで，公式 (3.14) によって $u'(x)$ が定義されたものと考えて，任意の $g(x)$ に対して，

$$\begin{aligned}\int_{-\infty}^{\infty} u'(x)\,g(x)\,dx &= -\int_{-\infty}^{\infty} u(x)\,g'(x)\,dx \\ &= -\int_{0}^{\infty} g'(x)\,dx = -\Big[g(x)\Big]_{0}^{\infty} = g(0)\end{aligned} \tag{3.16}$$

を得る．これと式 (3.2) と比較すると，微分 $u'(x)$ はデルタ関数であることがわかる．

$$\int_{-\infty}^{\infty} u'(x)g(x)\,dx = g(0) \quad \Longleftrightarrow \quad \int_{-\infty}^{\infty} \delta(x)g(x)\,dx = g(0)\,,$$

$$\boxed{u'(x) = \delta(x)\,.} \tag{3.17}$$

この事実も，適当なパラメータ α をもつ連続でなめらかなモデル関数によってヘビサイド関数を表すことによって容易に理解することができる．モデル関数を $u_\alpha(x)$ とする．$u_\alpha(x)$ は次のように定義される．

$$x \geq \frac{1}{\alpha} \text{ のとき } u_\alpha(x) = 1,$$

$$-\frac{1}{\alpha} \leq x < \frac{1}{\alpha} \text{ のとき } u_\alpha(x) \text{ はなめらかで単調増加}, \qquad (3.18)$$

$$x \leq -\frac{1}{\alpha} \text{ のとき } u_\alpha(x) = 0.$$

ヘビサイド関数は，$\alpha \to \infty$ の極限に対するモデル関数の極限 $u_\alpha(x) \to u(x)$ と考えられる．モデル関数の微分 $u'_\alpha(x)$ の極限 $u'_\alpha(x) \to u'(x)$ がデルタ関数と見なされる．次の図 3-4 から，$\alpha \to \infty$ の極限によって式 (3.17) が理解できるであろう．

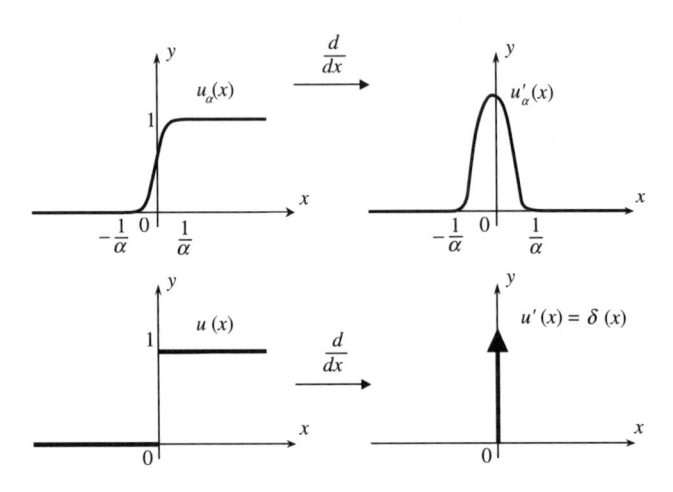

図 3-4 ヘビサイド関数とモデル関数およびそれらの微分

3.4 デルタ関数の微分

デルタ関数の微分 $\delta'(x)$ も式 (3.2) を使って定義することができる．実際，任意のテスト関数 $g(x)$ に対して，

$$\boxed{\int_{-\infty}^{\infty} \delta'(x)\, g(x)\, dx = -\int_{-\infty}^{\infty} \delta(x)\, g'(x)\, dx = -g'(0)} \qquad (3.19)$$

が成り立つものとして定義される．デルタ関数の高階の導関数 $\delta^{(n)}(x)$ も n 階微分可能な任意のテスト関数 $g(x)$ に対し，積分を使って次のように定義できる．

$$\int_{-\infty}^{\infty} \delta^{(n)}(x)\,g(x)\,dx = (-1)^n g^{(n)}(0). \tag{3.20}$$

よって，$\delta^{(n)}(x)$ は任意の関数の $x=0$ の n 階微分係数を取り出す作用素とみなすことができる．また，$\delta^{(n)}(x)$ について，式 (3.11) に類似した積分を使わない公式があるが，ここでは $\delta'(x)$ と $\delta''(x)$ についてだけ示しておこう．

$$g(x)\delta'(x) = g(0)\delta'(x) - g'(0)\delta(x) \tag{3.21a}$$

$$g(x)\delta''(x) = g(0)\delta''(x) - 2g'(0)\delta'(x) + g''(0)\delta(x) \tag{3.21b}$$

3.5 周期的デルタ関数

フーリエ解析において重要な関数の1つとして**周期的デルタ関数**がある．応用では，例えば情報通信 (9章) におけるサンプリング定理に現れる．

周期的デルタ関数とは，デルタ関数が適当な周期 T の間隔で現れる関数で $\delta_T(x)$ と表される．その定義は，

$$\begin{aligned}\delta_T(x) &= \sum_{n=-\infty}^{\infty} \delta(x-nT) \\ &= \cdots + \delta(x-T) + \delta(x) + \delta(x+T) + \delta(x+2T) + \cdots \end{aligned} \tag{3.22}$$

である．あるいは，区間を指定して定義すれば，

$$\delta_T(x) = \delta(x-nT) \quad \left(\left(n-\frac{1}{2}\right)T \le x < \left(n+\frac{1}{2}\right)T\right) \tag{3.23}$$

である．特に，$\delta_T(x) = \delta(x)\left(-\frac{1}{2}T \le x < \frac{1}{2}T\right)$ である．このグラフは図 3-5 で与えられている．

この周期的デルタ関数 $\delta_T(x)$ は，周期関数なので次のように複素フーリエ級数に展開することができる．

$$\delta_T(x) = \frac{1}{T}\sum_{n=-\infty}^{\infty} e^{i\frac{2n\pi}{T}x} = \frac{2}{T}\left(\frac{1}{2} + \sum_{n=1}^{\infty} \cos\frac{2n\pi}{T}x\right). \tag{3.24}$$

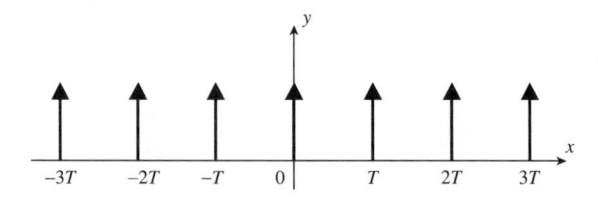

図 3-5 周期 T の周期的デルタ関数 $\delta_T(x)$

なぜならば，式 (1.96) から複素フーリエ係数 c_n が計算できる．

$$c_n = \frac{1}{T}\int_{-T/2}^{T/2} \delta_T(x)\, e^{-i\frac{2n\pi}{T}x}\, dx = \frac{1}{T}\int_{-T/2}^{T/2} \delta(x)\, e^{-i\frac{2n\pi}{T}x}\, dx$$

$$= \frac{1}{T} e^{-i\frac{2n\pi}{T}x}\bigg|_{x=0} = \frac{1}{T}. \tag{3.25}$$

ところで，2 章の収束定理に登場したディリクレ核は，周期的デルタ関数のモデル関数である．

例題 3.2 ★ 式 (2.10) のディリクレ核 $D_N(x)$ と周期的デルタ関数 $\delta_T(x)$ との間に次の関係が成り立つことを示せ．

$$\delta_T(x) = \frac{2}{T}\left(\frac{1}{2} + \sum_{n=1}^{\infty} \cos\frac{2n\pi}{T}x\right) = \frac{2}{T}\lim_{N\to\infty} D_N\left(\frac{2\pi}{T}x\right) \quad (\text{周期 } T),$$

$$\delta_{2\pi}(x) = \frac{1}{\pi}\left(\frac{1}{2} + \sum_{n=1}^{\infty} \cos nx\right) = \frac{1}{\pi}\lim_{N\to\infty} D_N(x) \quad (\text{周期 } 2\pi)$$

《解》 式 (3.24) とディリクレ核 $D_N(x)$ の定義式 (2.10) から，ただちに上記の結果が得られる．前者は一般周期 T に対応し，後者は周期 2π のときの式である．

周期 2π の周期関数 $f(x) = x$ の微分

1.3 節で扱った，区間 $[-\pi, \pi)$ で $f(x) = x$ となる周期関数は，$x = (2k-1)\pi$ において不連続，かつ普通の意味の微分は存在しなかった（図 1-5, 1-6）．ただ，そのような点においては，式 (1.22), (1.23) のように片側微分係数は存在するので区分的なめらかである．ところで，周期的デルタ関数によってこの周期関数の広い意味の微分を考えることができる．

3.5 周期的デルタ関数

この関数は式 (1.19) で与えられているが，ヘビサイド関数 $u(x)$ を使って次のように表すこともできる（ここで不連続点における値には関心はない（12 ページの注意を参照））．

$$f(x) = x + \sum_{n=1}^{\infty} 2\pi \left\{ u(-x - (2n-1)\pi) - u(x - (2n-1)\pi) \right\} \tag{3.26}$$

すると，式 (3.17) によってこの式の微分が計算できて，

$$f'(x) = 1 + \sum_{n=1}^{\infty} 2\pi \left\{ -u'(-x - (2n-1)\pi) - u'(x - (2n-1)\pi) \right\}$$

$$= 1 - \sum_{n=1}^{\infty} 2\pi \left\{ \delta(x + (2n-1)\pi) + \delta(x - (2n-1)\pi) \right\}$$

$$= 1 - \sum_{n=-\infty}^{\infty} 2\pi\, \delta(x + (2n-1)\pi) = 1 - 2\pi\, \delta_{2\pi}(x - \pi) \tag{3.27}$$

が得られるのである（ここで，$(u(-x))' = -u'(-x) = -\delta(-x) = -\delta(x)$ という性質を使った）．図 3-6 はこの微分のグラフである．図 1-6 と比較せよ．

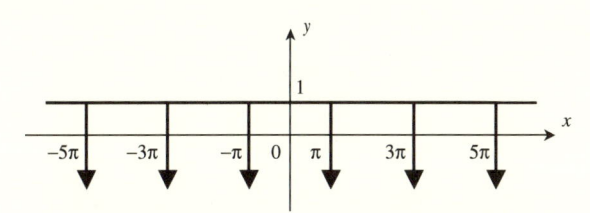

図 3-6 周期 2π の $f(x) = x$ の広い意味の微分

例題 3.3 周期 2π の関数 $f(x) = |x|$ の微分 $f'(x)$ と 2 階微分 $f''(x)$ を求めよ（1.4 節の図 1-10 参照）．

《解》　この関数 $f(x) = |x|$ は連続関数で，微分 $f'(x) = \begin{cases} 1 & (0 < x < \pi) \\ -1 & (-\pi < x < 0) \end{cases}$

は $x = n\pi$ において不連続である．不連続点 $x = n\pi$ を除けば，この微分 $f'(x)$ は，1.4 節の図 1-11 の関数と同じである．さて，この微分 $f'(x)$ は，ヘビサイド関数 $u(x)$ を使って次のように表すこともできる．

$$f'(x) = \sum_{n=-\infty}^{\infty} 2\left\{ u(x - 2n\pi) - u(x - (2n+1)\pi) \right\} - 1. \tag{3.28}$$

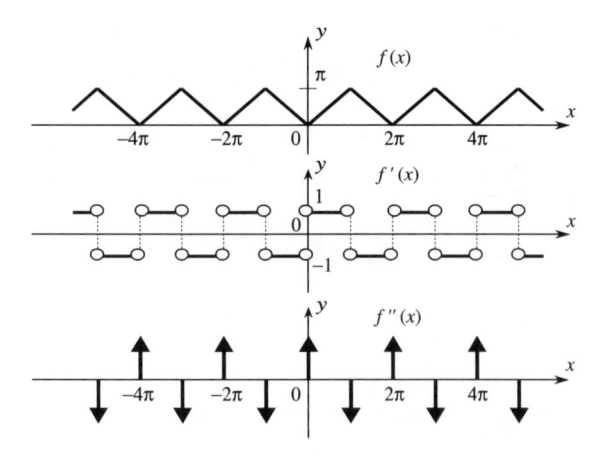

図 3-7 周期 2π の $f(x) = |x|$ とその微分 $f'(x)$ と 2 階微分 $f''(x)$

これをさらに微分すると，広い意味の 2 階微分が次のように得られる．

$$f''(x) = \sum_{n=-\infty}^{\infty} 2\Big\{u'(x-2n\pi) - u'(x-(2n+1)\pi)\Big\}$$

$$= \sum_{n=-\infty}^{\infty} 2\Big\{\delta(x-2n\pi) - \delta(x-(2n+1)\pi)\Big\}$$

$$= 2\,\delta_{2\pi}(x) - 2\,\delta_{2\pi}(x+\pi). \tag{3.29}$$

関数 $f(x) = |x|$ の広い意味の微分は，図 3-7 で表されている．

問題 3.2 周期 2π の半波整流波形を表す関数 $f(x) = \begin{cases} \sin x & (0 \le x < \pi) \\ 0 & (-\pi \le x < 0) \end{cases}$
の微分 $f'(x)$ と 2 階微分 $f''(x)$ を求めよ (1.4 節の図 1-15 参照)．

4. フーリエ変換

周期関数のフーリエ級数に対して，非周期関数を連続的な角周波数成分に分解して表したものをフーリエ変換という．周期関数の基本周期の幅を無限に大きくすることによって，フーリエ級数の表現からフーリエ変換へと移行できる．

4.1 周期関数から非周期関数へ

関数 $f(x)$ は，区分的なめらかな周期 T の周期関数であるとする．$f(x)$ に対して，式 (1.82) で与えられた複素フーリエ級数

$$f(x) \sim \sum_{n=-\infty}^{\infty} c_n e^{i\frac{2n\pi}{T}x}, \qquad c_n = \frac{1}{T} \int_{-T/2}^{T/2} f(x) e^{-i\frac{2n\pi}{T}x} dx \qquad (4.1)$$

からスタートしよう．この式から，関数 $f(x)$ の 1 周期分だけを無限に引き伸ばした関数 $(T \to \infty)$ を考える．

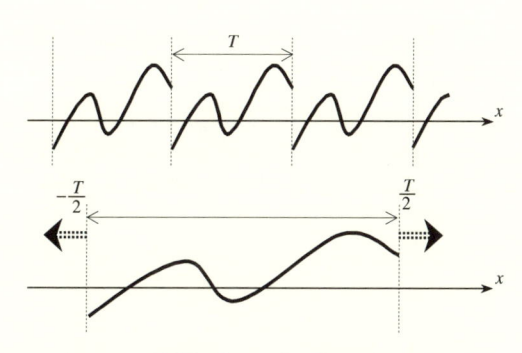

図 4-1 周期関数から非周期関数への移行

まず，離散的角周波数 ω_n とその増分 $\Delta\omega$ を，

$$\omega_n = \frac{2n\pi}{T}, \qquad \Delta\omega = \omega_{n+1} - \omega_n = \frac{2\pi}{T} \quad (n : 整数) \tag{4.2}$$

のように導入しよう．これを使って，式 (4.1) は次のようになる．

$$f(x) \sim \sum_{n=-\infty}^{\infty} c_n e^{i\omega_n x}, \qquad c_n = \frac{\Delta\omega}{2\pi} \int_{-T/2}^{T/2} f(x) e^{-i\omega_n x} dx. \tag{4.3}$$

このフーリエ係数 c_n を最初の式のフーリエ級数に代入する．

$$\begin{aligned} f(x) &\sim \sum_{n=-\infty}^{\infty} \left\{ \frac{\Delta\omega}{2\pi} \int_{-T/2}^{T/2} f(y) e^{-i\omega_n y} dy \right\} e^{i\omega_n x} \\ &= \sum_{n=-\infty}^{\infty} \left\{ \frac{1}{2\pi} \int_{-T/2}^{T/2} f(y) e^{i\omega_n(x-y)} dy \right\} \Delta\omega. \end{aligned} \tag{4.4}$$

上式の $\{\ \}$ の部分を離散変数 ω_n の関数 $\hat{f}(\omega_n)$ とみなして，次のように書く．

$$f(x) \sim \sum_{n=-\infty}^{\infty} \hat{f}(\omega_n) \Delta\omega. \tag{4.5}$$

ただし

$$\hat{f}(\omega_n) = \frac{1}{2\pi} \int_{-T/2}^{T/2} f(y) e^{i\omega_n(x-y)} dy \tag{4.6}$$

と表したのである．そして $T \to \infty$ の極限をとると，式 (4.5) の和 $\sum$ は次のように積分 $\int$ に移行する．これによって非周期関数を連続角周波数 ω の成分に分解することができる．

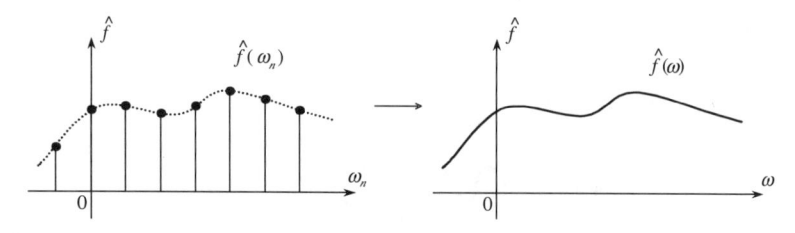

図 4-2 不連続周波数 ω_n から連続周波数 ω への移行

> (周期) $T \longrightarrow \infty$ (非周期性)
>
> (離散角周波数) $\omega_n \longrightarrow \omega$ (連続角周波数)
>
> $$f(x) \sim \sum_{n=-\infty}^{\infty} \hat{f}(\omega_n)\,\Delta\omega \longrightarrow f(x) \sim \int_{-\infty}^{\infty} \hat{f}(\omega)\,d\omega \quad (4.7)$$
>
> $$\hat{f}(\omega_n) \longrightarrow \hat{f}(\omega) = \frac{1}{2\pi}\int_{-\infty}^{\infty} f(y)\,e^{i\omega(x-y)}\,dy \quad (4.8)$$

4.2 フーリエの積分定理

極限 $T \to \infty$ をとることによって，式 (4.7) および式 (4.8) の積分が得られたが，この 2 式は次のフーリエ積分公式といわれる式にまとめられる．

$$f(x) \sim \frac{1}{2\pi}\int_{-\infty}^{\infty}\int_{-\infty}^{\infty} f(y)\,e^{i\omega(x-y)}\,dy\,d\omega. \quad (4.9)$$

フーリエ級数における周期を無限大にしたことによって，積分区間が無限大になった．区分的なめらかな関数 $f(x)$ に対して，このフーリエ積分公式がいつでも必ず収束するとは限らない．関数が**絶対積分可能**であることは，その収束のための十分条件の 1 つである．ここで，関数 $f(x)$ が絶対積分可能とは，

$$\int_{-\infty}^{\infty} |f(x)|\,dx < \infty \quad (4.10)$$

が成り立つことである．フーリエ積分公式が表しているものについては，フーリエ級数のときの収束定理が基礎となり，次のようにいうことができる．

フーリエ積分定理

$f(x)$ が区分的なめらかで絶対積分可能であるとき，フーリエ積分公式 (4.9) は，各点 x において両側極限値の平均値に収束する．

$$\frac{1}{2\pi}\int_{-\infty}^{\infty}\int_{-\infty}^{\infty} f(y)\,e^{i\omega(x-y)}\,dy\,d\omega = \frac{1}{2}\{f(x-0) + f(x+0)\}. \quad (4.11)$$

(証明は 4.7 節で与えられる．)

4.3 フーリエ変換

区分的なめらかで絶対積分可能な $f(x)$ に対し, 式 (4.11) を書きなおして

$$\frac{1}{2\pi}\int_{-\infty}^{\infty}\left(\int_{-\infty}^{\infty}f(y)\,e^{-i\omega y}\,dy\right)e^{i\omega x}\,d\omega = \frac{1}{2}\{f(x-0)+f(x+0)\} \quad (4.12)$$

とする. この式の左辺の ( ) の中は, 与えられた非周期関数 $f(x)$ に対して複素単振動関数 $e^{-i\omega x}$ を掛けてから行なった積分である. その結果は, 連続角周波数 ω の関数とみなすことができ, 一般に複素数値関数である. この ω の関数を, 次のように $\mathscr{F}[f(x)](\omega)$ あるいは $F(\omega)$ のように表し, $f(x)$ の**フーリエ変換**という.

$$f(x) \longrightarrow \mathscr{F}[f(x)](\omega) = F(\omega) = \int_{-\infty}^{\infty}f(x)\,e^{-i\omega x}\,dx\,. \quad (4.13)$$

(注意:記号 $\mathscr{F}[f(x)](\omega)$ は, $\mathscr{F}[f(x)]$, $\mathscr{F}[f](\omega)$, $\mathscr{F}[f]$ のように適当に略して使われる.)

もしも, ある非周期関数 $f(x)$ のフーリエ変換 $\mathscr{F}[f]=F(\omega)$ が与えられているならば, 式 (4.12) によって, $f(x)$ の 2 つの片側極限値の平均値が求められる. このような計算は, **逆フーリエ変換**といわれ, $\mathscr{F}^{-1}$ で表される.

$$\mathscr{F}^{-1}[F(\omega)] = \frac{1}{2\pi}\int_{-\infty}^{\infty}F(\omega)\,e^{i\omega x}\,d\omega = \frac{1}{2}\{f(x-0)+f(x+0)\}\,. \quad (4.14)$$

(注意:逆フーリエ変換で, 関数 $f(x)$ の片側極限値の平均値が得られることを知ったうえで, 上式の右辺を簡単に $f(x)$ と書くことがある.)

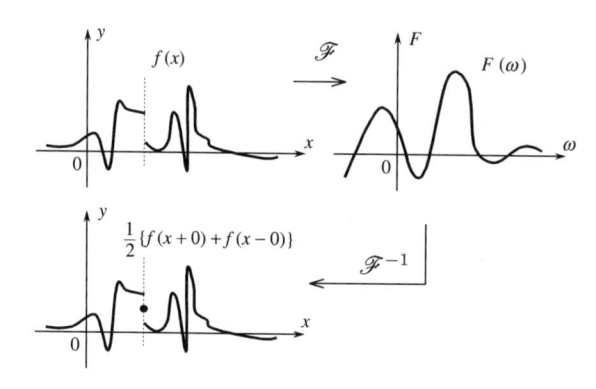

図 4-3 フーリエ変換と逆フーリエ変換

4.3 フーリエ変換

普通の関数のフーリエ変換の例

普通の関数とは区分的なめらかでかつ絶対積分可能な関数のことをいう（本書では，普通でない関数とはデルタ関数とその導関数およびそれに関連した関数のことをいう）．

1a) $\boxed{f(x) = e^{-ax}\, u(x) = \begin{cases} e^{-ax} & (x > 0) \\ 0 & (x < 0) \end{cases} (a > 0)}$ のフーリエ変換

$$f(x) \longrightarrow \mathscr{F}[f] = F(\omega) = \int_0^\infty e^{-ax}\, e^{-i\omega x}\, dx = \frac{1}{i\omega + a}. \tag{4.15}$$

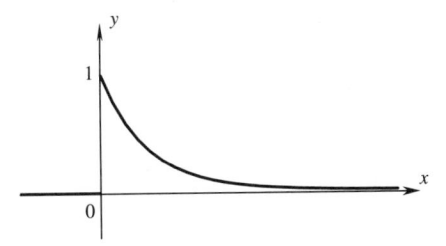

図 4-4　$f(x) = e^{-ax}\, u(x)\ (a > 0)$ のグラフ

1b) $\boxed{f(x) = -e^{ax}\, u(-x) = \begin{cases} 0 & (x > 0) \\ -e^{ax} & (x < 0) \end{cases} (a > 0)}$ のフーリエ変換

$$f(x) \longrightarrow \mathscr{F}[f] = F(\omega) = -\int_{-\infty}^0 e^{ax}\, e^{-i\omega x}\, dx = \frac{1}{i\omega - a}. \tag{4.16}$$

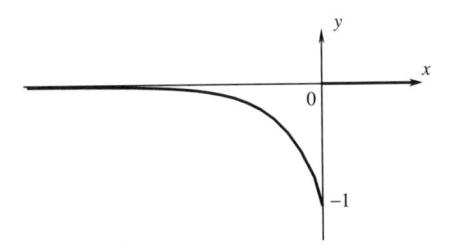

図 4-5　$f(x) = -e^{ax}\, u(-x)\ (a > 0)$ のグラフ

2) $\boxed{f(x) = \begin{cases} 1 & (|x| < a) \\ 0 & (|x| > a) \end{cases}}$ のフーリエ変換

$$f(x) \longrightarrow \mathscr{F}[f] = F(\omega) = \int_{-a}^{a} e^{-i\omega x}\, dx = 2\,\frac{\sin a\omega}{\omega} = 2a\,\mathrm{sinc}\, ax. \quad (4.17)$$

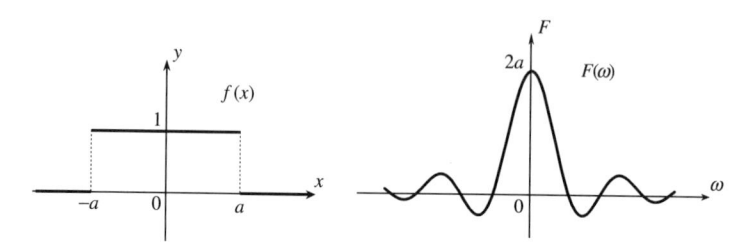

図 4-6 フーリエ変換の例 2)

3) $\boxed{f(x) = e^{-ax^2} \quad (a > 0)}$ (ガウス関数) のフーリエ変換

$$f(x) \longrightarrow \mathscr{F}[f] = F(\omega) = \int_{-\infty}^{\infty} e^{-ax^2} e^{-i\omega x}\, dx = \sqrt{\frac{\pi}{a}}\, e^{-\frac{\omega^2}{4a}}. \quad (4.18)$$

このようにガウス関数のフーリエ変換は，ガウス関数である．この積分を計算するには，複素積分を使うこともできるが，ここでは初等的な方法を紹介しよう．まず，$e^{-i\omega x} = \cos \omega x - i\sin \omega x$ で，$\sin \omega x$ が奇関数なので

$$F(\omega) = \int_{-\infty}^{\infty} e^{-ax^2}\left(\cos \omega x - i\sin \omega x\right) dx = \int_{-\infty}^{\infty} e^{-ax^2} \cos \omega x\, dx$$

となる．ここで，$\cos \omega x$ を x の多項式に展開する．

$$\cos \omega x = \sum_{n=0}^{\infty} \frac{(-1)^n \omega^{2n}}{(2n)!}\, x^{2n}.$$

また，$I_{2k} = \displaystyle\int_{-\infty}^{\infty} e^{-ax^2} x^{2k}\, dx$ とおくと，漸化式 $I_{2k} = \dfrac{2k-1}{2a} I_{2k-2}$ が容易にわかる．よって

$$I_{2k} = \frac{(2k-1)(2k-3)\cdots 3 \cdot 1}{(2a)^k} I_0.$$

これによって，フーリエ変換を計算すると

4.3 フーリエ変換

$$F(\omega) = \int_{-\infty}^{\infty} e^{-ax^2} \cos\omega x \, dx = \int_{-\infty}^{\infty} e^{-ax^2} \sum_{n=0}^{\infty} \frac{(-1)^n \omega^{2n}}{(2n)!} x^{2n} \, dx$$

$$= \sum_{n=0}^{\infty} \frac{(-\omega^2)^n}{(2n)!} \int_{-\infty}^{\infty} e^{-ax^2} x^{2n} \, dx = \sum_{n=0}^{\infty} \frac{(-\omega^2)^n}{(2n)!} I_{2n}$$

$$= \sum_{n=0}^{\infty} \frac{(-\omega^2)^n}{(2n)!} \frac{(2n-1)(2n-3)\cdots 3\cdot 1}{(2a)^n} I_0$$

$$= I_0 \sum_{n=0}^{\infty} \frac{(2n-1)(2n-3)\cdots 3\cdot 1}{(2n)!} \frac{(-\omega^2)^n}{(2a)^n} = I_0 \sum_{n=0}^{\infty} \frac{1}{n!} \left(-\frac{\omega^2}{4a}\right)^n$$

$$= I_0 \, e^{-\frac{\omega^2}{4a}}$$

が得られる．最後に $I_0 = \displaystyle\int_{-\infty}^{\infty} e^{-ax^2} \, dx = \sqrt{\dfrac{\pi}{a}}$ を使う．

問題 4.1 $f(x) = e^{-a|x|}$ $(a>0)$ のフーリエ変換を求めよ．

問題 4.2 次のフーリエ変換を求めよ．
 1) $f(x) = x \, e^{-ax} u(x)$　　　2) $f(x) = x^2 \, e^{-ax} u(x)$

例題 4.1 式 (4.17) で与えられた $f(x) = \begin{cases} 1 & (|x|<a) \\ 0 & (|x|>a) \end{cases}$ のフーリエ変換を使って次式を示せ．

$$\int_0^{\infty} \frac{\sin a\omega \, \cos\omega x}{\omega} \, d\omega = \begin{cases} \dfrac{\pi}{2} & (|x|<a) \\ \dfrac{\pi}{4} & (|x|=a) \\ 0 & (|x|>a) \end{cases}$$

《解》 逆フーリエ変換の公式 (4.14) より

$$\frac{1}{2\pi} \int_{-\infty}^{\infty} 2\frac{\sin a\omega}{\omega} e^{i\omega x} \, d\omega = \begin{cases} 1 & (|x|<a) \\ \dfrac{1}{2} & (|x|=a) \\ 0 & (|x|>a) \end{cases}$$

この左辺は次のように書きなおすことができる.

$$\frac{1}{\pi}\int_0^\infty \frac{\sin a\omega}{\omega} e^{i\omega x}\,d\omega + \frac{1}{\pi}\int_{-\infty}^0 \frac{\sin a\omega}{\omega} e^{i\omega x}\,d\omega$$

$$= \frac{1}{\pi}\int_0^\infty \frac{\sin a\omega}{\omega} e^{i\omega x}\,d\omega + \frac{1}{\pi}\int_0^\infty \frac{\sin a\omega}{\omega} e^{-i\omega x}\,d\omega$$

$$= \frac{2}{\pi}\int_0^\infty \frac{\sin a\omega}{\omega} \frac{e^{i\omega x}+e^{-i\omega x}}{2}\,d\omega$$

$$= \frac{2}{\pi}\int_0^\infty \frac{\sin a\omega \cos \omega x}{\omega}\,d\omega$$

よって示された.

問題 4.3 例題 4.1 の結果を使って,積分正弦関数 $\mathrm{Si}\,x$ の $x=\infty$ における値が $\mathrm{Si}\,\infty = \int_0^\infty \frac{\sin x}{x}\,dx = \frac{\pi}{2}$ であることを示せ.

絶対積分可能性とフーリエ変換の存在

関数 $f(x)$ が絶対積分可能ならば,フーリエ変換 $F(\omega)$ が存在する.これは十分条件として,次のようにして確認することができる.

$$|F(\omega)| = \left|\int_{-\infty}^\infty f(x)\,e^{-i\omega x}\,dx\right| \le \int_{-\infty}^\infty |f(x)|\cdot 1\,dx < \infty. \tag{4.19}$$

フーリエ級数とフーリエ変換の対応

フーリエ変換 $F(\omega)$ は,フーリエ級数におけるフーリエ係数 c_n に対応する量で,非周期関数に含まれる角周波数 ω の成分を表す.c_n はベクトルとみなした関数 $f(x)$ の基底ベクトル $e^{i\frac{2n\pi}{T}x}$ 方向の成分を表している.有限な T のときの内積 (1.55) に対して,$T\to\infty$ の極限のときの内積は次のように定義される.

$$(f,g) = \int_{-\infty}^\infty f(x)\,\overline{g(x)}\,dx. \tag{4.20}$$

ここで,$f(x)=e^{i\omega x}$, $g(x)=e^{i\widetilde{\omega} x}$ に対する内積は,

$$(e^{i\omega x}, e^{i\widetilde{\omega} x}) = \int_{-\infty}^\infty e^{i\omega x}\,\overline{e^{i\widetilde{\omega} x}}\,dx = \int_{-\infty}^\infty e^{i(\omega-\widetilde{\omega})x}\,dx = 2\pi\delta(\omega-\widetilde{\omega}) \tag{4.21}$$

となる (式 (1.94), (1.95) と比較せよ).この最後の等号は,式 (3.7) の結果である.このように,$T\to\infty$ の極限での連続的な基底ベクトル $\{e^{i\omega x}\}$ の直交性が,デルタ関数によって表されている.

4.4 フーリエ変換の性質

フーリエ変換 $\mathscr{F}[f] = F(\omega)$ は，関数 $f(x)$ の連続的な基底ベクトル $e^{i\omega x}$ 方向の成分を表しているのである．フーリエ級数とフーリエ変換の対応を以下のようにまとめてみた．

フーリエ級数 $\longrightarrow$ **フーリエ変換**

≪周期関数≫ $T \longrightarrow \infty$ ≪非周期関数≫

$$f(x) = \sum_{n=-\infty}^{\infty} c_n e^{i\frac{2n\pi}{T}x} \quad \longrightarrow \quad f(x) = \frac{1}{2\pi}\int_{-\infty}^{\infty} F(\omega)\, e^{i\omega x}\, d\omega$$

$\uparrow\downarrow \qquad\qquad\qquad\qquad \mathscr{F}^{-1}\uparrow\downarrow\mathscr{F}$

$$c_n = \frac{1}{T}\int_{-T/2}^{T/2} f(x)\, e^{-i\frac{2n\pi}{T}x}\, dx \quad \longrightarrow \quad F(\omega) = \int_{-\infty}^{\infty} f(x)\, e^{-i\omega x}\, dx$$

$$= \frac{1}{T}\left(f(x), e^{i\frac{2n\pi}{T}x}\right) \quad\longrightarrow\quad = (f(x), e^{i\omega x})$$

4.4 フーリエ変換の性質

フーリエ変換 (4.13) と逆フーリエ変換 (4.14) の性質を見ることにしよう．関数 $f(x), g(x)$ はともに区分的なめらかで，フーリエ変換および逆フーリエ変換が可能であるとする．すなわち，

$$f(x) \to \mathscr{F}[f] = F(\omega), \qquad g(x) \to \mathscr{F}[g] = G(\omega) \tag{4.22}$$

は既知であるとする．

$\mathscr{F}$A. 線形性

任意の複素数 a, b に対して，

$$\boxed{\mathscr{F}[af(x) + bg(x)] = aF[\omega] + bG[\omega]} \tag{4.23}$$

が成り立つ．線形性はフーリエ変換の最も基本的な性質である．これによって，関数を基本振動成分の重ね合わせとして記述できるのである．線形性は，重ね合わせの原理と同じである．

$\mathscr{F}$B. 相似性

任意の 0 でない実数 c に対して,

$$\mathscr{F}[f(cx)] = \frac{1}{|c|} F\left(\frac{\omega}{c}\right). \tag{4.24}$$

フーリエ変換の定義に従って計算をする. まず, $c > 0$ のとき

$$\mathscr{F}[f(cx)] = \int_{-\infty}^{\infty} f(cx)\,e^{-i\omega x}\,dx = \int_{-\infty}^{\infty} f(\xi)\,e^{-i\frac{\omega}{c}\xi}\,\frac{1}{c}\,d\xi \qquad (x \to \xi = cx)$$
$$= \frac{1}{c} F\left(\frac{\omega}{c}\right),$$

$c < 0$ のとき

$$\mathscr{F}[f(cx)] = \int_{-\infty}^{\infty} f(cx)\,e^{-i\omega x}\,dx = \int_{\infty}^{-\infty} f(\xi)\,e^{-i\frac{\omega}{c}\xi}\,\frac{1}{c}\,d\xi \qquad (x \to \xi = cx)$$
$$= -\frac{1}{c} F\left(\frac{\omega}{c}\right) = \frac{1}{|c|} F\left(\frac{\omega}{c}\right).$$

変数 x が伸びれば, 角周波数 ω は縮む. あるいは, 変数 x が縮めば, 角周波数 ω は伸びる. この性質によって, 関数 $f(x)$ が存在する x の範囲と, そのフーリエ変換が存在する ω の範囲を同時に狭くしていくことはできない ($\Rightarrow$ 不確定性原理 (10.3 節)).

$\mathscr{F}$C. 周波数シフト

$$\mathscr{F}[f(x)\,e^{i\omega_0 x}] = F(\omega - \omega_0). \tag{4.25}$$

定義に従って計算をする.

$$\mathscr{F}[f(x)\,e^{i\omega_0 x}] = \int_{-\infty}^{\infty} f(x)\,e^{i\omega_0 x}\,e^{-i\omega x}\,dx = \int_{-\infty}^{\infty} f(x)\,e^{-i(\omega-\omega_0)x}\,dx$$
$$= F(\omega - \omega_0).$$

関数 $f(x)$ と複素単振動関数 $e^{i\omega_0 x}$ との積のフーリエ変換は, 角周波数 ω が ω_0 だけ移動する.

$\mathscr{F}$D. 変数シフト

$$\mathscr{F}[f(x - x_0)] = e^{-i\omega x_0} F(\omega) \tag{4.26}$$

4.4 フーリエ変換の性質

定義に従って計算をする.

$$\mathscr{F}[f(x-x_0)] = \int_{-\infty}^{\infty} f(x-x_0)\,e^{i\omega x}\,dx = \int_{-\infty}^{\infty} f(\xi)\,e^{-i\omega(\xi+x_0)}\,d\xi$$

$$= e^{-i\omega x_0} \int_{-\infty}^{\infty} f(\xi)\,e^{-i\omega\xi}\,d\xi = e^{-i\omega x_0} F(\omega).$$

$\mathscr{F}$E. 微分

$$\boxed{\mathscr{F}[f'(x)] = i\omega F(\omega)} \tag{4.27}$$

定義に従って計算をする.

$$\mathscr{F}[f'(x)] = \int_{-\infty}^{\infty} f'(x)\,e^{-i\omega x}\,dx$$

$$= \left[f(x)\,e^{-i\omega x}\right]_{-\infty}^{\infty} + i\omega \int_{-\infty}^{\infty} f(x)\,e^{-i\omega x}\,d\omega = i\omega F(\omega).$$

ここで, $\lim_{x\to\pm\infty} f(x) = 0$ に注意をする.

$\mathscr{F}$F. 高階微分

$$\boxed{\mathscr{F}[f^{(n)}(x)] = (i\omega)^n F(\omega) \qquad (n=1,2,\cdots)} \tag{4.28}$$

上記の E. 微分を繰り返す. 高階微分のフーリエ変換は $i\omega$ を階数の数だけ掛けることに対応する. これによって, x の関数の微分が ω の関数では簡単な代数計算として扱うことができる. この事実が微分方程式の解法に役立つのである.

$\mathscr{F}$G. 対称性 1

$$\boxed{F(x) \quad \to \quad \mathscr{F}[F(x)](\omega) = 2\pi f(-\omega)} \tag{4.29}$$

$F(\omega)$ の逆フーリエ変換 $F(\omega) \to f(x) = \dfrac{1}{2\pi}\displaystyle\int_{-\infty}^{\infty} F(\omega)\,e^{i\omega x}\,d\omega$ において, 変数の文字を $\begin{cases} x & \to -\omega \\ \omega & \to x \end{cases}$ のように置き換えると,

$$F(x) \quad \to \quad f(-\omega) = \frac{1}{2\pi}\int_{-\infty}^{\infty} F(x)\,e^{-i\omega x}\,dx$$

を得る. よって, $\mathscr{F}[F](\omega) = \displaystyle\int_{-\infty}^{\infty} F(x)\,e^{-i\omega x}\,dx = 2\pi f(-\omega)$ となる.

ℱH. 対称性 2

$$\boxed{f(\omega) \quad \to \quad \mathscr{F}^{-1}[f(\omega)](x) = \frac{1}{2\pi}F(-x)} \tag{4.30}$$

$f(x)$ のフーリエ変換 $f(x) \to \mathscr{F}[f] = F(\omega) = \int_{-\infty}^{\infty} f(x)\,e^{-i\omega x}\,dx$ において、変数の文字を $\begin{cases} x \to \omega \\ \omega \to -x \end{cases}$ のように置き換えると、

$$f(\omega) \quad \to \quad F(-x) = \int_{-\infty}^{\infty} f(\omega)\,e^{i\omega x}\,d\omega$$

を得る。逆フーリエ変換の公式 (4.14) に従って、両辺を 2π で割ると $f(\omega)$ の逆フーリエ変換が得られる。

ℱI. 共役性 1

$$\boxed{\overline{f(x)} \quad \to \quad \mathscr{F}\left[\,\overline{f(x)}\,\right](\omega) = \overline{F(-\omega)}} \tag{4.31}$$

定義に従って計算をする。

$$\mathscr{F}\left[\,\overline{f(x)}\,\right] = \int_{-\infty}^{\infty} \overline{f(x)}\,e^{-i\omega x}\,dx = \int_{-\infty}^{\infty} \overline{f(x)\,e^{i\omega x}}\,dx$$
$$= \overline{\int_{-\infty}^{\infty} f(x)\,e^{-i(-\omega)x}\,dx} = \overline{F(-\omega)}\,.$$

ℱJ. 共役性 2

$$\boxed{\overline{f(-x)} \quad \to \quad \mathscr{F}\left[\,\overline{f(-x)}\,\right](\omega) = \overline{F(\omega)}} \tag{4.32}$$

上記の I. 共役性 1 と同じような計算によって確かめることができる。

4.5 デルタ関数とフーリエ変換

ここでは、デルタ関数のフーリエ変換および、それに関連して可能となるフーリエ変換の公式を列記していこう。

ℱδA. デルタ関数のフーリエ変換

$$\boxed{\delta(x) \longrightarrow \mathscr{F}[\delta] = 1\,.} \tag{4.33}$$

4.5 デルタ関数とフーリエ変換

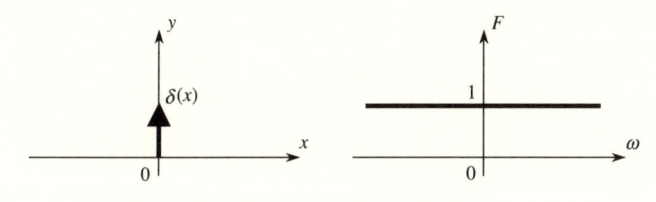

図 4-7 $\delta(x)$ のフーリエ変換

フーリエ変換の定義に従って計算する．

$$\mathscr{F}[\delta] = F(\omega) = \int_{-\infty}^{\infty} \delta(x) e^{-i\omega x}\, dx = e^{-i\omega x}\big|_{x=0} = e^0 = 1 .$$

デルタ関数は，あらゆる周波数成分を一様に含んでいる．

$\mathscr{F}\delta$B. 定数 1 のフーリエ変換

$$f(x) = 1 \longrightarrow \mathscr{F}[1] = \int_{-\infty}^{\infty} e^{-i\omega x}\, dx = 2\pi\delta(\omega) \tag{4.34}$$

式 (4.33) に対して，フーリエ変換の性質 $\mathscr{F}$G. 対称性 1 の式 (4.29) を使うと，

$$1 \longrightarrow \mathscr{F}[1] = \int_{-\infty}^{\infty} 1 \cdot e^{-i\omega x}\, dx = 2\pi\delta(-\omega)$$

となる．ところで，デルタ関数は式 (3.10) より偶関数である．よって $\mathscr{F}[1] = 2\pi\delta(-\omega) = 2\pi\delta(\omega)$ を得る．

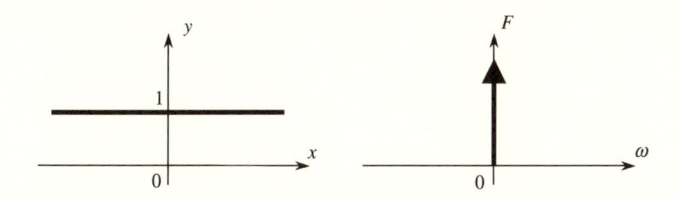

図 4-8 $f(x) = 1$ のフーリエ変換

$\mathscr{F}\delta$C. 複素単振動関数のフーリエ変換

$$e^{i\omega_0 x} \longrightarrow \mathscr{F}[e^{i\omega_0 x}] = 2\pi\delta(\omega - \omega_0) \tag{4.35}$$

定数関数 1 のフーリエ変換 (4.34) がわかっている．フーリエ変換の性質 (4.25) を使って，$1 \cdot e^{i\omega_0 x} \to \mathscr{F}[1 \cdot e^{i\omega_0 x}] = 2\pi\delta(\omega - \omega_0)$．

$\mathscr{F}\delta$**D.** デルタ関数の変数シフトのフーリエ変換

$$\delta(x-x_0) \longrightarrow \mathscr{F}[\delta(x-x_0)] = e^{-i\omega x_0} \tag{4.36}$$

式 (4.35) に対して，対称性 1 の式 (4.29) を使う．あるいは，式 (4.33) に変数シフトの式 (4.26) を使う．

$\mathscr{F}\delta$**E.** デルタ関数の微分のフーリエ変換

$$\delta'(x) \longrightarrow \mathscr{F}[\delta'] = i\omega \tag{4.37}$$

式 (4.33) のデルタ関数に微分の式 (4.27) を使う．

$\mathscr{F}\delta$**F.** デルタ関数の高階微分のフーリエ変換

$$\delta^{(n)}(x) \longrightarrow \mathscr{F}[\delta^{(n)}] = (i\omega)^n \tag{4.38}$$

式 (4.28) の高階微分をデルタ関数に適用する．

$\mathscr{F}\delta$**G.** 符号関数のフーリエ変換

$$\mathrm{sgn}(x) = \begin{cases} 1 & (x>0) \\ -1 & (x<0) \end{cases} \longrightarrow \mathscr{F}[\mathrm{sgn}(x)] = \frac{2}{i\omega} \tag{4.39}$$

符号関数を次のように指数関数 e^{-ax} とヘビサイド関数 $u(x)$ を使って定義しなおす．

$$\mathrm{sgn}(x) = \lim_{a \to 0} \left(e^{-ax} u(x) - e^{ax} u(-x) \right).$$

これをフーリエ変換する．

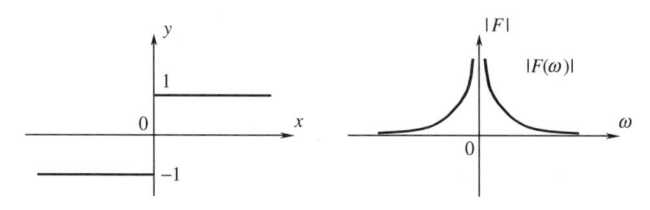

図 4-9 符号関数とそのフーリエ変換の絶対値

4.5 デルタ関数とフーリエ変換

$$\mathscr{F}[\mathrm{sgn}(x)] = \lim_{a \to 0} \left(\mathscr{F}[e^{-ax}\,u(x)] - \mathscr{F}[e^{ax}\,u(-x)] \right)$$
$$= \lim_{a \to 0} \left(\frac{1}{a+i\omega} - \frac{1}{a-i\omega} \right) = \frac{2}{i\omega}.$$

$\mathscr{F}\delta$H. ヘビサイド関数のフーリエ変換

$$\boxed{\; u(x) = \begin{cases} 1 & (x>0) \\ 0 & (x<0) \end{cases} \longrightarrow \mathscr{F}[u(x)] = \pi\delta(\omega) + \frac{1}{i\omega} \;} \tag{4.40}$$

ヘビサイド関数は, $u(x) = \begin{cases} 1 & (x>0) \\ 0 & (x<0) \end{cases} = \dfrac{1}{2}\left(1 + \mathrm{sgn}(x)\right)$ のように符号関数を使って表すことができる. よって, これのフーリエ変換は

$$\mathscr{F}[u(x)] = F(\omega) = \frac{1}{2}\left(\mathscr{F}[1] + \mathscr{F}[\mathrm{sgn}(x)]\right) = \pi\delta(\omega) + \frac{1}{i\omega}.$$

$\mathscr{F}\delta$I. 余弦関数のフーリエ変換

$$\boxed{\; \cos\omega_0 x \longrightarrow \mathscr{F}[\cos\omega_0 x] = \pi\bigl(\delta(\omega-\omega_0) + \delta(\omega+\omega_0)\bigr) \;} \tag{4.41}$$

式 (4.35) を使う.

$$\mathscr{F}[\cos\omega_0 x] = \mathscr{F}\left[\frac{e^{i\omega_0 x} + e^{-i\omega_0 x}}{2}\right] = \pi\bigl(\delta(\omega-\omega_0) + \delta(\omega+\omega_0)\bigr).$$

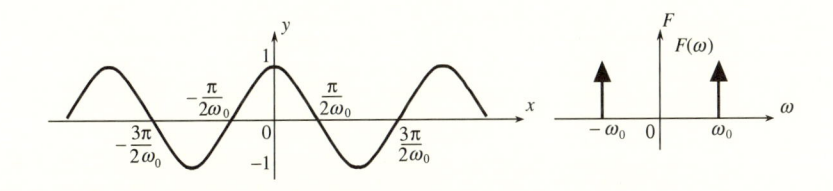

図 4-10 余弦関数 $\cos\omega_0 x$ とそのフーリエ変換

ℱδ**J．正弦関数のフーリエ変換**

$$\sin\omega_0 x \longrightarrow \mathscr{F}[\sin\omega_0 x] = i\pi\bigl(\delta(\omega+\omega_0) - \delta(\omega-\omega_0)\bigr) \tag{4.42}$$

上記 ℱδ I と同様に，式 (4.35) を使う．

$$\mathscr{F}[\sin\omega_0 x] = \mathscr{F}\left[\frac{e^{i\omega_0 x} - e^{-i\omega_0 x}}{2i}\right] = i\pi\bigl(\delta(\omega+\omega_0) - \delta(\omega-\omega_0)\bigr).$$

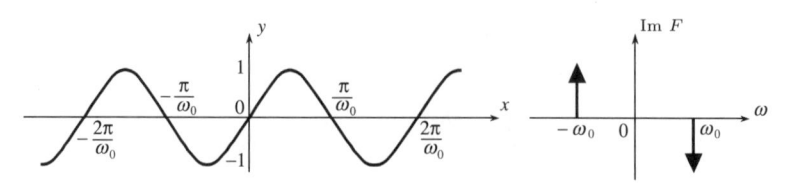

図 4-11　正弦関数 $\sin\omega_0 x$ とそのフーリエ変換の絶対値

ℱδ**K．周期的デルタ関数のフーリエ変換**

式 (3.22) の周期的デルタ関数 $\delta_T(x)$ のフーリエ変換も周期的デルタ関数となる．

$$\delta_T(x) \;\to\; \mathscr{F}[\delta_T(x)] = \frac{2\pi}{T}\delta_{\frac{2\pi}{T}}(\omega) = \frac{2\pi}{T}\sum_{n=-\infty}^{\infty}\delta\left(\omega - \frac{2n\pi}{T}\right). \tag{4.43}$$

$T = 2\pi$ のときには，

$$\delta_{2\pi}(x) \;\to\; \mathscr{F}[\delta_{2\pi}(x)] = \delta_1(\omega) = \sum_{n=-\infty}^{\infty}\delta(\omega - n). \tag{4.44}$$

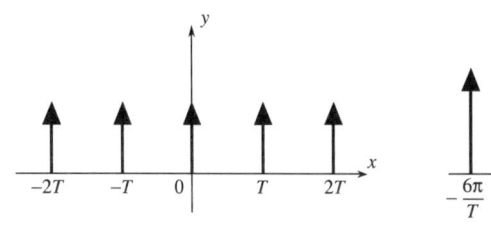

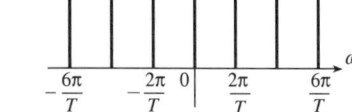

図 4-12　周期的デルタ関数 $\delta_T(x)$ とそのフーリエ変換

この公式は，周期的デルタ関数のフーリエ級数 (3.24) のフーリエ変換として導かれる．実際，

$$\mathscr{F}[\delta_T(x)] = \mathscr{F}\left[\frac{1}{T}\sum_{n=-\infty}^{\infty} e^{i\frac{2n\pi}{T}x}\right] = \frac{1}{T}\sum_{n=-\infty}^{\infty} \mathscr{F}\left[e^{i\frac{2n\pi}{T}x}\right]$$

$$= \frac{2\pi}{T}\sum_{n=-\infty}^{\infty} \delta\left(\omega - \frac{2n\pi}{T}\right)$$

となるからである．ここで，最後の等号は式 (4.35) から導かれる．

4.6 たたみこみ

1章の1.7節では周期関数のたたみ込み (1.98) が与えられた．ここでは，2つの絶対積分可能な非周期関数 $f(x)$ と $g(x)$ に対する**たたみこみ**を次のように定義する．

$$f * g(x) = \int_{-\infty}^{\infty} f(\tau)g(x-\tau)\,d\tau. \tag{4.45}$$

まず，交換則

$$f * g(x) = g * f(x) \tag{4.46}$$

が成り立つことが上記の定義から容易に確かめられる（例題 1.2 と比較せよ）．

たたみこみが重要なのは，次の2つの公式による．関数 $f(x), g(x)$ はともにフーリエ変換および逆フーリエ変換が可能であるとする．そして，$f(x) \to \mathscr{F}[f] = F(\omega)$, $g(x) \to \mathscr{F}[g] = G(\omega)$ であるとする．このとき，

$$f * g(x) \quad \to \quad \mathscr{F}[f*g(x)](\omega) = F(\omega)G(\omega) \tag{4.47}$$

および

$$f(x)g(x) \quad \to \quad \mathscr{F}[f(x)g(x)](\omega) = \frac{1}{2\pi}F * G(\omega) \tag{4.48}$$

が成り立つ．すなわち，たたみこみのフーリエ変換は，フーリエ変換の積となり，関数の積のフーリエ変換は，ω の関数としてのたたみこみになる．

さて，式 (4.47) については，フーリエ変換の定義に従って計算をすると

$$\mathscr{F}[f*g] = \int_{-\infty}^{\infty} f*g(x)e^{-i\omega x}\,dx = \int_{-\infty}^{\infty}\left(\int_{-\infty}^{\infty} f(\tau)g(x-\tau)\,d\tau\right)e^{-i\omega x}\,dx$$

$$= \int_{-\infty}^{\infty}\left(\int_{-\infty}^{\infty} f(\tau)g(x-\tau)\,d\tau\right)e^{-i\omega\tau}e^{-i\omega(x-\tau)}\,dx$$

$$= \left(\int_{-\infty}^{\infty} f(\tau)e^{-i\omega\tau}\,d\tau\right)\left(\int_{-\infty}^{\infty} g(x-\tau)e^{-i\omega(x-\tau)}\,dx\right)$$

$$= \left(\int_{-\infty}^{\infty} f(\tau)e^{-i\omega\tau}\,d\tau\right)\left(\int_{-\infty}^{\infty} g(y)e^{-i\omega y}\,dy\right) \quad (x \to y = x-\tau)$$

$$= F(\omega)\,G(\omega)$$

のように確かめられる.

問題 4.4 式 (4.48) を示せ.

さらに次の例題のように,たたみこみ自体が $F(\omega)$ や $G(\omega)$ で表すことができる.

例題 4.2 たたみこみ $f*g(x)$ も次のように $F(\omega)$ と $G(\omega)$ の積分で表すことができる.

$$f*g(x) = \frac{1}{2\pi}\int_{-\infty}^{\infty} F(\omega)G(\omega)e^{i\omega x}\,d\omega \tag{4.49}$$

《解》
$$f*g(x) = \int_{-\infty}^{\infty} f(\tau)g(x-\tau)\,d\tau$$

$$= \int_{-\infty}^{\infty}\left(\frac{1}{2\pi}\int_{-\infty}^{\infty} F(\omega)e^{i\omega\tau}\,d\omega\right)g(x-\tau)\,d\tau$$

$$= \frac{1}{2\pi}\int_{-\infty}^{\infty} d\omega\,F(\omega)\,e^{i\omega x}\int_{-\infty}^{\infty} d\tau\,g(x-\tau)\,e^{-i\omega(x-\tau)}$$

$$= \frac{1}{2\pi}\int_{-\infty}^{\infty} d\omega\,F(\omega)\,e^{i\omega x}\int_{-\infty}^{\infty} d\lambda\,g(\lambda)\,e^{-i\omega\lambda} \quad (x-\tau=\lambda)$$

$$= \frac{1}{2\pi}\int_{-\infty}^{\infty} F(\omega)G(\omega)\,e^{i\omega x}\,d\omega.$$

4.6 たたみこみ

この例題の公式 (4.49) は，フーリエ級数における式 (1.102) に対応するものである．

たたみこみで 1 つの関数をデルタ関数にすると，例えば $g(x) = \delta(x)$ とおくと，3.2 節の式 (3.8) は，

$$f(x) = \int_{-\infty}^{\infty} f(\tau)\,\delta(x-\tau)\,d\tau = f * \delta(x) \qquad (4.50)$$

と表すことができる．すなわち，任意の関数 $f(x)$ はデルタ関数とのたたみこみとみなすことができる．

パーセバルの等式

いままで，関数 $f(x)$ が絶対積分可能条件 (4.10) を満たすならば，フーリエ積分定理 (4.11) やフーリエ変換 (4.13) が有界であると述べてきた．ここでは，関数 $f(x)$ がそれに加えて二乗可積分条件を満たすものとする．すなわち，

$$\int_{-\infty}^{\infty} |f(x)|\,dx < \infty \quad \text{および} \quad \int_{-\infty}^{\infty} |f(x)|^2\,dx < \infty \qquad (4.51)$$

を満たすものとする．

関数 $f(x)$ のフーリエ変換が $F(\omega)$ であるとき，次の等式が成立する．

$$\boxed{\int_{-\infty}^{\infty} |f(x)|^2\,dx = \frac{1}{2\pi}\int_{-\infty}^{\infty} |F(\omega)|^2\,d\omega\,.} \qquad (4.52)$$

これを**パーセバルの等式**という．

たたみこみに関する等式 (4.49) において，$g(x) = \overline{f(-x)}$ とおき，式 (4.32) を考慮すれば，

$$\int_{-\infty}^{\infty} f(\tau)\overline{f(-(x-\tau))}\,d\tau = \frac{1}{2\pi}\int_{-\infty}^{\infty} F(\omega)\overline{F(\omega)}\,e^{i\omega x}\,d\omega \qquad (4.53)$$

となる．この両辺で $x = 0$ とするとパーセバルの等式 (4.52) が得られる．

エネルギースペクトル

パーセバルの等式 (4.52) の左辺の $\int_{-\infty}^{\infty} |f(x)|^2\,dx$ は，関数 $f(x)$ の全エネルギーといわれる．これは，変数 x が時間で，$f(x)$ が物理的な振動を表していると考えたときの解釈である．さて，$|F(\omega)|^2$ は角周波数 ω の単振動成分のもつエネルギーとみなすことができ，**エネルギースペクトル**といわれる．

パワースペクトル★

全区間の積分で定義された全エネルギーは収束しなければ意味がない．しかしながら，全エネルギーが収束しないような関数でも扱えるような「量」を考えなくてはいけない．そのような関数に対して，適当な有限区間 $[-T/2, T/2]$ におけるエネルギー $\int_{-T/2}^{T/2} |f(x)|^2 dx$ をとり，これの平均の極限を**平均パワー**とよんで，次のように定義する．

$$\lim_{T \to \infty} \frac{1}{T} \int_{-T/2}^{T/2} |f(x)|^2 dx. \tag{4.54}$$

$f(x)$ の全エネルギーが有限のときには，平均パワーは 0 である．

さて，関数 $f(x)$ を区間 $[-T/2, T/2]$ に制限したもののフーリエ変換をとる．

$$f(x)\Big|_{|x| \leq T/2} \to \mathscr{F}\left[f(x)\Big|_{|x| \leq T/2}\right] = F_T(\omega) = \int_{-T/2}^{T/2} f(x) e^{-i\omega x} dx. \tag{4.55}$$

パーセバルの等式 (4.52) を区間 $[-T/2, T/2]$ に制限したものが，次のように成立する．

$$\int_{-T/2}^{T/2} |f(x)|^2 dx = \frac{1}{2\pi} \int_{-\infty}^{\infty} |F_T(\omega)|^2 d\omega. \tag{4.56}$$

これの両辺を T で割って，極限 $T \to \infty$ をとると平均パワーが次のように得られる．

$$\lim_{T \to \infty} \frac{1}{T} \int_{-T/2}^{T/2} |f(x)|^2 dx = \lim_{T \to \infty} \frac{1}{T} \left(\frac{1}{2\pi} \int_{-\infty}^{\infty} |F_T(\omega)|^2 d\omega \right)$$

$$= \frac{1}{2\pi} \int_{-\infty}^{\infty} \left(\lim_{T \to \infty} \frac{1}{T} |F_T(\omega)|^2 \right) d\omega. \tag{4.57}$$

ここでは，平均パワーの積分が収束するときを考えているので，この最後の等号で積分と極限操作の順序が交換できるのである．ところで，式 (4.57) の最後の積分中の ( ) の量

$$P(\omega) = \lim_{T \to \infty} \frac{1}{T} |F_T(\omega)|^2 \tag{4.58}$$

を**パワースペクトル密度**という．これを使えば平均パワーは，次のようにパワースペクトル密度によって表される．

$$\lim_{T \to \infty} \frac{1}{T} \int_{-T/2}^{T/2} |f(x)|^2 dx = \frac{1}{2\pi} \int_{-\infty}^{\infty} P(\omega) d\omega. \tag{4.59}$$

4.7 フーリエ積分定理の証明★

相関関数★

2つの関数 $f(x)$ と $g(x)$ に対して,次の積分で定義される関数

$$R_{fg}(x) = \int_{-\infty}^{\infty} f(\tau)\overline{g(\tau-x)}\,d\tau. \tag{4.60}$$

を**相互相関関数**という.特に,$f(x) = g(x)$ のときには,

$$R_{ff}(x) = \int_{-\infty}^{\infty} f(\tau)\overline{f(\tau-x)}\,d\tau \tag{4.61}$$

を**自己相関関数**という.

さて,たたみこみは式 (4.45) において定義され,記号 $f*g(x)$ で表されているが,ここでは,$f(x)*g(x)$ のように2つの関数の変数を明確に表すことにする.すると相関関数は,たたみこみを使って次のように表すことができる.

$$R_{fg}(x) = f(x) * \overline{g(-x)}. \tag{4.62}$$

問題 4.5 $f(x)$ のフーリエ変換を $\mathscr{F}[f] = F(\omega)$,$g(x)$ のフーリエ変換を $\mathscr{F}[g] = G(\omega)$ とする.相互相関関数 $R_{fg}(x)$ のフーリエ変換は,

$$\mathscr{F}[R_{fg}(x)] = F(\omega)\overline{G(\omega)} \tag{4.63}$$

となることを示せ.

問題 4.6 (ウィーナー・ヒンチンの定理) $f(x)$ の自己相関関数 $R_{ff}(x)$ のフーリエ変換はエネルギースペクトル $|F(\omega)|^2$ であること,すなわち,

$$\mathscr{F}[R_{ff}(x)] = \int_{-\infty}^{\infty} R_{ff}(x)\,e^{-i\omega x}\,dx = |F(\omega)|^2 \tag{4.64}$$

であることを示せ.

4.7 フーリエ積分定理の証明★

この節は 4.2 節のフーリエ積分定理の証明だけにあてるので,初めて勉強するときには読み飛ばしてもよい.実際,この定理の証明は簡単ではない.

さて,式 (4.11) の左辺の重積分はまず,

$$\int_{-\infty}^{\infty}\int_{-\infty}^{\infty} f(y)e^{i\omega(x-y)}\,dy\,d\omega$$
$$= \lim_{\alpha\to\infty}\int_{-\alpha}^{\alpha}\left(\int_{-\infty}^{\infty} f(y)e^{i\omega(x-y)}\,dy\right)d\omega \tag{4.65}$$

のように ω に関して有限区間の積分の極限として与えられる．重積分と極限の順序の問題が一番の難点であるが，関数 $f(x)$ が絶対積分可能ならば，積分順序を変えることができて，

$$\boxed{\text{式 (4.11) の左辺}} = \lim_{\alpha\to\infty}\frac{1}{2\pi}\int_{-\infty}^{\infty} f(y)\left(\int_{-\alpha}^{\alpha} e^{i\omega(x-y)}\,d\omega\right)dy \tag{4.66}$$

となることが知られている．式 (4.66) の ω の積分を実行して，

$$\boxed{\text{式 (4.11) の左辺}} = \lim_{\alpha\to\infty}\int_{-\infty}^{\infty} f(y)\frac{e^{i\alpha(x-y)} - e^{-i\alpha(x-y)}}{2\pi i(x-y)}\,dy$$
$$= \lim_{\alpha\to\infty}\int_{-\infty}^{\infty} f(y)\frac{\sin\alpha(x-y)}{\pi(x-y)}\,dy \tag{4.67}$$

となる．あとで極限をとるパラメータとして正の実数 $b > 0$ をとって，上の y に関する無限区間の積分を次のように3つの積分区間に分割する．

$$\int_{-\infty}^{x-b} f(y)\frac{\sin\alpha(x-y)}{\pi(x-y)}\,dy + \int_{x-b}^{x+b} f(y)\frac{\sin\alpha(x-y)}{\pi(x-y)}\,dy$$
$$+ \int_{x+b}^{\infty} f(y)\frac{\sin\alpha(x-y)}{\pi(x-y)}\,dy. \tag{4.68}$$

この積分のそれぞれを評価していく．まず第1の積分を評価しよう．

$$\left|\int_{-\infty}^{x-b} f(y)\frac{\sin\alpha(x-y)}{\pi(x-y)}\,dy\right| \leq \int_{-\infty}^{x-b} |f(y)|\left|\frac{\sin\alpha(x-y)}{\pi(x-y)}\right|dy$$
$$\leq \int_{-\infty}^{x-b} |f(y)|\left|\frac{1}{\pi(x-y)}\right|dy \leq \frac{1}{\pi b}\int_{-\infty}^{x-b} |f(y)|\,dy < \infty.$$

この最後の評価は，$f(x)$ が絶対積分可能であることから得られる．同様に第3の積分も次のように評価される．

$$\left|\int_{x+b}^{\infty} f(y)\frac{\sin\alpha(x-y)}{\pi(x-y)}\,dy\right| \leq \int_{x+b}^{\infty} |f(y)|\left|\frac{\sin\alpha(x-y)}{\pi(x-y)}\right|dy$$
$$\leq \int_{x+b}^{\infty} |f(y)|\left|\frac{1}{\pi(x-y)}\right|dy \leq \frac{1}{\pi b}\int_{x+b}^{\infty} |f(y)|\,dy < \infty.$$

4.7 フーリエ積分定理の証明★

次に，式 (4.68) の第2の積分を考える．この積分の積分区間を $\int_{x-b}^{x}$ と $\int_{x}^{x+b}$ の2つに分割して，それぞれに適当な変数変換を行なうと，

$$\int_{x-b}^{x} f(y)\frac{\sin\alpha(x-y)}{\pi(x-y)}\,dy + \int_{x}^{x+b} f(y)\frac{\sin\alpha(x-y)}{\pi(x-y)}\,dy$$
$$= \int_{0}^{b} \left(f(x-\xi)+f(x+\xi)\right)\frac{\sin\alpha\xi}{\pi\xi}\,d\xi$$

となる．ここで，$x-b \leq y \leq x$ においては $\xi = x-y$，また $x \leq y \leq x+b$ においては $\xi = x+y$ のように変数変換を行なった．これまでの結果によって，式 (4.11) の左辺は次のような評価を受ける．

$$\boxed{\text{式 (4.11) の左辺}} = \lim_{\alpha\to\infty}\left|\int_{-\infty}^{\infty} f(y)\frac{\sin\alpha(x-y)}{\pi(x-y)}\,dy\right|$$
$$\leq \left(\frac{1}{\pi b}\int_{-\infty}^{x-b}|f(y)|\,dy + \frac{1}{\pi b}\int_{x+b}^{\infty}|f(y)|\,dy\right)$$
$$+ \lim_{\alpha\to\infty} 2\int_{0}^{b}\frac{f(x-\xi)+f(x+\xi)}{2}\frac{\sin\alpha\xi}{\pi\xi}\,d\xi. \quad (4.69)$$

積分区間を分割するために使ったパラメータ b は任意であるから，極限 $b\to\infty$ をとることによって，式 (4.69) の右辺第1項は0に収束する．すなわち，

$$\left(\frac{1}{\pi b}\int_{-\infty}^{x-b}|f(y)|\,dy + \frac{1}{\pi b}\int_{x+b}^{\infty}|f(y)|\,dy\right) \to 0 \quad (b\to\infty). \quad (4.70)$$

また，式 (4.69) の第2項の中の $f(x-\xi)+f(x+\xi)$ は，ξ の偶関数であって $\xi=0$ において連続である．ところで，パラメータ α を含む関数 $\dfrac{\sin\alpha x}{\pi x}$ は，3.1 節のモデル関数 C として取り上げたように，$\alpha\to\infty$ の極限においてデルタ関数となる．したがって，式 (4.69) の第2項は，公式 (3.2) およびデルタ関数が偶関数であること (式 (3.10)) によって次のようになる (問題 3.1 参照)．

$$\lim_{\alpha\to\infty} 2\int_{0}^{\infty}\frac{f(x-\xi)+f(x+\xi)}{2}\frac{\sin\alpha\xi}{\pi\xi}\,d\xi$$
$$= 2\int_{0}^{\infty}\frac{f(x-\xi)+f(x+\xi)}{2}\delta(\xi)\,d\xi$$
$$= \left.\frac{f(x-\xi)+f(x+\xi)}{2}\right|_{\xi=0} = \frac{f(x-0)+f(x+0)}{2}. \quad (4.71)$$

これでフーリエ積分定理の証明が完結した．

5. ラプラス変換

　区分的なめらかな関数がフーリエ変換をもつための十分条件として，絶対積分可能性が知られている．これは関数にとって大きな制約条件である．よりゆるい制約のもとでも使える積分変換の 1 つがラプラス変換である．ラプラス変換は，フーリエ変換と密接に関係しているが本質的に異なる積分変換であって，微分方程式の解法，システム解析や制御理論などにおいて広く応用されている．

5.1　ラプラス変換

ラプラス変換

　関数 $f(x)$ から複素変数 s の関数を導く変換

$$f(x) \to \mathscr{L}[f(x)](s) = L(s) = \int_0^\infty f(x)e^{-sx}\,dx \tag{5.1}$$

を $f(x)$ の**ラプラス変換**という．ラプラス変換は，この積分が収束するような関数 $f(x)$ および変数 s に対してのみ定義されていると考える．

　関数については，$x<0$ の範囲はラプラス変換の定義に関与しない．よって，$x<0$ における関数の値はどうでもよいのだが，特にフーリエ変換との関連を考えるときなど便宜的に $f(x) = 0\ (x<0)$ としてしまうことがある．

　一方，複素変数 s については，与えられた関数 $f(x)$ のラプラス変換の積分が収束する範囲に対してだけ定義されていると考える．ラプラス変換が収束する複素平面上の s の領域を**収束領域**という．フーリエ変換では変換後の変数 ω は実変数で角周波数であったが，複素変数 s には意味はつけにくい．つまり，式 (5.1) の積分が意味をもつような関数 $f(x)$ と変数 s だけを考えるのである．

この変換の逆，すなわち $L(s)$ から $f(x)$ を求める操作を**逆ラプラス変換**といい，$\mathscr{L}^{-1}[L(s)]$ と書く．逆ラプラス変換についての詳細は，次の 5.2 節および 5.3 節で与えられる．

ラプラス変換における約束

本書においては，ラプラス変換を考える関数は，$x < 0$ のとき 0 であるとする．$x < 0$ において 0 でない関数に対しては，ヘビサイド関数 $u(x)$ を掛けて 0 としてしまう．すなわち，関数 $f(x)$ に対して次のようにする．

$$f(x) \quad \to \quad f(x)u(x). \tag{5.2}$$

これをつねに $f(x)u(x)$ と書くのではなく，$f(x) = 0 \ (x < 0)$ と書いたり，あるいは，何も指定することなく $f(x)$ だけで，$x < 0$ において 0 であることを了解したことにする．例えば，$f(x) = 1$ は，実はヘビサイド関数 $u(x)$ のことであり，また $f(x) = \cos x$ は，

$$f(x)u(x) = \cos x \, u(x) = \begin{cases} \cos x & (x > 0) \\ 0 & (x < 0) \end{cases} \tag{5.3}$$

のことである (図 5-1)．

ただし，関数 $f(x)$ の $x = 0$ における値 $f(0)$ については，しばらくの間 (5.4 節の最後まで) 考えないことにしよう．

さて，定義 (5.1) に従って，いくつか**基本的な関数**のラプラス変換と逆ラプラス変換を計算してみよう．

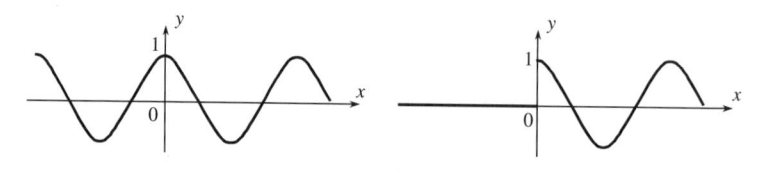

図 5-1 $\cos x \to \cos x \, u(x)$

5.1 ラプラス変換

1) $\boxed{f(x) = 1 \ (\text{ヘビサイド関数})}$ （収束領域 $\text{Re}\, s > 0$）

$$1 \to \mathscr{L}[1] = \int_0^\infty e^{-sx}\, dx = \left[-\frac{1}{s}e^{-sx}\right]_0^\infty = \frac{1}{s}, \tag{5.4}$$

$$\frac{1}{s} \to \mathscr{L}^{-1}\left[\frac{1}{s}\right] = 1. \tag{5.5}$$

2) $\boxed{f(x) = x}$ （収束領域 $\text{Re}\, s > 0$）

$$x \to \mathscr{L}[x] = \int_0^\infty x\, e^{-sx}\, dx = \left[-\frac{x}{s}e^{-sx}\right]_0^\infty + \frac{1}{s}\int_0^\infty e^{-sx}\, dx$$

$$= \left[-\frac{1}{s^2}e^{-sx}\right]_0^\infty = \frac{1}{s^2}, \tag{5.6}$$

$$\frac{1}{s^2} \to \mathscr{L}^{-1}\left[\frac{1}{s^2}\right] = x. \tag{5.7}$$

3) $\boxed{f(x) = x^n}$ （収束領域 $\text{Re}\, s > 0$）

$$x^n \to \mathscr{L}[x] = \int_0^\infty x^n e^{-sx}\, dx$$

$$= \left[-\frac{x^n}{s}e^{-sx}\right]_0^\infty + \frac{n}{s}\int_0^\infty x^{n-1}e^{-sx}\, dx$$

$$= \left[-\frac{n}{s^2}x^{n-1}e^{-sx}\right]_0^\infty + \frac{n(n-1)}{s^2}\int_0^\infty x^{n-2}e^{-sx}\, dx$$

$$= \cdots = \frac{n!}{s^{n+1}}, \tag{5.8}$$

$$\frac{n!}{s^{n+1}} \to \mathscr{L}^{-1}\left[\frac{n!}{s^{n+1}}\right] = x^n. \tag{5.9}$$

4) $\boxed{f(x) = e^{\alpha x}}$ （収束領域 $\text{Re}\, s > \alpha$）

$$e^{\alpha x} \to \mathscr{L}[e^{\alpha x}] = \int_0^\infty e^{\alpha x}\, e^{-sx}\, dx = \int_0^\infty e^{-(s-\alpha)x}\, dx$$

$$= \left[-\frac{1}{s-\alpha}e^{-(s-\alpha)x}\right]_0^\infty = \frac{1}{s-\alpha}, \tag{5.10}$$

$$\frac{1}{s-\alpha} \to \mathscr{L}^{-1}\left[\frac{1}{s-\alpha}\right] = e^{\alpha x}. \tag{5.11}$$

5) $\boxed{f(x) = \sin\alpha x}$ （収束領域 $\operatorname{Re} s > 0$ ）

$$\sin\alpha x \to \mathscr{L}[\sin\alpha x] = \int_0^\infty \sin\alpha x\, e^{-sx}\, dx = \int_0^\infty \left(\frac{e^{i\alpha x} - e^{-i\alpha x}}{2i}\right) e^{-sx}\, dx$$

$$= \frac{1}{2i}\int_0^\infty \left(e^{-(s-i\alpha)x} - e^{-(s+i\alpha)x}\right) dx$$

$$= \frac{1}{2i}\left[-\frac{1}{s-i\alpha}e^{-(s-i\alpha)x} + \frac{1}{s+i\alpha}e^{-(s+i\alpha)x}\right]_0^\infty$$

$$= \frac{1}{2i}\left(-\frac{1}{s-i\alpha} + \frac{1}{s+i\alpha}\right) = \frac{\alpha}{s^2+\alpha^2}, \tag{5.12}$$

$$\frac{\alpha}{s^2+\alpha^2} \to \mathscr{L}^{-1}\left[\frac{\alpha}{s^2+\alpha^2}\right] = \sin\alpha x. \tag{5.13}$$

6) $\boxed{f(x) = \cos\alpha x}$ （収束領域 $\operatorname{Re} s > 0$ ）

$$\cos\alpha x \to \mathscr{L}[\cos\alpha x] = \int_0^\infty \cos\alpha x\, e^{-sx}\, dx = \int_0^\infty \left(\frac{e^{i\alpha x} + e^{-i\alpha x}}{2}\right) e^{-sx}\, dx$$

$$= \frac{1}{2}\int_0^\infty \left(e^{-(s-i\alpha)x} + e^{-(s+i\alpha)x}\right) dx$$

$$= \frac{1}{2}\left[-\frac{1}{s-i\alpha}e^{-(s-i\alpha)x} - \frac{1}{s+i\alpha}e^{-(s+i\alpha)x}\right]_0^\infty$$

$$= \frac{1}{2}\left(\frac{1}{s-i\alpha} + \frac{1}{s+i\alpha}\right) = \frac{s}{s^2+\alpha^2}, \tag{5.14}$$

$$\frac{s}{s^2+\alpha^2} \to \mathscr{L}^{-1}\left[\frac{s}{s^2+\alpha^2}\right] = \cos\alpha x. \tag{5.15}$$

次の問題は，上記のような例に基づいて計算できる初等的なものである．

問題 5.1 次の関数のラプラス変換を求め，収束領域も示せ．

1) $2x + 3$ 　　　 2) $x^2 + 4x + 1$ 　　　 3) $\sin\dfrac{2n\pi}{T}x$

4) $\cos^2 ax$ 　　　 5) e^{2x+3} 　　　 6) $\sinh x$

5.1 ラプラス変換

例題 5.1 $L(s) = \dfrac{1}{(s-1)(s+2)}$ の逆ラプラス変換を求め，収束領域も示せ．

《解》 $L(s) = \dfrac{1}{3}\left(\dfrac{1}{s-1} - \dfrac{1}{s+2}\right)$ と書きなおして，

$$\mathscr{L}^{-1}[L(s)] = \frac{1}{3}\left(\mathscr{L}^{-1}\left[\frac{1}{s-1}\right] - \mathscr{L}^{-1}\left[\frac{1}{s+2}\right]\right) = \frac{1}{3}(e^x - e^{-2x})$$

を得る．収束領域は $\mathrm{Re}\, s > 1$ である．

問題 5.2 次の関数の逆ラプラス変換を求め，収束領域も示せ．

1) $\dfrac{1}{s-\pi}$　　　　2) $\dfrac{1}{s^2+16}$　　　　3) $\dfrac{s+4}{s^2+16}$

4) $\dfrac{1}{s} + \dfrac{2}{s^2} + \dfrac{3}{s^3}$　　　5) $\dfrac{1}{s^6}$　　　　6) $\dfrac{s+6}{s^2+9}$

7) $\dfrac{1}{s^2+3s-4}$　　　8) $\dfrac{1}{s^2+5s}$　　　9) $\dfrac{1}{(s-1)(s^2+1)}$

ラプラス変換が存在するための条件

すでにいくつかのラプラス変換の例を見てきたが，ラプラス変換の存在条件について考えてみよう．すべての $x>0$ および適当な正の定数 M, γ に対して，関数 $f(x)$ が次の不等式を満たすとする．

$$|f(x)| \leq Me^{\gamma x} \qquad (x>0). \tag{5.16}$$

すなわち，指数関数を越えないこのような関数を**指数 γ 位の関数**という．このような $f(x)$ のラプラス変換は存在する．すなわち，この不等式はラプラス変換が存在するための十分条件として知られている．実際，変換後の変数 s の実部を $\mathrm{Re}\, s = a$ とすると，

$$f(x) \to |\mathscr{L}[f]| = \left|\int_0^\infty f(x)\,e^{-sx}\,dx\right| \leq \int_0^\infty |f(x)|\,|e^{-sx}|\,dx$$

$$\leq \int_0^\infty Me^{\gamma x}\,e^{-ax}\,dx = \int_0^\infty Me^{-(a-\gamma)x}\,dx \tag{5.17}$$

である．ここで $\mathrm{Re}\, s = a > \gamma$ であるような s に対しては，ラプラス変換が意味をもつ．すなわち，上式の最後の積分が有限確定値をもち

$$|\mathscr{L}[f]| \leq \frac{M}{a-\gamma} \tag{5.18}$$

となる.s に対してラプラス変換が収束すれば,$\mathrm{Re}\,s_1 > \mathrm{Re}\,s$ である s_1 においても収束する.一般に,ラプラス変換の収束領域は適当な実数 α に対して,

$$\mathrm{Re}\,s > \alpha \tag{5.19}$$

のように表される右半平面である.この α を**収束座標**という(注意: もしいかなる s に対してもラプラス変換が収束しないときには $\alpha = \infty$ と表し,すべての s に対して収束するときは $\alpha = -\infty$ と表すことができる).

ラプラス変換におけるデルタ関数

ラプラス変換では,$f(x) = 0\ (x < 0)$ となる関数を対象にしているので,デルタ関数も 3 章とは異なる定義をしなければならない.デルタ関数のモデル関数 の 1 つとして,次の関数を考える.

$$\mathscr{W}_\alpha(x) = \begin{cases} \alpha & \left(0 < x < \dfrac{1}{\alpha}\right) \\ 0 & \left(x < 0,\ x > \dfrac{1}{\alpha}\right). \end{cases} \tag{5.20}$$

これの $\alpha \to \infty$ の極限がデルタ関数である.

$$\lim_{\alpha \to \infty} \mathscr{W}_\alpha(x) = \delta(x). \tag{5.21}$$

総面積は 1 で,それが原点 $x = 0$ に集中している.

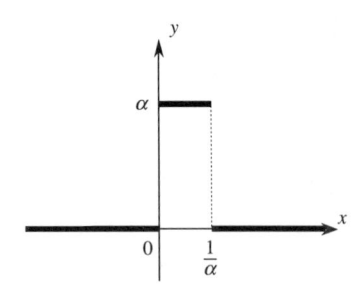

図 5-2 デルタ関数のモデル

3章の式 (3.1) の性質は，ここでは次のように表される．

$$\int_0^\infty \delta(x)\,dx = 1, \qquad \int_0^\varepsilon \delta(x)\,dx = 1 \quad (\varepsilon : 任意の正の定数). \tag{5.22}$$

式 (3.2) の性質は，ここでは

$$\int_0^\infty f(x)\,\delta(x)\,dx = f(0) \tag{5.23}$$

となる（式 (5.23) と 問題 3.1 の結果との違いに注意せよ）．

デルタ関数のラプラス変換は，

$$\delta(x) \;\to\; \mathscr{L}\bigl[\delta(x)\bigr] = \int_0^\infty \delta(x)\,e^{-sx}\,dx = e^{-sx}\Big|_{x=0} = 1 \tag{5.24}$$

である．したがって，逆ラプラス変換は次のようになる．

$$1 \;\to\; \mathscr{L}^{-1}\bigl[1\bigr] = \delta(x). \tag{5.25}$$

式 (5.4) 〜 (5.15) および式 (5.24), (5.25) などの公式は，付録のラプラス変換表にまとめられている．多くの場合，ラプラス変換や逆ラプラス変換は，この変換表に基づいて求めるのが普通である．変換表の簡便さによってラプラス変換の応用が広がるのである．

5.2　ラプラス変換とフーリエ変換

ラプラス変換をフーリエ変換の観点から見てみよう．適当な実数 a を実部とし，角周波数 ω を虚部とする複素数を s とする．

$$s = a + i\omega. \tag{5.26}$$

すなわち，$a = \mathrm{Re}\,s$ (実部), $\omega = \mathrm{Im}\,s$ (虚部) である．a は必ずしも正ではないが，$a > 0$ であるとしておくと以下で説明するアイデアが理解しやすいであろう．実際は，s が収束領域にあればよいのである．

関数 $f(x)$ に対して，

① $x \geq 0$ においては e^{-ax} を掛けて $f(x)e^{-ax}$ とし，$x < 0$ では $f(x) = 0$ とする．すなわち，$f(x) \to f(x)\,e^{-ax}\,u(x)$ として絶対積分可能な関数に変換する．

② そのあとフーリエ変換をする $f(x)\,e^{-ax}\,u(x) \to \mathscr{F}\bigl[f(x)\,e^{-ax}\,u(x)\bigr]$．

ラプラス変換は，この 2 つの操作 ①→② のことである．

$$f(x) \xrightarrow{①} f(x)\,e^{-ax}\,u(x) \xrightarrow{②} \mathscr{F}\bigl[f(x)\,e^{-ax}\,u(x)\bigr]$$
$$\|\qquad\qquad\qquad\qquad\qquad\qquad\qquad\|$$
$$f(x) \xrightarrow{\mathscr{L}} \mathscr{L}[f(x)] = \int_0^\infty f(x)\,e^{-(a+i\omega)x}\,dx$$
$$= \int_0^\infty f(x)\,e^{-sx}\,dx$$

さて，$f(x)$ のラプラス変換 $\mathscr{L}[f(x)] = L(s)$ は，$f(x)\,e^{-ax}\,u(x)$ のフーリエ変換であるから，まず

$$f(x) \longrightarrow \mathscr{F}\bigl[f(x)\,e^{-ax}\,u(x)\bigr] = L(s) = L(a+i\omega) \tag{5.27}$$

と書いて，パラメータ a をもった ω の関数とみなす．この逆フーリエ変換は，

$$\mathscr{F}^{-1}\bigl[L(a+i\omega)\bigr] = \frac{1}{2\pi}\int_{-\infty}^\infty L(a+i\omega)\,e^{i\omega x}\,d\omega \tag{5.28}$$

であるが，式 (4.14) より，$x>0$ のとき次のものに等しいことがわかる．

$$\frac{1}{2}\bigl\{f(x-0)\,e^{-a(x-0)}\,u(x-0) + f(x+0)\,e^{-a(x+0)}\,u(x+0)\bigr\}$$
$$= \frac{1}{2}\bigl\{f(x-0) + f(x+0)\bigr\}e^{-ax}. \tag{5.29}$$

ゆえに，

$$\frac{1}{2\pi}\int_{-\infty}^\infty L(a+i\omega)\,e^{i\omega x}\,d\omega = \frac{1}{2}\bigl\{f(x-0) + f(x+0)\bigr\}e^{-ax}. \tag{5.30}$$

この式の両辺に e^{ax} を掛けると，まずは ω の実積分として**逆ラプラス変換**の公式が，次のように得られる．

$$\boxed{\frac{1}{2\pi}\int_{-\infty}^\infty L(a+i\omega)\,e^{(a+i\omega)x}\,d\omega = \frac{1}{2}\bigl\{f(x-0) + f(x+0)\bigr\}.} \tag{5.31}$$

ここで $a+i\omega = s$ と戻すことによって，**逆ラプラス変換**の公式は，複素平面上の複素変数 s の積分として次のように得られる．

$$\boxed{\frac{1}{2\pi i}\int_{a-i\infty}^{a+i\infty} L(s)\,e^{sx}\,ds = \frac{1}{2}\bigl\{f(x-0) + f(x+0)\bigr\}.} \tag{5.32}$$

この積分を**ブロムウィッチ積分**という．

5.2 ラプラス変換とフーリエ変換

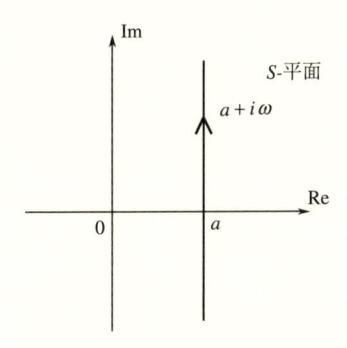

図 5-3 ブロムウィッチ積分路

積分変換

フーリエ変換やラプラス変換はともに**積分変換**の 1 つとみなされる．関数 $f(x)$ の積分変換とは，

$$f(x) \longrightarrow F(\xi) = \int_a^b f(x)\, K(\xi, x)\, dx$$

のような形の変換である．ここで $K(\xi, x)$ は積分核といわれる．

(i) $K(\omega, x) = e^{-i\omega x}$ (ω 実数) ($a = -\infty$, $b = \infty$) のとき，フーリエ変換，

(ii) $K(s, x) = e^{-sx}$ (s 複素数) ($a = 0$, $b = \infty$) のとき，ラプラス変換

である．このほかにも用途に応じたさまざまな積分変換がある．

5.3 ブロムウィッチ積分と留数★

本節の目的は、逆ラプラス変換のブロムウィッチ積分 (5.32) が複素経路積分の留数定理 によって計算できることを示すことである。よって、複素関数論の知識が必要であるが、多くの場合、逆ラプラス変換はラプラス変換表（付録参照）から見いだすので、複素関数を知らなければ次の 5.4 節に進んでもよい。

ある関数 $f(x)$ のラプラス変換 $L(s)$ は、一般に複素関数として特異点（または極）s_k $(k = 1, 2, \cdots)$ をもち、それ以外の点では正則であるとする。定数 a は、すべての特異点の実部より大きい ($a > \text{Re}\, s_k$)。すなわち、ブロムウィッチ積分路は、すべての特異点よりも右側にある虚軸に平行な直線である。

ここで、図 5-4 のような積分路 C をとる。C は無限直線 $(a - i\infty \to a + i\infty)$ の一部分と円弧の 2 つの部分からなり、特異点を含むように選ぶ。複素指数関数 e^{sx} は s-平面全体で正則なので、複素関数 $L(s)e^{sx}$ の特異点と $L(s)$ の特異点は同じである。s_k における $L(s)e^{sx}$ の留数 (residue) を $\text{Res}\,[L(s)e^{sx}, s_k]$ と表し、$L(s)$ の留数を $\text{Res}\,[L(s), s_k]$ と表す。まず、これらの留数について次の等式が成り立つ。

$$\text{Res}\,[L(s)e^{sx}, s_k] = \text{Res}\,[L(s), s_k] e^{s_k x}. \tag{5.33}$$

積分路 C の円弧の部分の任意の点 s に対して、

$$\lim_{|s| \to \infty} L(s) = 0 \tag{5.34}$$

となるならば、留数定理によって、式 (5.32) の左辺の積分は次の公式によって与えられる。

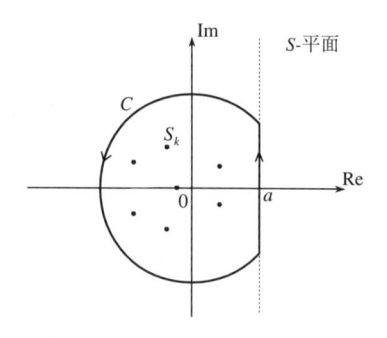

図 5-4 ブロムウィッチ積分路と複素積分路

5.3 ブロムウィッチ積分と留数★

$$\frac{1}{2\pi i}\int_{a-i\infty}^{a+i\infty} L(s)\,e^{sx}\,ds = \frac{1}{2\pi i}\int_C L(s)\,e^{sx}\,ds$$
$$= \sum_k \mathrm{Res}[L(s),\,s_k]\,e^{s_k x}. \tag{5.35}$$

したがって，式 (5.32) の逆ラプラス変換は，

$$\boxed{L(s)\ \to\ \mathscr{L}^{-1}[L(s)] = f(x) = \sum_k \mathrm{Res}[L(s),\,s_k]\,e^{s_k x}} \tag{5.36}$$

のように得られる．ただし，式 (5.32) の右辺の $\frac{1}{2}\{f(x-0)+f(x+0)\}$ を簡略化して $f(x)$ と書いた．

例題 5.2 $L(s)=\dfrac{1}{s-3}$ の逆ラプラス変換を留数定理を使って求めよ．

《解》 $L(s)\,e^{sx}=\dfrac{e^{sx}}{s-3}$ と $L(s)=\dfrac{1}{s-3}$ はともに $s=3$ を特異点としてもつ．留数は，$\mathrm{Res}[L(s)\,e^{sx},s=3]=\mathrm{Res}[L(s),s=3]\,e^{3x}=1\cdot e^{3x}=e^{3x}$ である．よって，逆ラプラス変換は式 (5.36) より，

$$\mathscr{L}^{-1}\!\left[\frac{1}{s-3}\right] = \frac{1}{2\pi i}\int_{a-i\infty}^{a+i\infty}\frac{e^{sx}}{s-3}\,ds = \begin{cases} e^{3x} & (x>0) \\ \dfrac{1}{2} & (x=0) \\ 0 & (x<0) \end{cases} \tag{5.37}$$

となる（このように逆ラプラス変換が得られたが，結果は簡単に $\mathscr{L}^{-1}[L(s)]=e^{3x}u(x)$，または $\mathscr{L}^{-1}[L(s)]=e^{3x}\ (x>0)$，あるいは単に $\mathscr{L}^{-1}[L(s)]=e^{3x}$ とだけ書くこともある）．

問題 5.3 $L(s)=\dfrac{1}{(s-1)(s+2)}$ の逆ラプラス変換を留数定理を使って求め，例題 5.1 の結果と比較せよ．

$$\left[\frac{1}{3}\left(e^x - e^{-2x}\right)\ (x>0)\right]$$

問題 5.4 $L(s)=\dfrac{1}{s^2+2s+4}$ の逆ラプラス変換を留数定理を使って求めよ．

$$\left[\frac{1}{\sqrt{3}}\,e^{-x}\sin\sqrt{3}\,x\ (x>0)\right]$$

5.4 ラプラス変換の性質

ラプラス変換 (5.1) と逆ラプラス変換の一般的な性質を見ることにしよう．関数 $f(x)$, $g(x)$ はともにラプラス変換が可能であるとする．すなわち，

$$f(x) \to \mathscr{L}[f] = F_{\mathscr{L}}(s), \qquad g(x) \to \mathscr{L}[g] = G_{\mathscr{L}}(s) \tag{5.38}$$

は既知であるとする．

$\mathscr{L}$A. 線形性

任意の複素数 a, b に対して，

$$\boxed{\mathscr{L}[af(x) + bg(x)] = aF_{\mathscr{L}}[s] + bG_{\mathscr{L}}[s]} \tag{5.39}$$

が成り立つ．

$\mathscr{L}$B. 相似性

任意の 0 でない正数 $c > 0$ に対して，

$$\boxed{\mathscr{L}[f(cx)] = \frac{1}{c} F_{\mathscr{L}}\left(\frac{s}{c}\right)} \tag{5.40}$$

定義に従って計算をする．

$$\mathscr{L}[f(cx)] = \int_0^\infty f(cx) e^{-sx} dx = \int_0^\infty f(\xi) e^{-\frac{s}{c}\xi} \frac{1}{c} d\xi \quad (x \to \xi = cx)$$
$$= \frac{1}{c} F_{\mathscr{L}}\left(\frac{s}{c}\right).$$

$\mathscr{L}$C. s 変数シフト

$$\boxed{\mathscr{L}[f(x) e^{s_0 x}] = F_{\mathscr{L}}(s - s_0)} \tag{5.41}$$

定義に従って計算をする．

$$\mathscr{L}[f(x) e^{s_0 x}] = \int_0^\infty f(x) e^{s_0 x} e^{-sx} dx$$
$$= \int_0^\infty f(x) e^{-(s-s_0)x} dx$$
$$= F_{\mathscr{L}}(s - s_0).$$

5.4 ラプラス変換の性質

𝓛D. x 変数シフト

$$\mathcal{L}[f(x - x_0)] = e^{-sx_0} F_{\mathcal{L}}(s) \qquad (5.42)$$

定義に従って計算をする.

$$\mathcal{L}[f(x - x_0)] = \int_0^\infty f(x - x_0)\, e^{-sx}\, dx = \int_0^\infty f(\xi)\, e^{-s(\xi + x_0)}\, d\xi$$

$$= e^{-sx_0} \int_0^\infty f(\xi)\, e^{-s\xi}\, d\xi = e^{-sx_0} F_{\mathcal{L}}(s)\,.$$

𝓛E. 微分

$$\mathcal{L}[f'(x)] = s F_{\mathcal{L}}(s) - f(0) \qquad (5.43)$$

定義に従って計算をする.

$$\mathcal{L}[f'(x)] = \int_0^\infty f'(x)\, e^{-sx}\, dx$$

$$= \Big[f(x)\, e^{-sx}\Big]_0^\infty + s \int_0^\infty f(x)\, e^{-sx}\, dx$$

$$= s F_{\mathcal{L}}(s) - f(0)\,.$$

𝓛F. 高階微分

$$\mathcal{L}[f^{(n)}(x)] = s^n F_{\mathcal{L}}(s) - \sum_{k=1}^n s^{n-k} f^{(k-1)}(0) \qquad (5.44)$$

上記の E. 微分を繰り返す.

𝓛G. 積分

$$\mathcal{L}\Big[\int_0^x f(\tau)\, d\tau\Big] = \frac{1}{s} F_{\mathcal{L}}(s) \qquad (5.45)$$

まず $g(x) = \int_0^x f(x)\, dx$ とおくと, $g'(x) = f(x)$ だから $\mathcal{L}[g'(x)] = \mathcal{L}[f(x)] = F_{\mathcal{L}}(s)$ である. また $g(0) = 0$ に注意する. 一方, $\mathcal{L}[g(x)] = G_{\mathcal{L}}(s)$ とおくと, $\mathcal{L}[g'(x)] = s G_{\mathcal{L}}(s) - g(0) = s G_{\mathcal{L}}(s)$ となる. よって, $s G_{\mathcal{L}}(s) = F_{\mathcal{L}}(s)$ となって, $\mathcal{L}\Big[\int_0^x f(x)\, dx\Big] = G_{\mathcal{L}}(s) = \frac{1}{s} F_{\mathcal{L}}(s)$ を得る.

問題 5.5 $\sin\alpha x$ のラプラス変換 (5.13) と変数シフト (5.41) を使って, $L(s) = \dfrac{1}{s^2 + 2s + 4}$ の逆ラプラス変換を求めよ (問題 5.4 と比較せよ).

例題 5.3 (周期関数) 区間 $[0, T]$ で定義されている関数 $f(x)$ を, $0 \leq x < \infty$ において周期 T で周期的に拡張した関数を $f_T(x)$ とする. この周期関数 $f_T(x)$ のラプラス変換が次のようになることを示せ.

$$\boxed{\mathscr{L}[f_T(x)] = \frac{1}{1 - e^{-Ts}} \int_0^T f(x)\, e^{-sx}\, dx} \tag{5.46}$$

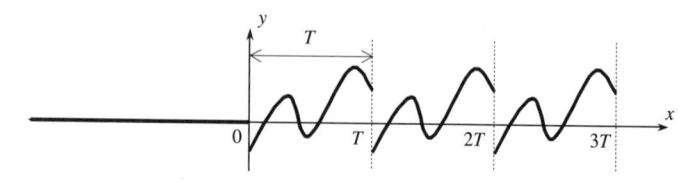

図 5-5 周期関数 $f_T(x)$ のグラフ

《解》 周期関数 $f_T(x)$ は,

$$f_T(x) = \sum_{n=0}^{\infty} f(x - nT) = f(x) + f(x - T) + f(x - 2T) + \cdots \tag{5.47}$$

と表される. これをラプラス変換すると, 式 (5.42) に注意して, 次式を得る.

$$\mathscr{L}[f_T(x)] = \sum_{n=0}^{\infty} \mathscr{L}[f(x - nT)] = \sum_{n=0}^{\infty} e^{-nTs}\, \mathscr{L}[f(x)]$$

$$= \frac{1}{1 - e^{-Ts}}\, \mathscr{L}[f(x)]$$

$$= \frac{1}{1 - e^{-Ts}} \int_0^T f(x) e^{-sx}\, dx.$$

問題 5.6 半波整流波形 $f(x) = \dfrac{1}{2}(\sin x + |\sin x|)$ $(x \geq 0)$ のラプラス変換を求めよ.

$$\left[\frac{1}{(1 - e^{-\pi s})(s^2 + 1)} \right]$$

5.4 ラプラス変換の性質

$f(0)$ の値

さて，$x < 0$ において 0 である関数 $f(x)$ の $x = 0$ における値 $f(0)$ については，いままで何も考えてこなかった．これのフーリエ変換を考えるときには，$x = 0$ は単なる不連続点なので，$f(0)$ の値は重要ではない（1.3 節の最後の注意）．逆フーリエ変換ではそれが片側極限値の平均値 $\frac{1}{2}\{f(0-0) + f(0+0)\}$ となる（式 (4.14) を見よ）．

ところで，ラプラス変換では $f(0)$ の値には，多少注意を要する．実際，$x = 0$ における値 $f(0)$ として考えられるのは次の 3 つのうちのどれかであろう．

$$
\begin{aligned}
&\text{i)} \quad f(0-0) = 0, \\
&\text{ii)} \quad f(0+0), \\
&\text{iii)} \quad f(0) = \frac{1}{2}\{f(0-0) + f(0+0)\} = \frac{1}{2}f(0+0).
\end{aligned}
\tag{5.48}
$$

ラプラス変換においては，このいずれもが起こり得る．まず，例題 5.2 において逆ラプラス変換の $x = 0$ の値 $\frac{1}{2}$ は，（逆フーリエ変換と同じく）第 3 のケースである．

第 1 のケースとなる例としてヘビサイド関数 $u(x)$ がある．3.3 節の式 (3.17) において，ヘビサイド関数の微分がデルタ関数であることを見た．ヘビサイド関数の微分 $u'(x)$ のラプラス変換は，微分に対する公式 (5.43) と式 (5.4) によって，

$$
\mathscr{L}[u'(x)] = s\mathscr{L}[u(x)] - u(0) = s \cdot \frac{1}{s} - u(0) = 1 - u(0) \tag{5.49}
$$

となる．一方，ラプラス変換においても $u'(x) = \delta(x)$ が成立するとして，式 (5.24) より $\mathscr{L}[u'(x)] = \mathscr{L}[\delta(x)] = 1$ なので $u(0) = 0$ が得られる．このように，ヘビサイド関数の $x = 0$ の値は，第 1 のケース $u(0) = u(0-0) = 0$ である．

注意：ラプラス変換における議論では，ヘビサイド関数のモデルは式 (3.18) ではなく，次のように定義される．$x \geq \frac{1}{\alpha}$ のとき $u_\alpha(x) = 1$，$0 \leq x < \frac{1}{\alpha}$ のとき $u_\alpha(x)$ はなめらかで単調増加，$x \leq 0$ のとき $u_\alpha(x) = 0$．

ところで，6 章や 7 章において扱われる微分方程式の初期値問題では，第 2 のケース $f(0+0)$ と考えることが自然である．

5.5 たたみこみ

定義域に制限のない関数に対して，たたみこみは式 (4.45) で定義されている．ところで，ラプラス変換では $x < 0$ において 0 である関数を対象とする．2つの絶対積分可能な非周期関数 $f(x)$ と $g(x)$ がともに $f(x) = 0$，$g(x) = 0$ $(x < 0)$ のとき，たたみこみは次のように積分区間が $[0, x]$ となる．

$$f * g(x) = \int_0^x f(\tau) g(x - \tau) \, d\tau. \tag{5.50}$$

交換則 (4.46) は，そのまま成立する．

たたみこみが重要なのは，次の公式による．関数 $f(x), g(x)$ はともにラプラス変換 $F_{\mathscr{L}}(s), G_{\mathscr{L}}(s)$ および逆ラプラス変換が可能であるとする．このとき，

$$f * g(x) \ \to \ \mathscr{L}[f * g(x)](s) = F_{\mathscr{L}}(s) G_{\mathscr{L}}(s). \tag{5.51}$$

実際，

$$\mathscr{L}[f * g] = \int_0^\infty f * g(x) e^{-sx} \, dx = \int_0^\infty \left(\int_0^x f(\tau) g(x - \tau) \, d\tau \right) e^{-sx} \, dx$$

$$= \int_0^\infty \int_0^x f(\tau) e^{-s\tau} \cdot g(x - \tau) e^{-s(x - \tau)} \, d\tau \, dx$$

$$= \left(\int_0^\infty f(\mu) e^{-s\mu} d\mu \right) \left(\int_0^\infty g(\nu) e^{-s\nu} d\nu \right) \quad \begin{cases} \mu = \tau \geq 0 \\ \nu = x - \tau \geq 0 \end{cases}$$

$$= F_{\mathscr{L}}(s) \, G_{\mathscr{L}}(s)$$

となる．ここで，変数変換 $(\tau, x) \to (\mu, \nu)$ における積分範囲に注意すること．この式 (5.51) は，フーリエ級数における式 (1.103) およびフーリエ変換における式 (4.47) に対応する．

問題 5.7 次のたたみこみを示し，そのラプラス変換を求めよ．

1) $1 * 1 = x$ 2) $1 * e^{ax} = \dfrac{1}{a}(e^{ax} - 1)$ 3) $x * e^{ax} = \dfrac{1}{a^2}(e^{ax} - 1) - \dfrac{x}{a}$

4) $\sin x * \sin x = \dfrac{1}{2}(\sin x - x \cos x)$ 5) $\cos x * \cos x = \dfrac{1}{2}(\sin x + x \cos x)$

6) $e^{2x} * \sin x = \dfrac{1}{5}(e^{2x} - \cos x - 2 \sin x)$

5.6 誤差関数とラプラス変換★

例題 5.4 たたみこみの公式 (5.51) の逆変換によって，$L(s) = \dfrac{1}{(s-1)(s+2)}$ の逆ラプラス変換を求め，例題 5.1 および 問題 5.3 の結果と比較せよ．

《解》 まず，$\mathscr{L}^{-1}\left[\dfrac{1}{s-1}\right] = e^x$ と $\mathscr{L}^{-1}\left[\dfrac{1}{s+2}\right] = e^{-2x}$ を確認しておく．すると，公式 (5.51) より

$$\mathscr{L}[e^x * e^{-2x}](s) = \frac{1}{s-1} \cdot \frac{1}{s+2}$$

である．これの逆変換を行なって，次式を得る．

$$\mathscr{L}^{-1}\left[\frac{1}{(s-1)(s+2)}\right] = \mathscr{L}^{-1}\left[\frac{1}{s-1}\right] * \mathscr{L}^{-1}\left[\frac{1}{s+2}\right] = e^x * e^{-2x}$$

$$= \int_0^x e^\tau \, e^{-2(x-\tau)} \, d\tau = e^{-2x} \int_0^x e^{3\tau} \, d\tau$$

$$= e^{-2x} \left[\frac{1}{3} e^{3\tau}\right]_0^x = \frac{1}{3}\left(e^x - e^{-2x}\right).$$

問題 5.8 ★ 次の式を示せ．

1) $\sqrt{x} * \sqrt{x} = \dfrac{\pi}{8} x^2$ 2) $\mathscr{L}\left[\sqrt{x} * \sqrt{x}\right] = \dfrac{\pi}{4 s^3}$ 3) $\mathscr{L}\left[\sqrt{x}\right] = \dfrac{\sqrt{\pi}}{2} \dfrac{1}{\sqrt{s^3}}$

問題 5.9 ★ $\dfrac{1}{\sqrt{x}} = \mathscr{L}^{-1}\left[\dfrac{\sqrt{\pi}}{\sqrt{s}}\right]$ を示せ．

5.6 誤差関数とラプラス変換★

次のような積分で定義される関数がある．

$$\operatorname{erf} x = \frac{2}{\sqrt{\pi}} \int_0^x e^{-t^2} \, dt. \tag{5.52}$$

これは**誤差関数**といい，奇関数である．

誤差関数は，いろいろなところに登場してくる大変重要な特殊関数の1つである．また次の関数

$$\operatorname{erfc} x = 1 - \operatorname{erf} x = \frac{2}{\sqrt{\pi}} \int_x^\infty e^{-t^2} \, dt \tag{5.53}$$

を**誤差余関数**という．

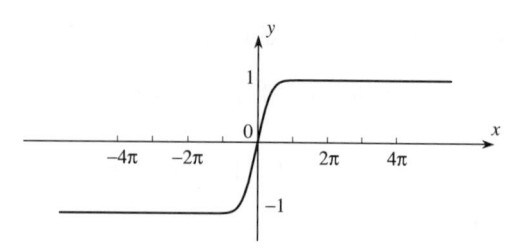

図 5-6 誤差関数 erf x のグラフ

　ここでは，誤差関数のラプラス変換に関していくつかの公式を紹介する．まず，誤差関数のラプラス変換は次のようになることが知られている．

$$\mathscr{L}[\operatorname{erf} ax] = \frac{1}{s} e^{\frac{s^2}{4a^2}} \left(1 - \operatorname{erf} \frac{s}{2a}\right) = \frac{1}{s} e^{\frac{s^2}{4a^2}} \operatorname{erfc} \frac{s}{2a}. \tag{5.54}$$

さらに次のような公式もある．

$$\mathscr{L}\left[\operatorname{erf} \sqrt{x}\right] = \frac{1}{s\sqrt{s+1}}, \tag{5.55}$$

$$\mathscr{L}\left[1 - \operatorname{erf} \frac{a}{2\sqrt{x}}\right] = \mathscr{L}\left[\operatorname{erfc} \frac{a}{2\sqrt{x}}\right] = \frac{1}{s} e^{-a\sqrt{s}}. \tag{5.56}$$

例題 5.5 式 (5.56) をパラメータ a で微分することによって次式を示せ（絶対積分可能な関数に対しては，ラプラス変換の積分とパラメータ a の微分の順序が交換可能であることが知られている）．

$$\mathscr{L}\left[\frac{1}{\sqrt{\pi x}} e^{-\frac{a^2}{4x}}\right] = \frac{1}{\sqrt{s}} e^{-a\sqrt{s}} \tag{5.57}$$

《解》　式 (5.56) の両辺にマイナスを掛けて，パラメータ a で微分する．まず右辺は，

$$-\frac{\partial}{\partial a} \frac{1}{s} e^{-a\sqrt{s}} = \frac{1}{\sqrt{s}} e^{-a\sqrt{s}}$$

となる．同様に左辺を a で微分すると，

$$-\frac{\partial}{\partial a} \mathscr{L}\left[1 - \operatorname{erf} \frac{a}{2\sqrt{x}}\right] = \mathscr{L}\left[\frac{\partial}{\partial a} \operatorname{erf} \frac{a}{2\sqrt{x}}\right]$$

$$= \frac{2}{\sqrt{\pi}} \mathscr{L}\left[\frac{\partial}{\partial a} \int_0^{a/2\sqrt{x}} e^{-\tau^2} d\tau\right] = \mathscr{L}\left[\frac{1}{\sqrt{\pi x}} e^{-\frac{a^2}{4x}}\right]$$

となって示された．

5.6 誤差関数とラプラス変換★

問題 5.10 例題 5.5 の結果の式 (5.57) の両辺を，パラメータ a で微分することによって次式を示せ．

$$\mathscr{L}\left[\frac{a}{2\sqrt{\pi x^3}}e^{-\frac{a^2}{4x}}\right] = e^{-a\sqrt{s}} \tag{5.58}$$

本節で示したラプラス変換の公式は，複素積分によっても計算することはできるが，容易ではない．しかしながら，ある公式がわかっていれば，それに類似した公式が，パラメータ a を介して得られることがある．これらの公式の中には，7 章で扱われる熱伝導方程式の解として登場するものがある（いろいろな特殊関数のラプラス変換も知られているが，誤差関数のみを取り上げた）．

逆ラプラス変換の計算は，以上示したようにいくつかの方法があるが，実際に使うときには付録にまとめたラプラス変換表を活用すると便利である．

応用編

6. 線形常微分方程式の解法
7. 偏微分方程式の解法
8. 線形システムの解析
9. 情報通信への応用
10. 確率論への応用

6. 線形常微分方程式の解法

フーリエ解析やラプラス変換によって微分方程式を解くことができる．しかし，万能ではない．万能ではないが，特に定数係数線形微分方程式に対しては有力な解法である．本章では，常微分方程式の解法を扱い，次章では偏微分方程式を取り上げる．微分方程式の解法の一般論的な説明は，いわゆる微分方程式の本に譲らなければならない．特に 6.2 節では，具体例に基づいてフーリエ解析やラプラス変換による解法例を示しており，ここだけでも大まかな様子を見ることができる．

6.1 定数係数線形常微分方程式

関数 $f = f(x)$ を未知関数とする線形常微分方程式は，係数がすべて定数のとき，**定数係数線形常微分方程式**といわれる．$a_k\ (k = 1, 2, \cdots, n)$ を定数の係数として，定数係数線形常微分方程式は，最高階の係数を 1 として次のように表される．

$$f^{(n)} + a_1 f^{(n-1)} + \cdots + a_{n-2} f'' + a_{n-1} f' + a_n f = g(x). \tag{6.1}$$

右辺の $g(x)$ は既知関数で，この式は**非同次方程式**といわれる．これに対応して，恒等的に $g(x) = 0$ とおいた次の式

$$f^{(n)} + a_1 f^{(n-1)} + \cdots + a_{n-2} f'' + a_{n-1} f' + a_n f = 0 \tag{6.2}$$

は**同次方程式**といわれる．ところで，式 (6.1) の一般解は，式 (6.1) の特殊解（または特解）$f_S(x)$ と式 (6.2) の一般解 $f_0(x)$ との和になることが知られて

いる．

$$\boxed{\text{式 (6.1) の一般解} \quad f(x) = f_S(x) + f_0(x)\,.} \tag{6.3}$$

さて，このような定数係数線形常微分方程式の解法において，フーリエ解析やラプラス変換が威力を発揮する．特に，フーリエ解析は，非同次方程式 (6.1) の特殊解を得るのに役立つ．また，ラプラス変換は，初期値問題を解くのに適している．

6.2 解法例

例を使ってフーリエ解析やラプラス変換による微分方程式の解法の様子を見ることにしよう（本節だけでも，フーリエ解析やラプラス変換による解法を概観することができる）．

ここでは，次の非同次 2 階常微分方程式を実際に解いてみよう．

$$\boxed{f'' + f' - 6f = \sin x\,.} \tag{6.4}$$

ところで，非同次式である式 (6.4) に対応する同次式は，

$$f'' + f' - 6f = 0 \tag{6.5}$$

である．非同次方程式 (6.4) の一般解は，非同次方程式の特殊解と同次方程式 (6.5) の一般解の和で与えられる．

フーリエ級数による解法

微分方程式 (6.4) をフーリエ級数を使って解いてみる．右辺の関数 $g(x) = \sin x$ は周期 2π の周期関数なので，まず未知関数 $f = f(x)$ も同じく周期 2π の関数であると仮定してみよう．そして，$f(x)$ が式 (1.11) のようにフーリエ級数で表されると考える．

$$f(x) = \frac{a_0}{2} + \sum_{n=1}^{\infty} (a_n \cos nx + b_n \sin nx)\,. \tag{6.6}$$

$f(x)$ は未知なので，このフーリエ係数は式 (1.12), (1.13) からは得られない．フーリエ係数を決定するのは，微分方程式 (6.4) である．さて，項別微分によって $f'(x)$ と $f''(x)$ が次のようになる．

$$f'(x) = \sum_{n=1}^{\infty} \left(-na_n \sin nx + nb_n \cos nx\right), \tag{6.7}$$

$$f''(x) = -\sum_{n=1}^{\infty} \left(n^2 a_n \cos nx + n^2 b_n \sin nx\right). \tag{6.8}$$

これらを式 (6.4) に代入すると,

$$\sum_{n=1}^{\infty} \left\{(-n^2 a_n + nb_n - 6a_n)\cos nx - (n^2 b_n + na_n + 6b_n)\sin nx\right\} - 6 \cdot \frac{a_0}{2}$$
$$= \sin x. \tag{6.9}$$

この両辺を比較すると, 係数 a_n, b_n は次の条件を満たさなければならない.

$$\begin{aligned} n = 0: \quad & a_0 = 0, \\ n = 1: \quad & -7a_1 + b_1 = 0, \quad -(a_1 + 7b_1) = 1, \\ n \geq 2: \quad & (n^2+6)a_n - nb_n = 0, \quad (n^2+6)b_n + na_n = 0. \end{aligned} \tag{6.10}$$

これで係数が確定して,

$$a_0 = 0, \quad a_1 = -\frac{1}{50}, \quad b_1 = -\frac{7}{50}, \quad a_n = b_n = 0 \ (n \geq 2). \tag{6.11}$$

よって, 未知関数は,

$$f(x) = -\frac{1}{50}\cos x - \frac{7}{50}\sin x \tag{6.12}$$

のように得られる. これが式 (6.4) を満たすことは容易に確かめることができる. すなわち解である. ところで, この解には積分定数が含まれていない. したがって, 特殊解が得られたのである. 結果として, 周期 2π の周期解が得られたので, フーリエ級数による解法が適切であったことがわかる.

フーリエ変換による解法

フーリエ変換を使って, 同じ微分方程式 (6.4) を解いてみる. 未知関数 $f(x)$ が周期関数であるか否かを気にすることなく, $f(x)$ のフーリエ変換を $\mathscr{F}[f] = F(\omega)$ とする. 右辺の既知関数 $g(x) = \sin x$ のフーリエ変換は, 式 (4.42) より,

$$\sin x \longrightarrow \mathscr{F}[\sin x] = G(\omega) = i\pi\bigl(\delta(\omega+1) - \delta(\omega-1)\bigr) \tag{6.13}$$

である. まず, 式 (6.4) の両辺のフーリエ変換をとる.

$$\mathscr{F}[f'' + f' - 6f] = \mathscr{F}[\sin x]$$
$$\rightarrow \quad \mathscr{F}[f''] + \mathscr{F}[f'] - 6\mathscr{F}[f] = \mathscr{F}[\sin x] \quad (線形性より)$$
$$\rightarrow \quad (i\omega)^2 \mathscr{F}[f] + i\omega \mathscr{F}[f] - 6\mathscr{F}[f] = \mathscr{F}[\sin x] \quad (式 (4.27), (4.28) より)$$
$$\rightarrow \quad (-\omega^2 + i\omega - 6)\mathscr{F}[f] = \mathscr{F}[\sin x]$$
$$\rightarrow \quad (\omega^2 - i\omega + 6)F(\omega) = -G(\omega). \tag{6.14}$$

これによって，未知関数のフーリエ変換 $F(\omega)$ は次のように解くことができる．

$$F(\omega) = -\frac{G(\omega)}{\omega^2 - i\omega + 6} = -\frac{i\pi\bigl(\delta(\omega+1) - \delta(\omega-1)\bigr)}{\omega^2 - i\omega + 6}. \tag{6.15}$$

これを，式 (4.14) に従って逆フーリエ変換をすることによって未知関数 $f(x)$ が得られる．

$$f(x) = \mathscr{F}^{-1}[F]$$
$$= -\frac{1}{2\pi} \int_{-\infty}^{\infty} \frac{i\pi\bigl(\delta(\omega+1) - \delta(\omega-1)\bigr)}{\omega^2 - i\omega + 6} e^{i\omega x} d\omega. \tag{6.16}$$

これは任意定数を含んでいないので特殊解で，以後 $f_S(x)$ と書くことにする．この $f_S(x)$ を具体的に知るには，さらに積分の計算を続けなくてはいけない．

$$f_S(x) = -\frac{i}{2} \int_{-\infty}^{\infty} \frac{e^{i\omega x}\delta(\omega+1)}{\omega^2 - i\omega + 6} d\omega + \frac{i}{2} \int_{-\infty}^{\infty} \frac{e^{i\omega x}\delta(\omega-1)}{\omega^2 - i\omega + 6} d\omega$$
$$= -\frac{i}{2} \frac{e^{i\omega x}}{\omega^2 - i\omega + 6}\bigg|_{\omega=-1} + \frac{i}{2} \frac{e^{i\omega x}}{\omega^2 - i\omega + 6}\bigg|_{\omega=1} \quad (式 (3.8) より)$$
$$= -\frac{i}{2} \frac{e^{-ix}}{7+i} + \frac{i}{2} \frac{e^{ix}}{7-i} = -\frac{1+7i}{100} e^{-ix} - \frac{1-7i}{100} e^{ix}$$
$$= -\frac{1}{50} \frac{e^{ix} + e^{-ix}}{2} - \frac{7}{50} \frac{e^{ix} - e^{-ix}}{2i}$$
$$= -\frac{1}{50} \cos x - \frac{7}{50} \sin x. \tag{6.17}$$

すなわち，フーリエ変換によっても，フーリエ級数によるのと同じ特殊解 (6.12) が得られたのである．式 (6.17) の積分を計算するとき，デルタ関数の性質の式 (3.8) が大いに役に立ったことに注意しなければならない．

6.2 解法例

ところで一般解は，この特殊解と同次方程式 (6.5) の一般解の和で与えられる．これの特性方程式は，

$$\lambda^2 + \lambda - 6 = (\lambda+3)(\lambda-2) = 0 \tag{6.18}$$

なので，根は $\lambda = -3, 2$ である．よって，同次方程式の一般解は，

$$f_0(x) = c_1 e^{-3x} + c_2 e^{2x} \qquad (c_1, c_2：定数) \tag{6.19}$$

となる．もとの非同次方程式 (6.4) の一般解は，特殊解 $f_S(x)$ と上記の一般解 $f_0(x)$ の和として次のように得られるのである．

$$\boxed{f(x) = -\frac{1}{50} \cos x - \frac{7}{50} \sin x + c_1 e^{-3x} + c_2 e^{2x}.} \tag{6.20}$$

ラプラス変換による解法

さて，フーリエ級数やフーリエ変換による解法例と比較するために，微分方程式 (6.4) をラプラス変換によって解いてみようと思う．ここで注意しなければならないことがある．ラプラス変換の定義式 (5.1) より，$x<0$ における関数の値は関与しない．解こうとする微分方程式も $x \geq 0$ においてのみ考えるのである．したがって，自然と初期値問題を扱うような枠組みになっている．いまは，具体例の式 (6.4) を考えているが，ラプラス変換で扱うためには次のような初期値問題として設定しなおす．

ラプラス変換を使って，次の微分方程式の初期値問題を解いてみよう．

$$\boxed{f'' + f' - 6f = \sin x\, u(x), \quad f(x) = 0 \quad (x<0).} \tag{6.21}$$

ここで，初期値は，

$$f(0) = f(0+0), \qquad f'(0) = f'(0+0) \tag{6.22}$$

とする（すなわち，5.4 節の「$f(0)$ の値」における第 2 のケースである）．

さて，未知関数 $f(x)$ のラプラス変換を $F_{\mathscr{L}}(s)$ とする．右辺の既知関数 $g(x) = \sin x$ のラプラス変換 $G_{\mathscr{L}}(s)$ は，式 (5.12) より，

$$\sin x \longrightarrow \mathscr{L}[\sin x] = G_{\mathscr{L}}(s) = \frac{1}{s^2+1}$$

である．まず，式 (6.21) の両辺のラプラス変換をとる．

$$\mathscr{L}[f'' + f' - 6f] = \mathscr{L}[\sin x]$$
$$\to \quad \mathscr{L}[f''] + \mathscr{L}[f'] - 6\mathscr{L}[f] = \mathscr{L}[\sin x]$$
$$\to \quad (s^2 F_{\mathscr{L}}(s) - f(0)s - f'(0)) + (s F_{\mathscr{L}}(s) - f(0)) - 6F_{\mathscr{L}}(s) = G_{\mathscr{L}}(s)$$
$$\to \quad (s^2 + s - 6)F_{\mathscr{L}}(s) = G_{\mathscr{L}}(s) + f(0)s + f'(0) + f(0)$$
$$\to \quad (s^2 + s - 6)F_{\mathscr{L}}(s) = \frac{1}{s^2+1} + f(0)s + f'(0) + f(0).$$

これによって，解のラプラス変換 $F_{\mathscr{L}}(s)$ は次のように初期値を含んだ形として得られる．

$$F_{\mathscr{L}}(s) = \frac{1}{s^2+s-6}\left(\frac{1}{s^2+1} + As + B\right) \tag{6.23}$$
$$(A = f(0),\ B = f'(0) + f(0)).$$

これを逆ラプラス変換することによって，未知関数 $f(x)$ が得られる．そのために，次のように逆ラプラス変換しやすい形に式変形をしていく．a, b, c, d を定数として，

$$F_{\mathscr{L}}(s) = a\frac{s}{s^2+1} + \frac{b}{s^2+1} + \frac{c}{s+3} + \frac{d}{s-2}. \tag{6.24}$$

まず，両辺に $s^2 + s - 6 = (s+3)(s-2)$ を掛けると，

$$\frac{1}{s^2+1} + As + B = \frac{(as+b)(s+3)(s-2)}{s^2+1} + c(s-2) + d(s+3) \tag{6.25}$$

という式になる．これに $s = -3, 2, 0, 1$ とおくと次の4式が得られる．

$$\frac{1}{10} - 3A + B = -5c, \qquad \frac{1}{5} + 2A + B = 5d,$$
$$1 + B = -6b - 2c + 3d, \qquad \frac{1}{2} + A + B = -2a - 2b - c + 4d.$$

よって，定数が次のように決まる．

$$a = -\frac{1}{50}, \qquad b = -\frac{7}{50},$$
$$c = -\frac{1}{50} + \frac{3}{5}A - \frac{B}{5} = -\frac{1}{50} + \frac{2}{5}f(0) - \frac{1}{5}f'(0), \tag{6.26}$$
$$d = \frac{1}{25} + \frac{2}{5}A + \frac{B}{5} = \frac{1}{25} + \frac{3}{5}f(0) + \frac{1}{5}f'(0).$$

6.2 解法例

このように定数が確定したところで，式 (6.24) に戻って逆ラプラス変換を行なう．付録のラプラス変換表を見て，式 (6.24) の各項の逆ラプラス変換を見いだして次式を得ることができる．

$$F_{\mathscr{L}}(s) = a\frac{s}{s^2+1} + \frac{b}{s^2+1} + \frac{c}{s+3} + \frac{d}{s-2}$$

$$\downarrow \mathscr{L}^{-1} \qquad (6.27)$$

$$f(x) = \mathscr{L}^{-1}\bigl[F_{\mathscr{L}}(s)\bigr]$$

$$= a\mathscr{L}^{-1}\left[\frac{s}{s^2+1}\right] + \mathscr{L}^{-1}\left[\frac{b}{s^2+1}\right] + \mathscr{L}^{-1}\left[\frac{c}{s+3}\right] + \mathscr{L}^{-1}\left[\frac{d}{s-2}\right]$$

$$= a\cos x + b\sin x + ce^{-3x} + de^{2x}.$$

式 (6.26) の定数の値を使って，微分方程式 (6.21) の解が次のように得られるのである．

$$f(x) = -\frac{1}{50}\cos x - \frac{7}{50}\sin x - \left(\frac{1}{50} - \frac{2}{5}f(0) + \frac{1}{5}f'(0)\right)e^{-3x}$$

$$+ \left(\frac{1}{25} + \frac{3}{5}f(0) + \frac{1}{5}f'(0)\right)e^{2x} \qquad (x \geq 0). \qquad (6.28)$$

この結果から，ラプラス変換による微分方程式の解は，そのまま初期値問題の解となっていることがわかる．さらに，この初期値は任意定数とみなすことができるので，e^{-3x} と e^{2x} の係数をそれぞれ c_1, c_2 とすれば，ラプラス変換によって一般解が得られて，$x \geq 0$ の範囲においては，前に得られた一般解 (6.20) と一致することが確認できる．

たたみこみの応用

フーリエ解析やラプラス変換による解法では逆変換のときに，たたみこみによって解が求められる．たたみこみの計算が，やりやすい方法かどうかは個々の問題に依存する．

ラプラス変換では，解のラプラス変換 $F_{\mathscr{L}}[f]$ から逆ラプラス変換しやすい形にするためのプロセス（すなわち式 (6.23) から式 (6.26) までの計算）は，一般にかなり煩わしいものである．しかしながら，場合によってはたたみこみを使うことによって，解のラプラス変換 $F_{\mathscr{L}}[f]$ から逆変換が直接導かれることもある．これを上の例で見てみよう．

解のラプラス変換の式 (6.23) において，もし $A = B = 0$ ($\Leftrightarrow f(0) = f'(0) = 0$) ならば，たたみこみによって逆ラプラス変換が求めやすくなる．実際，式 (6.23) は，

$$F_{\mathscr{L}}(s) = \frac{1}{s^2 + s - 6} \cdot \frac{1}{s^2 + 1} \tag{6.29}$$

となるので，解 $f(x)$ は逆ラプラス変換によって公式 (5.51) から，

$$f(x) = \mathscr{L}^{-1}\big[F_{\mathscr{L}}(s)\big] = \mathscr{L}^{-1}\Big[\frac{1}{s^2 + s - 6}\Big] * \mathscr{L}^{-1}\Big[\frac{1}{s^2 + 1}\Big] \tag{6.30}$$

となる．ところで，

$$\mathscr{L}^{-1}\Big[\frac{1}{s^2 + s - 6}\Big] = \mathscr{L}^{-1}\Big[\frac{1}{5}\Big(\frac{1}{s-2} - \frac{1}{s+3}\Big)\Big]$$

$$= \frac{1}{5}\big(e^{2x} - e^{-3x}\big) \tag{6.31}$$

および

$$\mathscr{L}^{-1}\Big[\frac{1}{s^2 + 1}\Big] = \sin x \tag{6.32}$$

は容易にわかるので，解 $f(x)$ は，

$$f(x) = \frac{1}{5}\big(e^{2x} - e^{-3x}\big) * \sin x = \frac{1}{5}\big(e^{2x} * \sin x - e^{-3x} * \sin x\big) \tag{6.33}$$

となる．ここで最初のたたみこみは，

$$e^{2x} * \sin x = \int_0^x e^{2(x-\tau)} \sin \tau \, d\tau = e^{2x} \int_0^x e^{-2\tau} \sin \tau \, d\tau$$

$$= e^{2x} \cdot \frac{1}{5}\big\{1 - e^{-2x}\big(\cos x + 2\sin x\big)\big\}$$

$$= \frac{1}{5}\big(e^{2x} - \cos x - 2\sin x\big) \tag{6.34}$$

となり，第2のたたみこみも同様にして，

$$e^{-3x} * \sin x = \frac{1}{10}\big(e^{-3x} - \cos x + 3\sin x\big) \tag{6.35}$$

となる．よって解 $f(x)$ が，

$$f(x) = \mathscr{L}^{-1}\big[F_{\mathscr{L}}(s)\big]$$

$$= \frac{1}{25}\big(e^{2x} - \cos x - 2\sin x\big) - \frac{1}{50}\big(e^{-3x} - \cos x + 3\sin x\big)$$

$$= -\frac{1}{50}\cos x - \frac{7}{50}\sin x - \frac{1}{50}e^{-3x} + \frac{1}{25}e^{2x} \tag{6.36}$$

のように得られるのである．これは一般解 (6.28) において，初期値 $f(0) = f'(0) = 0$ を入れた初期値問題の解であることがわかる．

上記の解法例を参考にしながら，いくつかの微分方程式を解くことにしよう．

問題 6.1 3階常微分方程式 $2f''' + 3f'' - f = \sin x$ の一般解をフーリエ変換を使って求めよ．
$$\left[f(x) = \frac{1}{10} \cos x - \frac{1}{5} \sin x + c_1 e^{\frac{x}{2}} + (c_2 + c_3 x)e^{-x} \right]$$

問題 6.2 2階常微分方程式 $f'' + f' - 6f = \delta(x)$ の特殊解をフーリエ変換を使って求めよ．
$$\left[f(x) = -\frac{1}{5} \left(e^{2x} u(-x) + e^{-3x} u(x) \right) \right]$$

問題 6.3 2階常微分方程式 $f'' - 9f = e^{-2|x|}$ の特殊解のフーリエ変換が $F(\omega) = -\frac{1}{6} \cdot \frac{6}{\omega^2 + 9} \cdot \frac{4}{\omega^2 + 4}$ であることを示せ．さらに逆フーリエ変換で，たたみこみを使って解 $f(x)$ を求めよ．
$$\left[f(x) = -\frac{1}{5} e^{-2|x|} + c_1 e^{3x} + c_2 e^{-3x} \right]$$

問題 6.4 $f(x) = 0 \ (x < 0)$ である，未知関数 $f(x)$ の2階常微分方程式 $f'' + 4f = e^{-x} u(x)$ の初期値 $f(0) = f'(0) = 0$ に対する解 $f(x)$ のラプラス変換が，$F_{\mathscr{L}}(s) = \frac{1}{2} \cdot \frac{2}{s^2 + 4} \cdot \frac{1}{s + 1}$ であることを示せ．さらに逆ラプラス変換で，たたみこみを使って解 $f(x)$ を求めよ．
$$\left[f(x) = \frac{1}{10} \left(\sin 2x - 2 \cos 2x \right) + \frac{1}{5} e^{-x} \ (x > 0) \right]$$

6.3 フーリエ変換による解法（一般論）

本節では，フーリエ級数，フーリエ変換およびラプラス変換を代表して，フーリエ変換による一般の線形定数係数常微分方程式 (6.1) の解法を述べることにしよう．解法の一般的手順は，基本的にはフーリエ級数やラプラス変換も同じである．前節の具体例に基づく解法によって，概略はすでにわかっている．

さて，微分方程式を簡略化して表すことにしよう．まず，微分作用素の記号

$$\mathcal{D}^{(n)}[f(x)] = f^{(n)}(x) + \sum_{k=1}^{n} a_k f^{(n-k)}(x) \tag{6.37}$$

を使う．非同次方程式 (6.1) と同次方程式 (6.2) は次のようになる．

$$\mathcal{D}^{(n)}[f(x)] = g(x), \tag{6.38}$$

$$\mathcal{D}^{(n)}[f(x)] = 0. \tag{6.39}$$

この記法により，フーリエ変換による解法は，次のダイヤグラムで表される．

$$\mathcal{D}^{(n)}[f(x)] = g(x) \xrightarrow{①\,\mathscr{F}} \left((i\omega)^n + \sum_{k=1}^{n}(i\omega)^{n-k}a_k \right) F(\omega) = G(\omega)$$

$$\Big\downarrow 解 \qquad\qquad\qquad\qquad\qquad\qquad \Big\downarrow ②$$

$$f(x) = \frac{1}{2\pi}\int_{-\infty}^{\infty} F(\omega)e^{i\omega x}\,d\omega \xleftarrow{③\,\mathscr{F}^{-1}} F(\omega) = \frac{G(\omega)}{(i\omega)^n + \sum\limits_{k=1}^{n}(i\omega)^{n-k}a_k}$$

ここで，未知関数 $f(x)$ のフーリエ変換を $F(\omega)$ とし，既知関数 $g(x)$ のフーリエ変換を $G(\omega)$ とした．

・ステップ①：微分方程式 (6.38) のフーリエ変換をとる．
・ステップ②：$F(\omega)$ を代数的に解く．
・ステップ③：逆フーリエ変換をして解 $f(x)$ を導く．

最後のステップ③の逆フーリエ変換を少し詳しく説明する．まず，

$$\begin{aligned}
f(x) &= \mathscr{F}^{-1}[F(\omega)] \\
&= \frac{1}{2\pi}\int_{-\infty}^{\infty} F(\omega)\,e^{i\omega x}\,d\omega \\
&= \frac{1}{2\pi}\int_{-\infty}^{\infty} \frac{G(\omega)}{(i\omega)^n + \sum\limits_{k=1}^{n}(i\omega)^{n-k}a_k}\,e^{i\omega x}\,d\omega
\end{aligned} \tag{6.40}$$

のように解が得られる．しかしながら，この積分をさらに計算しなければ具体的な解はまだ見えてこない．ここで，

$$\frac{1}{(i\omega)^n + \sum_{k=1}^{n}(i\omega)^{n-k} a_k} = H(\omega) \tag{6.41}$$

とおくと,これは同次方程式 (6.39) (すなわち,式 (6.2)) の係数 a_k だけから決まるフーリエ変換である.式 (6.40) の積分は,2つのフーリエ変換の積 $H(\omega) \cdot G(\omega)$ の逆変換である.たたみこみのフーリエ変換の公式 (4.47) から,積の逆フーリエ変換はもとの関数のたたみこみとして得られる.$H(\omega)$ の逆フーリエ変換を

$$\mathscr{F}^{-1}[H(\omega)] = \frac{1}{2\pi} \int_{-\infty}^{\infty} H(\omega) e^{i\omega x} d\omega = h(x) \tag{6.42}$$

とすると,解 $f(x)$ は,この関数 $h(x)$ と非同次方程式の非同次項 $g(x)$ とのたたみこみによって与えられる.

$$\boxed{f(x) = \frac{1}{2\pi} \int_{-\infty}^{\infty} H(\omega) \cdot G(\omega) e^{i\omega x} d\omega = h * g(x).} \tag{6.43}$$

このように,たたみこみによって解が得られることは,具体的には前節の例や問題ですでに見てきたことである.実際に,たたみこみの計算が容易であるかどうかは個々の問題に依存する.

6.4 ある種の積分方程式の解法

関数 $f(x), h(x), g(x)$ は $-\infty < x < \infty$ において定義され,フーリエ変換をもつとする.これらに対して積分方程式

$$\boxed{\int_{-\infty}^{\infty} h(x-\tau) f(\tau) d\tau + \alpha f(x) = g(x)} \tag{6.44}$$

が成り立っている.関数 $h(x), g(x)$ のフーリエ変換をそれぞれ $\mathscr{F}[h(x)] = H(\omega)$,$\mathscr{F}[g(x)] = G(\omega)$ とする.関数 $h(x), g(x)$ が既知ならば,関数 $f(x)$ は逆フーリエ変換

$$f(x) = \mathscr{F}^{-1}\left[\frac{G(\omega)}{H(\omega) + \alpha}\right] = \frac{1}{2\pi} \int_{-\infty}^{\infty} \frac{G(\omega)}{H(\omega) + \alpha} e^{i\omega x} d\omega \tag{6.45}$$

によって与えられる.

これを確かめるには,まず積分方程式 (6.44) の第1項が,式 (4.45) で定義されたたたみこみ $h * f(x)$ であることに注意して,両辺のフーリエ変換をとる.

$$\mathscr{F}\Big[\int_{-\infty}^{\infty} h(x-\tau)f(\tau)\,d\tau\Big] + \mathscr{F}\big[\alpha f(x)\big] = \mathscr{F}\big[g(x)\big]$$

$$\to\ \mathscr{F}\big[h*f(x)\big] + \alpha\mathscr{F}\big[f(x)\big] = \mathscr{F}\big[g(x)\big]$$

$$\to\ H(\omega)\cdot\mathscr{F}\big[f(x)\big] + \alpha\mathscr{F}\big[f(x)\big] = G(\omega)$$

$$\to\ \mathscr{F}\big[f(x)\big] = \frac{G(\omega)}{H(\omega)+\alpha}. \tag{6.46}$$

よって，これを逆フーリエ変換すれば，式 (6.45) のように $f(x)$ が得られる．

次に $x<0$ において 0 で，ラプラス変換が可能な関数 $f(x), h(x), g(x)$ に対して，

$$\boxed{\int_0^x h(x-\tau)f(\tau)\,d\tau + \alpha f(x) = g(x)} \tag{6.47}$$

が成り立つという．$h(x), g(x)$ が既知関数ならば，$f(x)$ は逆ラプラス変換によって，

$$f(x) = \mathscr{L}^{-1}\Big[\frac{G_{\mathscr{L}}(s)}{H_{\mathscr{L}}(s)+\alpha}\Big] \tag{6.48}$$

のように与えられる．ただし，$\mathscr{L}\big[h(x)\big] = H_{\mathscr{L}}(s), \mathscr{L}\big[g(x)\big] = G_{\mathscr{L}}(s)$ である．式 (6.47) の左辺第 1 項は，式 (5.50) で定義された，たたみこみであることに注意せよ．

問題 6.5 フーリエ変換によって次の積分方程式を解け．

$$\int_0^{\infty}(x-\tau)e^{-3(x-\tau)}f(\tau)\,d\tau = \cos 2x$$

$$\Big[\ f(x) = 5\cos 2x - 12\sin 2x\ \Big]$$

問題 6.6 $f(x)=0\ (x<0)$ とする．$h(x)=xu(x)$ のとき，ラプラス変換によって次の積分方程式を解け．

$$\int_0^x h(x-\tau)f(\tau)\,d\tau + \frac{1}{4}f(x) = 3h(x)$$

$$\Big[\ f(x) = 6\sin 2x\,u(x)\ \Big]$$

7. 偏微分方程式の解法

　フーリエは，定数係数 2 階偏微分方程式である熱伝導方程式を解くために関数を三角級数に展開するという方法を考えた．これがフーリエ解析の始まりである．2 階偏微分方程式は，さらに波動方程式やラプラス方程式など工学や物理学において重要な微分方程式を含んでいる．本章では，熱伝導方程式と波動方程式を特に取り上げて，偏微分方程式を解くときに，どのようにフーリエ解析やラプラス変換が使われるかを解説する．

7.1　定数係数 2 階偏微分方程式

　2 階偏微分方程式は，工学や物理学において最も重要な熱伝導方程式（または拡散方程式），波動方程式やラプラス方程式を含んでいる．その中でも特に，2 変数で線形かつ係数が定数であるものの解法について調べていこう．

　まず，2 変数の未知関数 $u = u(x,y)$ の定数係数線形 2 階偏微分方程式（以後，2 階偏微分方程式と書く）の一般形は，次のようなものである．

$$a\frac{\partial^2 u}{\partial x^2} + 2b\frac{\partial^2 u}{\partial x \partial y} + c\frac{\partial^2 u}{\partial y^2} + \alpha\frac{\partial u}{\partial x} + \beta\frac{\partial u}{\partial y} + \gamma u = Q. \tag{7.1}$$

もし，$\dfrac{\partial u}{\partial x} = u_x$ のように略記すれば，

$$a u_{xx} + 2b u_{xy} + c u_{yy} + \alpha u_x + \beta u_y + \gamma u = Q$$

と表される．ここで，$a, b, c, \alpha, \beta, \gamma$ は定数である．右辺の Q は既知の 2 変数関数 $Q(x,y)$ とする．この式 (7.1) は非同次方程式で，右辺が恒等的に 0 である式を同次方程式という．

係数 a, b, c のとる値によって，2階偏微分方程式は次の3つに分類される．

(i) 放物型　$(D = b^2 - ac = 0)$　（例は1次元熱伝導方程式），
(ii) 双曲型　$(D = b^2 - ac > 0)$　（例は1次元波動方程式），
(iii) 楕円型　$(D = b^2 - ac < 0)$　（例は2次元ラプラス方程式）．

フーリエ解析やラプラス変換は，このような偏微分方程式の境界値問題や初期値問題を解くときに有効である．以下の節でこのことを具体的に解説していく．

7.2　1次元熱伝導方程式

長さが有限 $(0 \leq x \leq L)$, 半無限 $(0 \leq x < \infty)$, あるいは無限 $(-\infty < x < \infty)$ の棒がある．

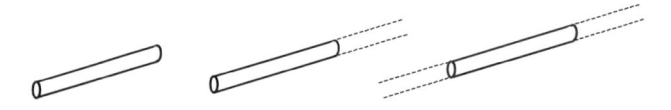

図 7-1　熱伝導棒（長さ有限，半無限，無限）

この棒の点 x の時刻 t における温度を関数 $u = u(x,t)$ で表せば，これは2階偏微分方程式 $u_t = k^2 u_{xx} + Q(x,t)$ を満たさなければならない．これが1次元熱伝導方程式で，一般形 (7.1) において $a = -k^2$, $\beta = 1$, $b = c = \alpha = \gamma = 0$ で，変数 y を時間 t としたものである．分類は $D = b^2 - ac = 0$ なので放物型である．既知関数 $Q(x,t)$ は，棒の点 x に時刻 t のときに外部から与えられる温度である．すなわち，位置 x に依存しかつ時間変動をする熱源である．ここでは，$Q = 0$ の次の自由熱伝導を考える．

$$u_t = k^2 u_{xx} . \tag{7.2}$$

フーリエ級数の応用例 —— 有限の長さの棒

有限の長さ $(0 \leq x \leq L)$ の棒の温度関数 $u(x,t)$ を決定するという問題は，式 (7.2) を

[初期条件]　$\quad u(x,0) = f(x),$ $\qquad\qquad$ (7.3)

[境界条件]　$\quad u(0,t) = g(t), \quad u(L,t) = h(t)$ $\qquad$ (7.4)

7.2 1次元熱伝導方程式

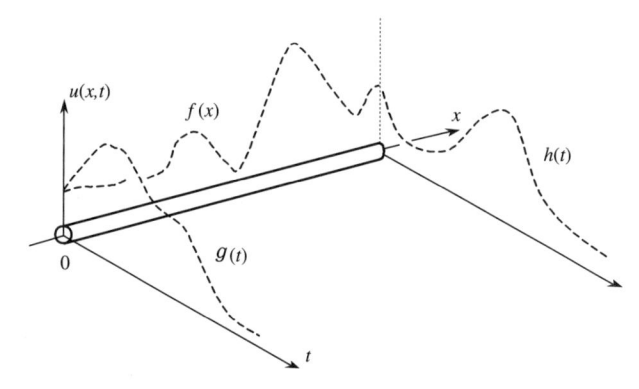

図 7-2 熱伝導方程式の初期条件と境界条件

のもとに解くというものである．3つの1変数関数 $f(x)$, $g(t)$, $h(t)$ は既知である．これらは，当然 $u(0,0) = f(0) = g(0)$，および $u(L,0) = f(L) = h(0)$ を満たさなければならない．

ここでは，問題を簡略化して，初期条件 (7.3) と境界条件

$$u(0,t) = g(t) = 0, \qquad u(L,t) = h(t) = 0 \tag{7.5}$$

のもとで1次元熱伝導方程式 (7.2) を解いてみよう．

変数分離法

未知関数 u が，x のみの関数 $X(x)$ と t のみの関数 $T(t)$ の積に変数分離できるものとしよう．すなわち，$u(x,t) = X(x)T(t)$ であるとする．すると，式 (7.2) は $X\dot{T} = k^2 X'' T$ となるが，

$$\frac{\dot{T}}{T} = k^2 \frac{X''}{X} \tag{7.6}$$

と表すことができる．ここで，$\cdot = \dfrac{d}{dt}$ および $' = \dfrac{d}{dx}$ のように微分を表した．式 (7.6) の左辺は t のみの関数で右辺は x のみの関数である．この両辺を t で微分しても x で微分しても，ともに 0 であるから定数でなければならない．この定数を K とおくと，1階常微分方程式と2階常微分方程式の2つに分離することができる．

$$\begin{cases} \dfrac{\dot{T}}{T} = K & \to \quad \dot{T} = KT \\ k^2 \dfrac{X''}{X} = K & \to \quad X'' = \dfrac{K}{k^2} X. \end{cases} \quad (7.7)$$

最初の式はすぐに解けて $T = Ae^{Kt}$ (A: 定数) となる. X に対する第 2 の式の解は,

$\boxed{K = p^2 > 0 \text{ のとき}}$

$X(x) = B e^{\frac{p}{k}x} + C e^{-\frac{p}{k}x}$ となる. 境界条件 (7.5) は, $X(0) = B + C = 0$ および $X(L) = B e^{\frac{p}{k}L} + C e^{-\frac{p}{k}L} = 0$ であり, $B = C = 0$ となる. すなわち, $X(x) = 0$ なので $u(x,t) = 0$ となって意味のある解ではない.

$\boxed{K = 0 \text{ のとき}}$

$X(x) = \alpha x + \beta$ である. 境界条件を課すと $\alpha = \beta = 0$ で, やはり $X(x) = 0$ となる. 次に,

$\boxed{K = -q^2 < 0 \text{ のとき}}$

第 2 の式の解は, $X(x) = \beta e^{i\frac{q}{k}x} + \gamma e^{-i\frac{q}{k}x}$ あるいは,

$$X(x) = B \cos \frac{q}{k} x + C \sin \frac{q}{k} x \quad (7.8)$$

となる. 境界条件の $X(0) = 0$ は $B = 0$ となり, $X(L) = 0$ より $X(L) = C \sin \frac{q}{k} L = 0$ となる. $C = 0$ ならば $X(0) = 0$ となって, やはり意味のない解となる. $C \neq 0$ として, 定数 q, k に対して,

$$\frac{q}{k} L = n\pi \to \frac{q}{k} = \frac{n\pi}{L} \quad (n = 0, 1, 2, \cdots) \quad (7.9)$$

という条件が得られる. よって,

$$K = -q^2 = -\left(\frac{n\pi k}{L}\right)^2 \quad (7.10)$$

である. 各々の n に対して, u を $u_{(n)}(x,t) = T_n(t) X_n(x)$ と書くことにして,

$$u_{(n)}(x,t) = A_n e^{-q^2 t} \cdot C_n \sin \frac{q}{k} x = b_n e^{-\left(\frac{n\pi k}{L}\right)^2 t} \sin \frac{n\pi}{L} x \quad (7.11)$$

となる. ここで, 定数を $b_n = A_n C_n$ とした.

7.2 1次元熱伝導方程式

したがって，未知の温度関数 u はあらゆる $u_{(n)}$ を重ね合わせることによって，次のように無限級数として表される．

$$u(x,t) = \sum_{n=1}^{\infty} u_{(n)}(x,t) = \sum_{n=1}^{\infty} b_n e^{-\left(\frac{n\pi k}{L}\right)^2 t} \sin\frac{n\pi}{L}x. \tag{7.12}$$

ここで，初期条件 (7.3) を課すと，

$$u(x,0) = \sum_{n=1}^{\infty} u_{(n)}(x,0) = \sum_{n=1}^{\infty} b_n \sin\frac{n\pi}{L}x = f(x) \tag{7.13}$$

という式が得られる．これはまさに $f(x)$ のフーリエ級数の形をしているではないか．ただし，$\cos\frac{n\pi}{L}x$ 成分（偶関数成分）は存在しない．そこで，有限な棒 $(0 \leq x \leq L)$ を x の全区間に延長して，既知関数 $f(x)$ を周期 $2L$ の奇関数とみなすことにしよう．すると定数 b_n はフーリエ係数として式 (1.10) より，

$$b_n = \frac{1}{L}\int_{-L}^{L} f(x)\sin\frac{n\pi}{L}x\,dx = \frac{2}{L}\int_{0}^{L} f(x)\sin\frac{n\pi}{L}x\,dx \tag{7.14}$$

のように初期値 $f(x)$ によって確定する．式 (7.13) の b_n にこれを代入すると，初期条件 (7.3) と境界条件 (7.5) を満たす解が，

$$\begin{aligned}u(x,t) &= \sum_{n=1}^{\infty}\left(\frac{2}{L}\int_{0}^{L} f(\tau)\sin\frac{n\pi}{L}\tau\,d\tau\right) e^{-\left(\frac{n\pi k}{L}\right)^2 t}\sin\frac{n\pi}{L}x \\ &= \frac{2}{L}\int_{0}^{L}\sum_{n=1}^{\infty}\left(e^{-\left(\frac{n\pi k}{L}\right)^2 t}\sin\frac{n\pi}{L}x\sin\frac{n\pi}{L}\tau\right) f(\tau)\,d\tau\end{aligned} \tag{7.15}$$

のように得ることができた．

ところで，結果の温度関数 u は，次のように積分核を使って表すこともできる．

$$u(x,t) = \int_{0}^{L} G(x,t,\tau)\,f(\tau)\,d\tau \tag{7.16}$$

ここで，積分核は，

$$G(x,t,\tau) = \frac{2}{L}\sum_{n=1}^{\infty} e^{-\left(\frac{n\pi k}{L}\right)^2 t}\sin\frac{n\pi}{L}x\sin\frac{n\pi}{L}\tau \tag{7.17}$$

である．

この結果を具体的な初期値 $f(x)$ に対して計算してみよう．

具体例

長さ $L = \pi$, $k = 1$, および初期温度分布 $f(x) = \begin{cases} x & \left(0 \leq x \leq \dfrac{\pi}{2}\right) \\ \pi - x & \left(\dfrac{\pi}{2} \leq x \leq \pi\right) \end{cases}$ のとき，式 (7.15) は，

$$u(x,t) = \frac{2}{\pi} \sum_{n=1}^{\infty} e^{-n^2 t} \sin nx \left(\int_0^{\pi/2} \tau \sin n\tau \, d\tau + \int_{\pi/2}^{\pi} (\pi - \tau) \sin n\tau \, d\tau \right)$$

$$= \frac{4}{\pi} \sum_{n=1}^{\infty} \frac{1}{n^2} e^{-n^2 t} \sin \frac{n\pi}{2} \sin nx$$

$$= \frac{4}{\pi} \sum_{m=1}^{\infty} \frac{(-1)^{m-1}}{(2m-1)^2} e^{-(2m-1)^2 t} \sin(2m-1)x$$

となり，2 次元表示のグラフは次のように与えられる．各時刻 t を固定すれば，$u(x,t)$ は x の関数として正弦関数 $\sin nx$ の重ね合わせとなっている．

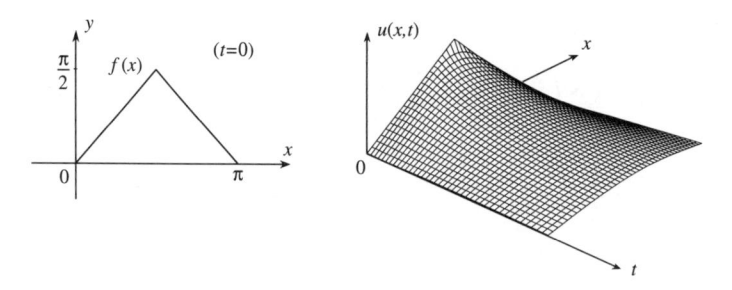

図 7-3 初期値 $f(x)$ と温度関数 $u(x,y)$ の 2 次元表示

ラプラス変換の応用例 —— 半無限の長さの棒

ラプラス変換による 1 次元熱伝導方程式の解法例を見ることにしよう．半無限の長さ $(0 \leq x < \infty)$ の棒の温度関数 $u(x,t)$ の従う熱伝導方程式 (7.2) を，

$$[\text{初期条件}] \quad u(x,0) = f(x) = 0, \tag{7.18}$$

$$[\text{境界条件}] \quad u(0,t) = g(t), \quad u(\infty, t) = \lim_{x \to \infty} u(x,t) = 0. \tag{7.19}$$

7.2 1次元熱伝導方程式

のもとに解くという問題を考える．すなわち，棒の一方の端点の温度は時間の関数 $g(t)$ で，他方の無限遠の端点はつねに 0 度であって，$t=0$ のときの温度分布も $f(x)=0$ であると仮定する．

この問題では，(x,t) の 2 変数のうち x をパラメータとみなし，$u(x,t)$ を t の関数としてラプラス変換をする．

$$u(x,t) \quad \to \quad \mathscr{L}[u(x,t)] = U(x,s) = \int_0^\infty u(x,t)\,e^{-st}\,dt. \tag{7.20}$$

さて，時間微分 u_t のラプラス変換は，式 (5.43) より $\mathscr{L}[u_t] = sU(x,s) - u(x,0) = sU$ である．よって，熱伝導方程式 (7.2) は U に対する x の 2 階常微分方程式となる．

$$U_{xx} - \frac{s}{k^2}U = 0 \tag{7.21}$$

となる．この基本解は $e^{\frac{\sqrt{s}}{k}x}$, $e^{-\frac{\sqrt{s}}{k}x}$ であるから，一般解は，

$$U(x,s) = A(s)\,e^{\frac{\sqrt{s}}{k}x} + B(s)\,e^{-\frac{\sqrt{s}}{k}x} \tag{7.22}$$

となる．ここで，係数 A, B は x については定数であるが s の関数である．$x \to \infty$ における境界条件より，

$$\lim_{x\to\infty} U(x,s) = \lim_{x\to\infty} \int_0^\infty u(x,t)e^{-st}\,dt = \int_0^\infty u(\infty,t)e^{-st}\,dt = 0 \tag{7.23}$$

となる．よって，$U(\infty,s) = 0$．これが満たされるためには，式 (7.22) において，$A(s) = 0$ でなくてはいけない．次に，$x=0$ における境界条件から，

$$U(0,s) = B(s) = \int_0^\infty u(0,t)e^{-st}\,dt = \int_0^\infty g(t)e^{-st}\,dt = G(s) \tag{7.24}$$

となって，係数 $B(s)$ は初期値 $g(t)$ のラプラス変換 $G(s)$ であることがわかる．よって，解 u のラプラス変換 U が次のように得られる．

$$U(x,s) = G(s)e^{-\frac{\sqrt{s}}{k}x}. \tag{7.25}$$

これを逆ラプラス変換することによって，解 $u(x,t)$ が得られる．

$$\begin{aligned}u(x,t) &= \mathscr{L}^{-1}[U(x,s)] = \mathscr{L}^{-1}\bigl[G(s)e^{-\frac{\sqrt{s}}{k}x}\bigr] \\ &= \mathscr{L}^{-1}[G(s)] * \mathscr{L}^{-1}\bigl[e^{-\frac{\sqrt{s}}{k}x}\bigr] = g(t) * \mathscr{L}^{-1}\bigl[e^{-\frac{\sqrt{s}}{k}x}\bigr].\end{aligned} \tag{7.26}$$

このたたみこみを計算しなければならないが，問題 5.10 の結果を使うことができる．式 (5.58) で $x \to t$ とおき，次に $a = \dfrac{x}{k}$ とおくと，

$$u(x,t) = g(t) * \left\{ \frac{x}{2\sqrt{\pi}k\sqrt{t^3}} \, e^{-\frac{x^2}{4k^2 t}} \right\}$$

$$= \frac{x}{2\sqrt{\pi}k} \int_0^t g(t-\tau)\,\tau^{-\frac{3}{2}}\, e^{-\frac{x^2}{4k^2 \tau}}\, d\tau \tag{7.27}$$

のように解が求められる.

フーリエ変換の応用例 — 無限に長い棒

無限に長い棒の温度関数 $u(x,t)$ に対する熱伝導方程式 (7.2) を,

[初期条件] $\quad u(x,0) = f(x),$ \hfill (7.28)

[境界条件] $\quad u(-\infty,t) = \lim_{x \to -\infty} u(x,t) = 0,$ \hfill (7.29)

$$u(\infty,t) = \lim_{x \to \infty} u(x,t) = 0. \tag{7.30}$$

のもとに解く. ここではフーリエ変換を使う.

未知関数 u は2変数の関数であるが, t をパラメータとして x の関数とみなす. それで, x の未知関数 $u(x,t)$ と既知関数 $f(x)$ のフーリエ変換をとり, それぞれを $U(\omega,t)$ と $F(\omega)$ とする.

$$u(x,t) \to \mathscr{F}[u(x,t)] = U(\omega,t), \qquad f(x) \to \mathscr{F}[f(x)] = F(\omega). \tag{7.31}$$

さて, 熱伝導方程式 (7.2) の両辺のフーリエ変換をとると, 式 (4.28) ($n=2$) を使って,

$$u_t = k^2 u_{xx} \quad \longrightarrow \quad \frac{d}{dt} U(\omega,t) = -k^2 \omega^2 \, U(\omega,t) \tag{7.32}$$

となる. この式は $U(\omega,t)$ に対する t の1階常微分方程式で, すぐに解けて,

$$U(\omega,t) = A\, e^{-k^2 \omega^2 t} \tag{7.33}$$

という解を得る. ここで, 係数 $A = A(\omega)$ は変数 t に対しては積分定数であるが ω の関数である. $t=0$ とおくと初期条件 (7.28) より,

$$u(x,0) = f(x) \to \mathscr{F}[f(x)] = U(\omega,0) = F(\omega) \tag{7.34}$$

である. よって, 式 (7.33) において $A(\omega) = F(\omega)$ が確定して, 解のフーリエ変換が次のように得られた.

$$U(\omega,t) = F(\omega)\, e^{-k^2 \omega^2 t}. \tag{7.35}$$

7.2 1次元熱伝導方程式

すなわち，$U(\omega,t)$ はフーリエ変換 $F(\omega)$ とガウス関数 $e^{-k^2\omega^2 t}$ との積である．

式 (4.18) において，$a = \dfrac{1}{4k^2 t}$ とおくことによって，後者 $e^{-k^2\omega^2 t}$ の逆フーリエ変換が，

$$e^{-k^2\omega^2 t} \to \mathscr{F}^{-1}[e^{-k^2\omega^2 t}] = \frac{1}{\sqrt{4\pi k^2 t}} e^{-\frac{x^2}{4k^2 t}} \tag{7.36}$$

のようになる．2つのフーリエ変換 $F(\omega)$，$e^{-k^2\omega^2 t}$ の積に対して，たたみこみの式 (4.47) を当てはめると次式を得る．

$$\mathscr{F}\left[f * \left\{\frac{1}{\sqrt{4\pi k^2 t}} e^{-\frac{x^2}{4k^2 t}}\right\}\right] = U(\omega, t) = F(\omega) e^{-k^2\omega^2 t}. \tag{7.37}$$

この逆フーリエ変換をとると，

$$u(x,t) = \mathscr{F}^{-1}[U(\omega,t)] = f * \left\{\frac{1}{\sqrt{4\pi k^2 t}} e^{-\frac{x^2}{4k^2 t}}\right\}$$

$$= \frac{1}{\sqrt{4\pi k^2 t}} \int_{-\infty}^{\infty} f(\tau) e^{-\frac{(x-\tau)^2}{4k^2 t}} d\tau. \tag{7.38}$$

ゆえに，求めていた温度関数 $u(x,t)$ は，

$$\boxed{u(x,t) = \frac{1}{\sqrt{4\pi k^2 t}} \int_{-\infty}^{\infty} f(\tau) e^{-\frac{(x-\tau)^2}{4k^2 t}} d\tau} \tag{7.39}$$

のように初期値 $f(x)$ によって決定されるのである．

例題 7.1 無限に長い棒の温度関数 (7.39) において，初期値が

$$f(x) = \begin{cases} 1 & (|x| < 1) \\ 0 & (|x| > 1) \end{cases} \tag{7.40}$$

のときの解を求めよ．ただし，$k = 1$ としてよい．

《解》 式 (7.39) より

$$u(x,t) = \frac{1}{\sqrt{4\pi t}} \int_{-1}^{1} e^{-\frac{(x-\tau)^2}{4t}} d\tau. \tag{7.41}$$

ところで，変数変換 $\tau \to \lambda = \dfrac{\tau - x}{2\sqrt{t}}$ をすると，温度関数は次のように誤差関数 (式 (5.52) と図 5-6 を参照) によって表すことができる．

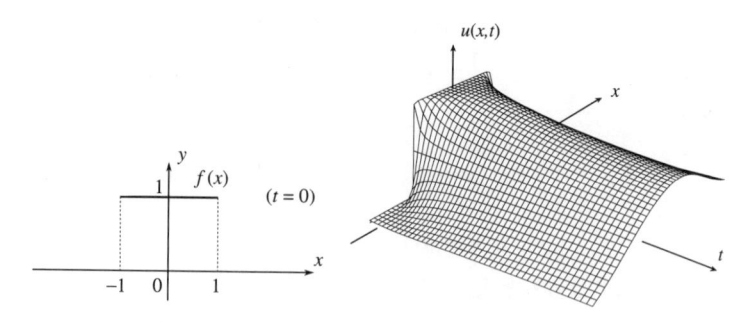

図 7-4 初期値と温度関数 (x,t) の 2 次元表示

$$u(x,t) = \frac{1}{\sqrt{\pi}} \int_{-(1+x)/2\sqrt{t}}^{(1-x)/2\sqrt{t}} e^{-\lambda^2} d\lambda$$

$$= \frac{1}{2}\left(\operatorname{erf}\frac{1-x}{2\sqrt{t}} + \operatorname{erf}\frac{1+x}{2\sqrt{t}}\right). \tag{7.42}$$

この解は図 7-4 で表されている．初期値の温度分布が時間とともに棒の全体に広がっていく様子がわかる．

問題 7.1 無限に長い棒の温度関数 (7.39) において，初期値がデルタ関数 $f(x) = \delta(x)$ のときの解を求めよ．ただし，$k=1$ としてよい．

7.3　1 次元波動方程式

長さが有限または無限の弦がある．この弦の x における時刻 t での横方向の変位を $u = u(x,t)$ とする．この変位の従う 2 階偏微分方程式が，

$$u_{tt} = v^2 u_{xx} + Q(x,t) \quad (v:定数) \tag{7.43}$$

である．これが 1 次元波動方程式で，一般形 (7.1) において $a = -v^2, c = 1, b = \alpha = \beta = \gamma = 0$ で，変数 y を時間 t としたものである．分類は $D = b^2 - ac = v^2 > 0$ なので双曲型である．Q は弦に作用する外力である．$Q=0$ ならば弦は自由振動をする．本書では，自由振動だけを考えることにする．

7.3 1次元波動方程式

自由振動の波動方程式は,

$$u_{tt} = v^2 u_{xx} \tag{7.44}$$

である.ここで,変数変換 $(x,t) \to (\xi, \eta) = (x - vt, x + vt)$ をすると,

$$u_{\xi\eta} = 0 \tag{7.45}$$

となる.これはすぐに積分できて一般解は,$\phi(\xi)$, $\psi(\eta)$ を任意関数とすれば,

$$u = \phi(\xi) + \psi(\eta) = \phi(x - vt) + \psi(x + vt) \tag{7.46}$$

となる.これを**ダランベールの解**という.

さて,初期値問題とは,式 (7.44) を初期条件

$$[初期位置] \quad u(x,0) = f(x), \qquad [初速度] \quad u_t(x,0) = g(x) \tag{7.47}$$

のもとに解くというものである.一般解 (7.46) に対して,これらの条件を課すと任意関数 $\phi(\xi), \psi(\eta)$ が確定して,

$$u(x,t) = \frac{1}{2}\{f(x-vt) + f(x+vt)\} + \frac{1}{2v}\int_{x-vt}^{x+vt} g(\lambda)\, d\lambda \tag{7.48}$$

のように初期値問題の解が得られる.この解は**ストークスの解**といわれる.

これは,次のようにして確認できる.ダランベールの解 (7.46) に初期条件 (7.47) を課すと,

$$u(x,0) = f(x) = \phi(x) + \psi(x), \tag{7.49}$$

$$u_t(x,0) = g(x) = \{-v\phi'(x-vt) + v\psi'(x+vt)\}\Big|_{t=0}$$

$$= -v\phi'(x) + v\psi'(x). \tag{7.50}$$

式 (7.50) を積分すると,

$$-\phi(x) + \psi(x) = \frac{1}{v}\int_{x_0}^{x} g(\lambda)\, d\lambda \qquad (x_0:任意定数). \tag{7.51}$$

式 (7.51) と式 (7.49) から,任意関数 ϕ と ψ が次のように初期値によって確定する.

$$\phi(x) = \frac{1}{2}f(x) - \frac{1}{2v}\int_{x_0}^{x} g(\lambda)\, d\lambda, \tag{7.52}$$

$$\psi(x) = \frac{1}{2}f(x) + \frac{1}{2v}\int_{x_0}^{x} g(\lambda)\, d\lambda. \tag{7.53}$$

式 (7.52) において変数 x を $x-vt$ とおき，式 (7.53) において変数 x を $x+vt$ とおくことによって，

$$\phi(x-vt) = \frac{1}{2}f(x-vt) - \frac{1}{2v}\int_{x_0}^{x-vt} g(\lambda)\,d\lambda, \tag{7.54}$$

$$\psi(x+vt) = \frac{1}{2}f(x+vt) + \frac{1}{2v}\int_{x_0}^{x+vt} g(\lambda)\,d\lambda \tag{7.55}$$

となる．これらをダランベールの解 (7.46) に代入するとストークスの解を得る．

このように波動方程式の初期値問題の解が知られているが，フーリエ級数，フーリエ変換およびラプラス変換を使った解法例を示そう．

フーリエ級数の応用例 —— 有限の長さの弦

有限の長さ $(0 \leq x \leq L)$ の弦の変位 $u(x,t)$ を決定する波動方程式 (7.44) の解法例を示す．境界条件は，既知関数 $g(t)$, $h(t)$ によって，

$$u(0,t) = g(t), \qquad u(L,t) = h(t) \tag{7.56}$$

のように与えられるが，$x=0$, $x=L$ の端点における振動が指定されることを意味する．ここでは，初期条件 (7.47) および次のような簡単な

[境界条件] $\qquad u(0,t) = u(L,t) = 0 \tag{7.57}$

のもとに解くという問題を考えることにしよう．

未知関数 u が，x のみの関数 $X(x)$ と t のみの関数 $T(t)$ の積に変数分離できるものとしよう．すなわち，$u(x,t) = X(x)T(t)$ であるとする．すると，式 (7.44) は $X\ddot{T} = v^2 X'' T$ となるが，

$$\frac{\ddot{T}}{T} = v^2 \frac{X''}{X} \tag{7.58}$$

と書くことができる．左辺は t のみの関数で右辺は x のみの関数であるから，定数でなければならない．1次元熱伝導方程式における変数分離法と同じ議論であるが，この定数は負のときにだけ意味のある解が存在することがわかる．それで，2つの常微分方程式

$$\frac{\ddot{T}}{T} = -q^2, \qquad v^2 \frac{X''}{X} = -q^2 \tag{7.59}$$

に分離することができる．2つの式はともに単振動の解をもち，一般解は次のように表すことができる．

7.3 1次元波動方程式

$$T(t) = A \cos qt + B \sin qt, \tag{7.60}$$

$$X(x) = C \cos \frac{q}{v}x + D \sin \frac{q}{v}x. \tag{7.61}$$

式 (7.44) の波動方程式は，2つの常微分方程式 (7.59) に帰着して，本質的には上の2式で解けたのである．

次に，初期条件と境界条件を満たす解 $u = T(t)X(x)$ を見つけなければならない．解 (7.61) に境界条件を課すと，

$$X(0) = C = 0, \qquad X(L) = D \sin \frac{q}{v} L = 0. \tag{7.62}$$

もし $D = 0$ ならば，意味のない解である．$D \neq 0$ として，定数 q に対する条件として，

$$\frac{q}{v}L = n\pi \ \rightarrow \ q = \frac{n\pi v}{L} \qquad (n: \text{整数}) \tag{7.63}$$

が得られる．ここで，n は任意の整数である．各々の n に対して，u を $u_{(n)}(x,t) = T_n(t)X_n(x)$ と書くことにして，

$$u_{(n)}(x,t) = \left(a_n \cos \frac{n\pi v}{L}t + b_n \sin \frac{n\pi v}{L}t \right) \sin \frac{n\pi}{L}x \tag{7.64}$$

となる．ここで，定数を $a_n = A_n D_n$，$b_n = B_n D_n$ とした．したがって，未知の変位 u の一般解は，あらゆる $u_{(n)}$ を重ね合わせることによって，次のように無限級数として表される．

$$\begin{aligned} u(x,t) &= \sum_{n=1}^{\infty} u_{(n)}(x,t) = \sum_{n=1}^{\infty} \left(a_n \cos \frac{n\pi v}{L}t + b_n \sin \frac{n\pi v}{L}t \right) \sin \frac{n\pi}{L}x \\ &= \frac{1}{2} \sum_{n=1}^{\infty} \Big[a_n \Big\{ \sin \frac{n\pi}{L}(x-vt) + \sin \frac{n\pi}{L}(x+vt) \Big\} \\ &\qquad + b_n \Big\{ \cos \frac{n\pi}{L}(x-vt) - \cos \frac{n\pi}{L}(x+vt) \Big\} \Big]. \end{aligned} \tag{7.65}$$

ここで，式 (7.47) の初期位置の条件から，

$$u(x,0) = \sum_{n=1}^{\infty} u_{(n)}(x,0) = \sum_{n=1}^{\infty} a_n \sin \frac{n\pi}{L}x = f(x) \tag{7.66}$$

となる．これは，$f(x)$ のフーリエ級数の形をしている．ただし，偶関数成分は存在しない．$f(x)$ は $0 \leq x \leq L$ 上の関数だが，$-\infty < x < \infty$ 全体に周期 $2L$ の奇関数として拡張したものと考えることによって，係数 a_n がフーリエ係数として求まる．すなわち，

$$a_n = \frac{1}{L}\int_{-L}^{L} f(x)\sin\frac{n\pi}{L}x\,dx = \frac{2}{L}\int_{0}^{L} f(x)\sin\frac{n\pi}{L}x\,dx \tag{7.67}$$

のように初期値 $f(x)$ によって確定する．

次に，式 (7.47) の初速度の条件から，

$$u_t(x,0) = \sum_{n=1}^{\infty}\bigl(u_{(n)}\bigr)_t(x,0) = \sum_{n=1}^{\infty}\frac{n\pi v}{L}b_n\sin\frac{n\pi}{L}x = g(x) \tag{7.68}$$

となる．ここでも，$g(x)$ がフーリエ級数の形をしている．ただし，フーリエ係数は $\dfrac{n\pi v}{L}b_n$ である．$g(x)$ も $0\le x\le L$ 上の関数だが，$-\infty<x<\infty$ 全体に周期 $2L$ の奇関数として拡張したものと考えて，

$$\frac{n\pi v}{L}b_n = \frac{1}{L}\int_{-L}^{L} g(x)\sin\frac{n\pi}{L}x\,dx = \frac{2}{L}\int_{0}^{L} g(x)\sin\frac{n\pi}{L}x\,dx \tag{7.69}$$

となる．よって b_n は，

$$b_n = \frac{2}{n\pi v}\int_{0}^{L} g(x)\sin\frac{n\pi}{L}x\,dx \tag{7.70}$$

のように初速度 $g(x)$ によって確定する．

ところで，式 (7.66) の最後の等号において，x を $x-vt$ および x を $x+vt$ とおくことによって，

$$\sum_{n=1}^{\infty} a_n\sin\frac{n\pi}{L}(x-vt) = f(x-vt), \tag{7.71}$$

$$\sum_{n=1}^{\infty} a_n\sin\frac{n\pi}{L}(x+vt) = f(x+vt) \tag{7.72}$$

となる．次に，式 (7.68) の最後の等号の両辺を積分して，

$$\sum_{n=1}^{\infty} b_n\cos\frac{n\pi}{L}x = -\frac{1}{v}\int_{x_0}^{x} g(\lambda)\,d\lambda \tag{7.73}$$

となる．ここで，x を $x-vt$ および x を $x+vt$ とおくことによって，

$$\sum_{n=1}^{\infty} b_n\cos\frac{n\pi}{L}(x-vt) = -\frac{1}{v}\int_{x_0}^{x-vt} g(\lambda)\,d\lambda, \tag{7.74}$$

$$\sum_{n=1}^{\infty} b_n\cos\frac{n\pi}{L}(x+vt) = -\frac{1}{v}\int_{x_0}^{x+vt} g(\lambda)\,d\lambda \tag{7.75}$$

となる．

7.3 1次元波動方程式

これらの結果 (7.71), (7.72), (7.74), (7.75) を，式 (7.65) に代入することによって，波動方程式 (7.44) の初期値解が，

$$u(x,t) = \frac{1}{2}\{f(x-vt) + f(x+vt)\} + \frac{1}{2v}\int_{x-vt}^{x+vt} g(\lambda)\,d\lambda \qquad (7.76)$$

のように得られ，ストークスの解 (7.48) と一致する．このようにして，有限の長さの弦の振動の初期値問題を，フーリエ級数によっても解くことができる．

例題 7.2 両端が固定された長さ $L=2$ の弦を考える．次の初期条件

$$u(x,0) = f(x) = \begin{cases} x & (0 \le x < 1) \\ 2-x & (1 \le x \le 2) \end{cases}, \quad u_t(x,0) = g(x) = 0$$

に対する弦の振動を表す波動方程式 (7.44) の解 (7.65) において，各基本振動の振幅を表すフーリエ係数 a_n, b_n を求めよ．ただし，$v=1$ としてよい．

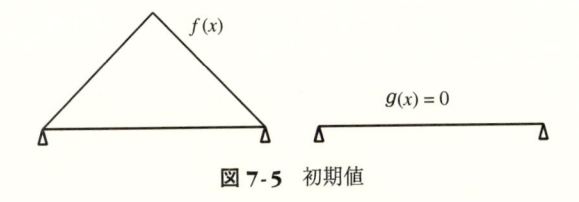

図 7-5 初期値

《解》 解 (7.65) において，係数 a_n, b_n は，それぞれ式 (7.67) と式 (7.70) で与えられる．$g(x) = 0$ なので，$b_n = 0$ である．a_n を計算しよう．

$$\begin{aligned}
a_n &= \int_0^1 x \sin\frac{n\pi}{2}x\,dx + \int_1^2 (2-x)\sin\frac{n\pi}{2}x\,dx \\
&= \frac{8}{n^2\pi^2}\sin\frac{n\pi}{2}.
\end{aligned}$$

よって，a_n の値は次のようになる．

$$\begin{aligned}
&\{a_1, a_2, a_3, a_4, a_5, a_6, a_7, a_8, \cdots\} \\
&= \left\{\frac{8}{\pi^2}, 0, -\frac{8}{9\pi^2}, 0, \frac{8}{25\pi^2}, 0, -\frac{8}{49\pi^2}, 0, \cdots\right\} \\
&= \{0.8106, 0, -0.0901, 0, 0.0324, 0, -0.0165, 0, \cdots\}.
\end{aligned}$$

問題 7.2 両端が固定された長さ $L=2$ の弦を考える．次の初期条件

$$u(x,0) = f(x) = 0, \qquad u_t(x,0) = g(x) = \begin{cases} x & (0 \le x < 1) \\ 2-x & (1 \le x \le 2) \end{cases}$$

に対する弦の振動を表す波動方程式 (7.44) の解 (7.65) において，各基本振動の振幅を表すフーリエ係数 a_n, b_n を求めよ．ただし，$v=1$ としてよい．

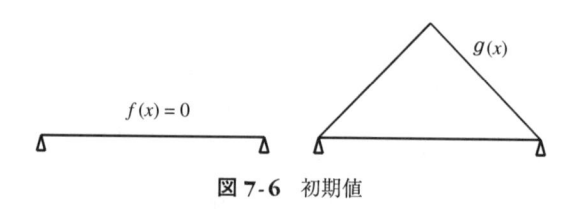

図 7-6 初期値

$$\left[a_n = 0, \ \{b_1, b_2, b_3, b_4, b_5, b_6, b_7, b_8, \cdots \} \right.$$
$$= \left\{ \frac{16}{\pi^3}, 0, -\frac{16}{27\pi^3}, 0, \frac{16}{125\pi^3}, 0, -\frac{16}{343\pi^3}, 0, \cdots \right\}$$
$$\left. = \{ 0.5160, \ 0, \ -0.0191, \ 0, \ 0.0041, \ 0, \ -0.0015, \ 0, \cdots \} \right]$$

フーリエ変換の応用例 —— 無限の長さの弦

無限の長さ $(-\infty < x < \infty)$ の弦の変位 $u(x,t)$ を決定するという問題は，波動方程式 (7.44) を，初期条件 (7.47) および境界条件

$$u(-\infty, t) = u(\infty, t) = 0 \tag{7.77}$$

のもとに解くというものである．この境界条件と初期条件 (7.47) との適合性より，$f(\pm\infty) = 0$ および $g(\pm\infty) = 0$ でなければならない．

未知関数 u を，x のみの関数 $X(x)$ と t のみの関数 $T(t)$ の積に変数分離して，$u(x,t) = X(x)T(t)$ とすれば，常微分方程式 (7.59) が無限に長い弦に対しても有効である．したがって，解 (7.60) と解 (7.61) が得られているが，ここでは指数関数によって解を表すことにする．

$$T(t) = A e^{iqvt} + B e^{-iqvt}, \tag{7.78}$$

$$X(x) = C e^{iqx} + D e^{-iqx}. \tag{7.79}$$

有限の長さの弦では q は不連続値だけが許されたが，ここでは q に対するそ

7.3 1次元波動方程式

のような制約は存在しない．よって，q は任意の実数をとりうる．特定の q の値に対する解 $u_{(q)}$ は，上の2式の積で与えられるので次のようになる．

$$u_{(q)} = \left(Ae^{iqvt} + Be^{-iqvt}\right)\left(Ce^{iqx} + De^{-iqx}\right)$$
$$= AC\,e^{iq(x+vt)} + BD\,e^{-iq(x+vt)} + BC\,e^{iq(x-vt)} + AD\,e^{-iq(x-vt)}. \quad (7.80)$$

一般解は，このような $u_{(q)}$ をすべての q について重ね合わせたものなので，q の全区間（$-\infty < q < \infty$）で積分をする．そのとき，$e^{iq(x+vt)}$ と $e^{-iq(x+vt)}$，および $e^{iq(x-vt)}$ と $e^{-iq(x-vt)}$ は，それぞれ1つにまとめられるので一般解は，

$$u(x,t) = \int_{-\infty}^{\infty} \left(a(q)\,e^{iq(x+vt)} + b(q)\,e^{iq(x-vt)}\right) dq \quad (7.81)$$

と表すことができる．この一般解に初期条件 (7.47) を課していく．まず，初期位置 $u(x,0) = f(x)$ は，

$$u(x,0) = f(x) = \int_{-\infty}^{\infty} \left(a(q) + b(q)\right) e^{iqx}\,dq \quad (7.82)$$

で，初速度 $u_t(x,0) = g(x)$ は，

$$u_t(x,0) = g(x) = \int_{-\infty}^{\infty} (ivq)\left(a(q) - b(q)\right) e^{iqx}\,dq \quad (7.83)$$

である．これらは $2\pi(a(q)+b(q))$ と $2\pi ivq\,(a(q)-b(q))$ が，それぞれ $f(x)$ と $g(x)$ のフーリエ変換であることを示している．したがって，

$$2\pi\left(a(q) + b(q)\right) = \int_{-\infty}^{\infty} f(x)\,e^{-iqx}\,dq = F(q), \quad (7.84)$$

$$2\pi ivq\left(a(q) - b(q)\right) = \int_{-\infty}^{\infty} g(x)\,e^{-iqx}\,dq = G(q) \quad (7.85)$$

である．ゆえに，係数 $a(q), b(q)$ が次のように初期値によって確定する．

$$a(q) = \frac{1}{4\pi}\left(F(q) + \frac{G(q)}{ivq}\right), \qquad b(q) = \frac{1}{4\pi}\left(F(q) - \frac{G(q)}{ivq}\right) \quad (7.86)$$

これらを一般解 (7.81) に代入すると初期条件を満たす解が，

$$u(x,t) = \frac{1}{4\pi}\int_{-\infty}^{\infty}\left(F(q) + \frac{G(q)}{ivq}\right) e^{iq(x+vt)}\,dq$$
$$+ \frac{1}{4\pi}\int_{-\infty}^{\infty}\left(F(q) - \frac{G(q)}{ivq}\right) e^{iq(x-vt)}\,dq$$

$$= \frac{1}{4\pi}\int_{-\infty}^{\infty} F(q)\left(e^{iq(x+vt)} + e^{iq(x-vt)}\right)dq$$

$$+ \frac{1}{4\pi}\int_{-\infty}^{\infty} G(q)\left(\frac{e^{iq(x+vt)}}{ivq} - \frac{e^{iq(x-vt)}}{ivq}\right)dq \quad (7.87)$$

のように表される．これの第 1 項は逆フーリエ変換によって，

$$\frac{1}{4\pi}\int_{-\infty}^{\infty} F(q)\left(e^{iq(x+vt)} + e^{iq(x-vt)}\right)dq$$

$$= \frac{1}{2}\{f(x-vt) + f(x+vt)\} \quad (7.88)$$

となる．また第 2 項は，

$$\frac{1}{4\pi v}\int_{-\infty}^{\infty} G(q)\left(\int_0^{x+vt} e^{iq\lambda}\,d\lambda - \int_0^{x-vt} e^{iq\lambda}\,d\lambda\right)dq$$

$$= \frac{1}{4\pi v}\int_{-\infty}^{\infty} G(q)\left(\int_{x-vt}^{x+vt} e^{iq\lambda}\,d\lambda\right)dq$$

$$= \frac{1}{2v}\int_{x-vt}^{x+vt} d\lambda \cdot \frac{1}{2\pi}\int_{-\infty}^{\infty} G(q)\,e^{iq\lambda}\,dq$$

$$= \frac{1}{2v}\int_{x-vt}^{x+vt} g(\lambda)\,d\lambda \quad (7.89)$$

と表される．結局，初期条件 (7.47) を満足するものとして，ここでもストークスの解 (7.48) が得られる．このようにして，無限の長さの弦の振動の初期値問題はフーリエ変換によって解くことができる．

ラプラス変換の応用例 —— 半無限の長さの弦

半無限の長さ $(0 \leq x < \infty)$ の弦の変位 $u(x,t)$ の波動方程式 (7.44) を，

[初期条件] $\quad u(x,0) = 0, \quad u_t(x,0) = 0,$ \quad (7.90)

[境界条件] $\quad u(0,t) = f(t), \quad u(\infty,t) = \lim_{x\to\infty} u(x,t) = 0$ \quad (7.91)

のもとに解くという問題にラプラス変換を使ってみよう．これは弦の端点 $(x=0)$ を時間の関数 $f(t)$ に従って強制振動させることを意味する．

2 変数の未知関数 $u(x,t)$ の x をパラメータとして，t についてラプラス変換を $\mathscr{L}[u(x,t)] = U(x,s)$ とする．波動方程式 (7.44) をラプラス変換すると，

7.3 1次元波動方程式

$$\mathscr{L}[u_{tt} - v^2 u_{xx}] = \mathscr{L}[u_{tt}] - v^2 \mathscr{L}[u_{xx}] = 0$$
$$\rightarrow \left(s^2 U(x,s) - su(x,0) - u_t(x,0)\right) - v^2 U_{xx}(x,s) = 0 \tag{7.92}$$

となる．初期条件 (7.90) を課すと，次の x に関する2階常微分方程式になる．

$$U_{xx}(x,s) = \frac{s^2}{v^2} U(x,s). \tag{7.93}$$

これは容易に一般解が得られる．

$$U(x,s) = A(s)\, e^{-\frac{x}{v}s} + B(s)\, e^{\frac{x}{v}s}. \tag{7.94}$$

ここで，$A(s), B(s)$ は積分定数である．式 (7.91) の第2の境界条件 $u(\infty, t) = 0$ によって，

$$\lim_{x \to \infty} U(x,s) = \mathscr{L}\bigl[\lim_{x \to \infty} u(x,t)\bigr] = 0 \tag{7.95}$$

となる．$s = a + i\omega \ (a > 0)$ なので，

$$U(x,s) = A(s)e^{-\frac{x}{v}(a+i\omega)} + B(s)e^{\frac{x}{v}(a+i\omega)} \tag{7.96}$$

のように表すと，境界条件 $u(\infty, t) = 0$ が満たされるためには，$B(s) = 0$ でなければならないことがわかる．よって，

$$U(x,s) = A(s)\, e^{-\frac{x}{v}s} \tag{7.97}$$

という形になった．

次に，式 (7.91) の第1の境界条件のラプラス変換をとったものと，式 (7.97) において $x = 0$ とおいたものが等しいので，

$$U(0,s) = F_{\mathscr{L}}[f(t)] \ \rightarrow \ A(s) = F_{\mathscr{L}}[f(t)] \tag{7.98}$$

のように係数 $A(s)$ が決まる．よって，u のラプラス変換が，

$$U(x,s) = F_{\mathscr{L}}[f(t)]\, e^{-\frac{x}{v}s} \tag{7.99}$$

のように確定したのである．ここで，このラプラス変換から逆ラプラス変換をとれば，未知関数 u が得られる．ところで，式 (7.99) は2つのラプラス変換 $F_{\mathscr{L}}[f(t)], e^{-\frac{x}{v}s}$ の積であるから，ラプラス変換表（付録参照）の公式 ($\mathscr{L}4$) から，ただちに未知関数が導かれる．

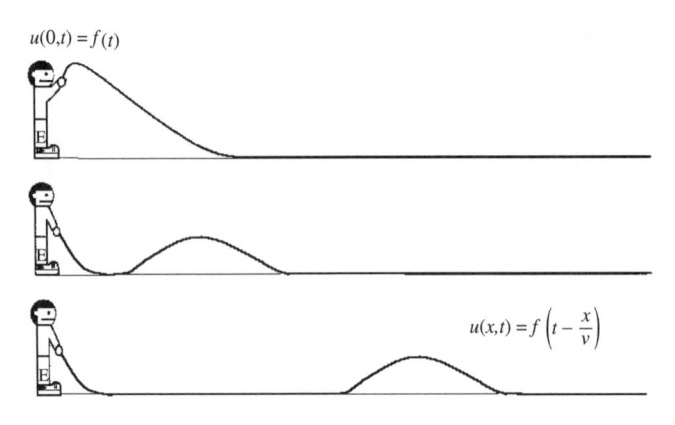

図 7-7 半無限ロープの端点の振動の伝搬

$$u(x,t) = \mathscr{L}^{-1}\left[U(x,s)\right] = \mathscr{L}^{-1}\left[F_\mathscr{L}[f(t)]\,e^{-\frac{x}{v}s}\right]$$
$$= f\left(t - \frac{x}{v}\right). \tag{7.100}$$

この結果で注意すべきことは，$f(t)$ そのものの形が弦の変形として速度 v で伝わっていくのである．

地面に長いロープをまっすぐにおいて，端を持って適当に揺らすと，その揺らした形がロープに伝わっていくという現象のモデルと考えられる（図 7-7）．

ピアノとチェンバロ

例題 7.2 と問題 7.2 の結果を比較検討してみよう．前者は，弦の中央をつまみ上げて $t=0$ のとき初速度 0 で離したあとの弦の振動である．基本振動の振動数 $f_n = \dfrac{nv}{2L} = \dfrac{n}{4}$ $(n=1,2,\cdots)$ に対する振幅が a_n である．これに対して，後者は，弦の中央が初速度 1 で，両端の初速度が 0 となるように全体に一様に変化した初速度を与えたときの弦の振動である．これは，弦をたたくことに対応する．このときの基本振動の振動数 $f_n = \dfrac{n}{4}$ $(n=1,2,\cdots)$ に対する振幅は b_n である．これら a_n と b_n の関係は $b_n = \dfrac{2}{n\pi} a_n$ で表される．よって，n が大きくなるにつれて b_n のほうが a_n よりも急速に減衰する．これは，同じ弦をつまみ上げて振動させるよりも，打弦による振動のほうが高い周波数成分が少ないことを示している．あるいは，つまみ上げによる振動は，打弦による振動のほうよりも高周波成分を多く含み，音のときには甲高い音に聞こえるのである．

この現象によって，ピアノとチェンバロの音の比較をすることができる．ピアノの原型であるチェンバロでは弦を引っかけてつまみ上げて振動を引き起こすので甲高い音がでる．一方，ピアノは弦をたたいて音をだすので，よけいな高周波成分，すなわち倍音がチェンバロに比べて少ない．つまり，倍音のより少ない純粋な音が出やすい．さらに，ピアノは弦をハンマーでたたく (打弦) ので音に強弱がつけやすくなった．そのため最初は「強弱のある大きなチェンバロ」(Gravicenbalo col piano e forte) とよばれていたが，次第に「ピアノ・フォルテ」となり，やがて「ピアノ」となった．

8. 線形システムの解析

　入力があったら，それに対して何らかの出力を出す「装置」がシステムである．関数もシステムである．ラジオやテレビもシステムである．コンサートホールの音響効果もシステムとみなすことができる．工場もシステムである．電気回路や制御装置などもシステムである．システムの組み合わせもシステムである．このような広範なシステムの特性を解析するために，フーリエ解析やラプラス変換が使われる．本章では，単純化し，かつ理想化した数学的モデルを使ってシステム解析の基礎を学ぶ．

8.1　線形時不変システム

　本章では，すべての関数の変数を時間とみなして x ではなく t で表す．
　システムとは，入力といわれる関数 $f(t)$ を出力といわれる関数 $g(t)$ へ変換する写像

$$\mathscr{S} : f(t) \rightarrow g(t) = \mathscr{S}[f(t)] \tag{8.1}$$

としてとらえる．一般には，入力や出力が多成分関数のこともあるがここでは扱わない．システムは次のように図8-1で表すことができる．

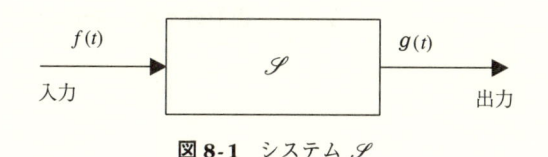

図 8-1　システム $\mathscr{S}$

特に，写像 $\mathscr{S}$ が線形性

$$\mathscr{S}[a_1 f_1(t) + a_2 f_2(t)] = a_1 \mathscr{S}[f_1(t)] + a_2 \mathscr{S}[f_2(t)] \tag{8.2}$$

を満たすとき**線形システム**といわれる．線形性は重ね合わせの原理が成り立つことと同じである．異なる入力が互いに影響を与えることなく，それぞれの出力の重ね合わせが出力となる．

システム $\mathscr{S}$ が時間変数 t の変位に対して不変，すなわち任意の定数 a に対して，

$$g(t+a) = \mathscr{S}[f(t+a)] \tag{8.3}$$

が成り立つとき**時不変システム**といわれる．

その他にシステムを特徴づける性質として，因果性という概念がある．システムに，ある時刻以降 $(t \geq t_1)$ に入力 $f(t)$ があったとしても，その時刻以前 $(t < t_1)$ に出力 $g(t)$ が発生してしまうことがある．このようなシステムは，因果律が成り立たない，あるいは因果的でないなどといわれる．さて，システム $\mathscr{S}$ が**因果的である**とは，任意の時刻 t_1 に対して次のような入力関数

$$f(t) = 0 \qquad (t < t_1) \tag{8.4}$$

があったとき，出力も

$$g(t) = \mathscr{S}[f(t)] = 0 \qquad (t < t_1) \tag{8.5}$$

となることをいう．つまり，出力は入力があってから現れるということである．実際のシステムは因果的であると考える．システムを式 (8.1) のように写像とみなすので，数学的には非因果的システムもあり得る．写像とみなす考え方を学ぶためにも，非因果的システムの例も与えてある（例題 8.1，問題 8.1）．

システム $\mathscr{S}$ を解析するということは，任意の入力 $f(t)$ に対して出力 $g(t)$ が予測できるようになることである．それによって，望みのシステムを設計することも可能になる．このようなシステムの解析は，フーリエ変換やラプラス変換によって行なうことができる．本書で扱うシステムのモデルは，線形性 (8.2) と時不変性 (8.3) を仮定する．すなわち，**線形時不変システム**について見ていくことにしよう．

8.2 インパルス応答

システム $\mathscr{S}$ の入力としての任意の関数 $f(t)$ は，式 (4.50) で見たように，デルタ関数 $\delta(t)$ とのたたみこみ

$$f(t) = f * \delta(t) = \int_{-\infty}^{\infty} f(\xi)\,\delta(t-\xi)\,d\xi \tag{8.6}$$

として表すことができた．関数 $f(t)$ が入力されるということは，各時刻 $t = \xi$ に強さ $f(\xi)$ のデルタ関数が連続的に入力されたと解釈できる．

さて，関数 $f(t)$ が入力された結果として得られる出力は，

$$\begin{aligned}g(t) = \mathscr{S}[f(t)] &= \mathscr{S}\Big[\int_{-\infty}^{\infty} f(\xi)\,\delta(t-\xi)\,d\xi\Big] \\ &= \int_{-\infty}^{\infty} f(\xi)\,\mathscr{S}\big[\delta(t-\xi)\big]\,d\xi\end{aligned} \tag{8.7}$$

となる．ここで，$f(\xi)$ は t を含まないので写像 $\mathscr{S}$ に対しては定数とみなされる．よって，線形性 (8.2) から式 (8.7) の最後の等式が導かれる．この式から，デルタ関数の入力（システム解析では特に**インパルス入力**という）に対する出力

$$h(t) = \mathscr{S}\big[\delta(t)\big] \tag{8.8}$$

がわかれば，システム $\mathscr{S}$ の解析ができたことになる．このような $h(t)$ は，**インパルス応答**といわれる．いま，時不変なシステムを考えているので式 (8.3) を考慮すれば，式 (8.7) における出力は，

$$g(t) = \mathscr{S}[f(t)] = \int_{-\infty}^{\infty} f(\xi)\,h(t-\xi)\,d\xi = f * h(t) \tag{8.9}$$

となる．すなわち，出力 $g(t)$ は入力 $f(t)$ とインパルス応答 $h(t)$ とのたたみこみ $f * h(t)$ であることがわかる．

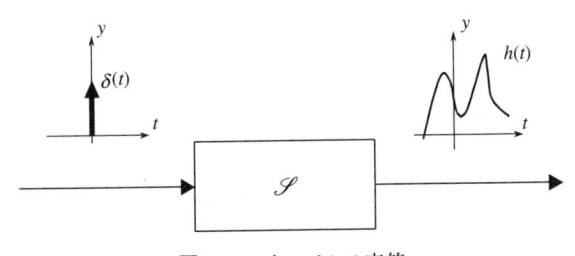

図 8-2 インパルス応答

例題 8.1 あるシステム $\mathscr{S}$ のインパルス応答が $h(t) = e^{-2|t|}$ である．このシステムに入力 $f(t) = \begin{cases} a & (|t| \leq t_0) \\ 0 & (|t| > t_0) \end{cases}$ が入ったときの出力 $g(t)$ が，

$$g(t) = \mathscr{S}[f(t)] = \begin{cases} a(1 - e^{-2t_0} \cosh 2t) & (|t| \leq t_0) \\ a \sinh 2t_0 \, e^{-2|t|} & (|t| > t_0) \end{cases}$$

となることを示せ．

《解》 式 (8.9) より，

$$g(t) = f * h(t) = \int_{-\infty}^{\infty} f(\tau) \, h(t - \tau) \, d\tau = \int_{-t_0}^{t_0} a \, e^{-2|t-\tau|} d\tau \, .$$

この積分は3つの場合に分けて計算をする．

i) $-t_0 < t < t_0$ のとき

$$\begin{aligned} g(t) &= a \int_{-t_0}^{t} e^{-2(t-\tau)} \, d\tau + a \int_{t}^{t_0} e^{2(t-\tau)} \, d\tau \\ &= ae^{-2t} \int_{-t_0}^{t} e^{2\tau} \, d\tau + ae^{2t} \int_{t}^{t_0} e^{-2\tau} \, d\tau \\ &= \frac{1}{2} ae^{-2t} \left(e^{2t} - e^{-2t_0} \right) + \frac{1}{2} ae^{2t} \left(e^{-2t} - e^{-2t_0} \right) \\ &= a \left(1 - e^{-2t_0} \cosh 2t \right) . \end{aligned}$$

ii) $t > t_0$ のとき

$$\begin{aligned} g(t) &= a \int_{-t_0}^{t_0} e^{-2(t-\tau)} \, d\tau = ae^{-2t} \int_{-t_0}^{t_0} e^{2\tau} \, d\tau \\ &= \frac{1}{2} ae^{-2t} \left(e^{2t_0} - e^{-2t_0} \right) = a \sinh 2t_0 \, e^{-2t} \, . \end{aligned}$$

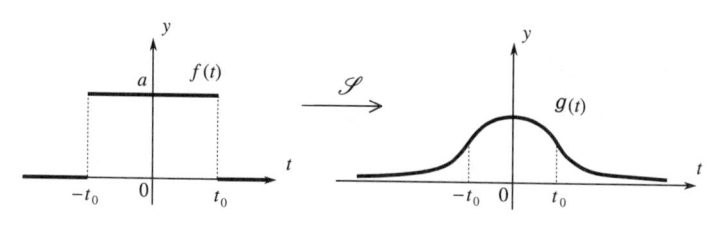

図 8-3 入力と出力

8.2 インパルス応答

iii) $t < -t_0$ のとき

$$g(t) = a \int_{-t_0}^{t_0} e^{2(t-\tau)} d\tau = ae^{2t} \int_{-t_0}^{t_0} e^{-2\tau} d\tau$$

$$= \frac{1}{2} ae^{2t} \left(e^{2t_0} - e^{-2t_0} \right) = a \sinh 2t_0 \, e^{2t}.$$

よって示された(このシステムは非因果的である).

問題 8.1 例題 8.1 と同じインパルス応答 $h(t) = e^{-2|t|}$ のシステム $\mathscr{S}$ に,入力 $f(t) = \begin{cases} t & (t_0 \geq t \geq 0) \\ 0 & (t \leq 0, \, t > t_0) \end{cases}$ が入ったときの出力を求めよ.

因果的インパルス応答

一般の線形時不変システムでは,インパルス応答 $h(t)$ は,$t < 0$ においても $h(t) \neq 0$ となりうる.これはシステムが因果的でないことを意味している.システムが因果的であれば,$t = 0$ におけるインパルス入力 $\delta(t)$ に対するインパルス応答 $h(t)$ は,

$$h(t) = 0 \qquad (t < 0) \tag{8.10}$$

を満たさなくてはいけない.時不変性によって適当な $t = t_1$ におけるインパルス入力 $\delta(t - t_1)$ に対しては,因果的インパルス応答は $h(t) = 0 \quad (t < t_1)$ を満たす(図 8-4).

このような因果的システムにおいては,任意の入力 $f(t)$ に対する出力 $g(t)$ は式 (8.10) を考慮すれば,積分区間に制限がついて,

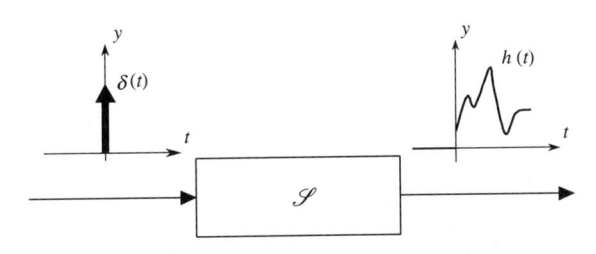

図 8-4 因果的インパルス応答

$$g(t) = \mathscr{S}[f(t)] = f * h(t) = \int_{-\infty}^{t} f(\xi) h(t-\xi) d\xi \tag{8.11}$$

$$= \int_{0}^{\infty} f(t-\lambda) h(\lambda) d\lambda \tag{8.12}$$

となることがわかる．さらに，t_1 に対して $f(t) = 0$ $(t < t_1)$ であるような入力が入ったときの出力は，さらに積分区間が狭くなって，次のようになる．

$$g(t) = \mathscr{S}[f(t)] = f * h(t) = \int_{t_1}^{t} f(\xi) h(t-\xi) d\xi \tag{8.13}$$

$$= \int_{0}^{t-t_1} f(t-\lambda) h(\lambda) d\lambda \tag{8.14}$$

因果的システムの出力に対するたたみこみの式 (8.11), (8.12) や式 (8.13), (8.14) は，因果的でないシステムの出力に対するたたみこみの式 (8.9) の特別な場合とみなすことができる (式 (8.11) から式 (8.12)，および式 (8.13) から式 (8.14) へは変数変換による)．

問題 8.2 システム $\mathscr{S}$ のインパルス応答が，$h(t) = \begin{cases} e^{-2t} & (t \geq 0) \\ 0 & (t < 0) \end{cases}$ である．

このシステム $\mathscr{S}$ に入力 $f(t) = \begin{cases} a & (t_0 > t \geq 0) \\ 0 & (t \geq t_0,\ t < 0) \end{cases}$ が入ったとき，出力が

$$g(t) = \mathscr{S}[f(t)] = \begin{cases} \dfrac{a}{2}(e^{2t_0} - 1)e^{-2t} & (t \geq t_0) \\ \dfrac{a}{2}(1 - e^{-2t}) & (t_0 > t \geq 0) \\ 0 & (t < 0) \end{cases}$$

となることを示せ．

8.3 フーリエ変換による解析

フーリエ変換によって，システムの周波数に関する特性を知ることができる．周波数特性に注目したシステムはフィルターといわれる．

8.3 フーリエ変換による解析

周波数特性

まず，因果的でないシステムを考える．システム $\mathscr{S}$ に複素単振動入力 $e^{i\omega t}$ が入ると，出力は式 (8.9) によって，$e^{i\omega t}$ とインパルス応答 $h(t)$ とのたたみこみで与えられるので，

$$e^{i\omega t} \longrightarrow g(t) = \mathscr{S}[e^{i\omega t}] = e^{i\omega t} * h(t) = \int_{-\infty}^{\infty} e^{i\omega \tau} h(t-\tau) \, d\tau \qquad (8.15)$$

となる．一方，この出力を

$$g(t) = H(\omega) \, e^{i\omega t} \qquad (8.16)$$

のように係数関数 $H(\omega)$ を使って表すことにする．この $H(\omega)$ をシステム $\mathscr{S}$ の**周波数特性**という（$H(\omega)$ は伝達関数といわれることもある）．上の2式を等しいとおいて $H(\omega)$ を具体的に計算してみよう．

$$\begin{aligned} H(\omega) &= \mathscr{S}[e^{i\omega t}] \cdot e^{-i\omega t} = \left(e^{i\omega t} * h(t)\right) e^{-i\omega t} \\ &= \left(\int_{-\infty}^{\infty} e^{i\omega \tau} h(t-\tau) \, d\tau\right) e^{-i\omega t} = \int_{-\infty}^{\infty} h(t-\tau) \, e^{-i\omega(t-\tau)} \, d\tau \\ &= \int_{-\infty}^{\infty} h(\lambda) \, e^{-i\omega \lambda} \, d\lambda = \mathscr{F}[h(t)]. \end{aligned} \qquad (8.17)$$

このように，**周波数特性** $H(\omega)$ は，インパルス応答 $h(t)$ のフーリエ変換であることがわかる．または，インパルス応答 $h(t)$ は，周波数特性 $H(\omega)$ の逆フーリエ変換 $\mathscr{F}^{-1}[H(\omega)]$ に等しい．まとめると，

$$\boxed{\; h(t) \quad \rightarrow \quad \mathscr{F}[h(t)] = H(\omega) = \int_{-\infty}^{\infty} h(t) \, e^{-i\omega t} \, dt, \;} \qquad (8.18)$$

$$\boxed{\; H(\omega) \quad \rightarrow \quad \mathscr{F}^{-1}[H(\omega)] = h(t) = \frac{1}{2\pi} \int_{-\infty}^{\infty} H(\omega) \, e^{i\omega t} \, dt. \;} \qquad (8.19)$$

このように，インパルス応答 $h(t)$ がわかれば，任意の入力に対する出力が予測できるし，周波数特性も知ることができる．

問題 8.3 あるシステムの周波数特性が，

$$H(\omega) = \begin{cases} 0 & (|\omega| < \omega_0) \\ A e^{-it_0 \omega} & (|\omega| \geq \omega_0) \end{cases} \quad \text{(理想高域通過フィルター)}$$

である．このシステムのインパルス応答 $h(t)$ を求めよ．また，任意の入力 $f(t)$ に対する出力を求めよ．

問題 8.4 あるシステムの周波数特性が，

$$H(\omega) = \begin{cases} Ae^{-it_0\omega} & (|\omega| \leq \omega_0) \\ 0 & (|\omega| > \omega_0) \end{cases} \quad \text{（理想低域通過フィルター）}$$

である．このシステムのインパルス応答 $h(t)$ を求めよ．また，任意の入力 $f(t)$ に対する出力を求めよ．

インパルス応答 $h(t) = \mathscr{S}[\delta(t)]$ がわかればシステムの解析ができる．それはなぜだろうか．それは，すなわち，インパルス入力（デルタ関数）$\delta(t)$ のフーリエ変換が $\mathscr{F}[\delta(t)] = 1$ なので，あらゆる周波数成分を一様な強さで入力させたことになっていて，その結果としてのインパルス応答は，すべての周波数に対するシステムの特性を表す関数になっているからである．

お堂の中の反響

龍の絵などが描かれたお堂やコンサートホールなどでパンと手をたたいて『インパルス音』をつくり，音の響きに耳を傾けたりすることがある．これはフーリエ解析の観点からは，音響特性を調べていることであり，実に理にかなったことなのである．

日光東照宮の鳴き龍での音の響きと似た現象（フラッターエコーあるいはスウィープエコー現象といわれる）が，最近，東京国際フォーラムの渡り廊下でも起きることが確認された．東京都はこれを観光スポットの1つにしている．

8.3 フーリエ変換による解析

伝達関数としての周波数特性

入力 $f(t)$ のフーリエ変換を次のようにとる.

$$f(t) \;\to\; \mathscr{F}[f(t)] = F(\omega) = \int_{-\infty}^{\infty} f(t)\,e^{-i\omega t}\,dt. \tag{8.20}$$

これの出力 $g(t) = \mathscr{S}[f(t)]$ のフーリエ変換を,

$$g(t) \;\to\; \mathscr{F}[g(t)] = G(\omega) = \int_{-\infty}^{\infty} g(t)\,e^{-i\omega t}\,dt \tag{8.21}$$

とする. 一方, $g(t)$ は式 (8.9) で入力 $f(t)$ と $h(t)$ とのたたみこみで与えられることがわかっているが, たたみこみのフーリエ変換は, それぞれのフーリエ変換の積になることから,

$$G(\omega) = \mathscr{F}[g(t)] = \mathscr{F}[f * h(t)] = F(\omega)H(\omega) \tag{8.22}$$

となる. すなわち, 出力のフーリエ変換 $G(\omega)$ は, 入力のフーリエ変換 $F(\omega)$ と周波数特性 $H(\omega)$ との積となる. よって, $H(\omega)$ は入力のフーリエ変換に対する出力のフーリエ変換の比

$$\boxed{H(\omega) = \frac{G(\omega)}{F(\omega)}} \tag{8.23}$$

として表される. このことから周波数特性 $H(\omega)$ は, **伝達関数**といわれることもある. ここで, もし入力がインパルス入力であれば, $F(\omega) = \mathscr{F}[\delta(t)] = 1$ であるから, 出力は $G(\omega) = H(\omega)$. まさにインパルス応答 $h(t)$ のフーリエ変換となっていることがここでもわかる.

システムが因果的であるときには, ある t_1 に対して $f(t) = 0$ $(t < t_1)$ という入力があったとすると, 式 (8.20), (8.21) における入力と出力のフーリエ変換はそれぞれ,

$$f(t) \;\to\; \mathscr{F}[f(t)] = F(\omega) = \int_{t_1}^{\infty} f(t)\,e^{-i\omega t}\,dt, \tag{8.24}$$

$$g(t) \;\to\; \mathscr{F}[g(t)] = G(\omega) = \int_{t_1}^{\infty} g(t)\,e^{-i\omega t}\,dt \tag{8.25}$$

となる. ここで出力 $g(t)$ は, 式 (8.13) または式 (8.14) の制限つきのたたみこみで与えられる. さて, このような因果的入出力に対しても, 式 (8.23) と同じ式が成立する.

周波数特性の振幅と位相

周波数特性 $H(\omega)$ は一般に，複素数値関数である．$H(\omega)$ の偏角を $\phi(\omega)$ とおいて，

$$H(\omega) = |H(\omega)| e^{i\phi(\omega)} = |H(\omega)| (\cos\phi(\omega) + i\sin\phi(\omega)) \tag{8.26}$$

のように表すことにする．すると絶対値

$$|H(\omega)| = \frac{|G(\omega)|}{|F(\omega)|} \tag{8.27}$$

は，角周波数 ω の成分の入力に対する出力の大きさの比を表し，**振幅特性**といわれる．

単振動入力に対する出力を表す式 (8.16) において式 (8.26) を使うと，

$$e^{i\omega t} \longrightarrow g(t) = \mathscr{S}[e^{i\omega t}] = |H(\omega)| e^{i(\omega t + \phi(\omega))} \tag{8.28}$$

となる．よって，$\phi(\omega)$ はシステムによる位相のズレを表している．もし，周波数特性 $H(\omega)$ が実関数ならば，$\phi(\omega) = 0$ となり，位相のズレは起こらない．

例題 8.2 問題 8.1 と同じ非因果的インパルス応答 $h(t) = e^{-2|t|}$ のシステムを考える．このシステムの周波数特性 $H(\omega)$ を求めよ．また，振幅特性と位相のズレを求めよ．

《解》 式 (8.18) より，

$$\begin{aligned} H(\omega) = \mathscr{F}[h(t)] &= \int_{-\infty}^{\infty} e^{-2|t|-i\omega t} \, dt \\ &= \int_{-\infty}^{0} e^{(2-i\omega)t} \, dt + \int_{0}^{\infty} e^{-(2+i\omega)t} \, dt \\ &= \frac{1}{2-i\omega} + \frac{1}{2+i\omega} = \frac{4}{\omega^2 + 4}. \end{aligned}$$

ゆえに，$H(\omega)$ は実関数である．位相のズレは起こらない．振幅特性は，

$$|H(\omega)| = H(\omega) = \frac{4}{\omega^2 + 4} \le 1$$

である．すなわち，振幅特性は $\omega = 0$ のとき最大値 1，$|\omega| \to \infty$ のとき $H(\omega) \to 0$ となる．

問題 8.5 問題 8.2 と同じ因果的インパルス応答が，$h(t) = \begin{cases} e^{-2t} & (t \geq 0) \\ 0 & (t < 0) \end{cases}$ の
システムを考える．このシステムの周波数特性 $H(\omega)$ を求めよ．また，振幅特性と位相のズレを求めよ．

8.4 ラプラス変換による解析

　線形時不変システムをラプラス変換を使って解析すると，システムの周波数特性だけでなく安定性についても容易に分析することができる．入力や出力のフーリエ変換は，周波数である変数 ω だけの関数であった．それに対して，ラプラス変換は，周波数 ω ともう1つの実数 a とからなる複素数 $s = a + i\omega$ の関数である．この実数 a がシステムの安定性を表すパラメータとなっている．

　ラプラス変換で扱う関数は，すべて $f(t) = 0$ $(t < 0)$ である．式 (8.10) のようにインパルス応答 $h(t)$ がこの条件を満たすということは，必然的に因果的なシステムを考えていることを意味する．

　再び，線形時不変システム $\mathscr{S}$ を考える．$f(t) = 0$ $(t < 0)$ である入力に対して因果的システムでは，出力は式 (8.12) または式 (8.13) で与えられるが，やはり，$g(t) = \mathscr{S}[f(t)] = 0$ $(t < 0)$ となる．これら入力と出力のラプラス変換をとり，次のように表す．

$$f(t) \rightarrow \mathscr{L}[f(t)] = F_{\mathscr{L}}(s) = \int_0^\infty f(t) e^{-st} dt, \tag{8.29}$$

$$g(t) \rightarrow \mathscr{L}[g(t)] = G_{\mathscr{L}}(s) = \int_0^\infty g(t) e^{-st} dt. \tag{8.30}$$

この入力と出力のラプラス変換の比

$$\boxed{H_{\mathscr{L}}(s) = \frac{G_{\mathscr{L}}(s)}{F_{\mathscr{L}}(s)}} \tag{8.31}$$

をシステムの**伝達関数**という．これはフーリエ変換のときの式 (8.23) に対応する．上式の定義からは，入力 $f(t)$ が異なれば伝達関数も異なると思われるかもしれない．線形時不変システムでは，入力に関係なくシステム $\mathscr{S}$ の固有な関数として伝達関数 $H_{\mathscr{L}}(s)$ が確定するのである．

さて，式 (8.31) でラプラス変換が $F_{\mathscr{L}}(s) = 1$ となるような入力が入ったとすれば，伝達関数そのものが出力のラプラス変換になる．すなわち，システム $\mathscr{S}$ にインパルス入力 $f(t) = \delta(t)$ が入ったとすれば $F_{\mathscr{L}}(s) = 1$ となり，伝達関数は，インパルス応答 $h(t) = \mathscr{S}[\delta(t)]$ のラプラス変換

$$H_{\mathscr{L}}(s) = G_{\mathscr{L}}(s) = \mathscr{L}[h(t)] \tag{8.32}$$

として得られることがわかる．これは周波数特性 $H(\omega)$ がインパルス応答 $h(t)$ のフーリエ変換であることに対応している．

問題 8.6 伝達関数が $H_{\mathscr{L}}^{(1)}(s)$ のシステム $\mathscr{S}_1$ と伝達関数が $H_{\mathscr{L}}^{(2)}(s)$ のシステム $\mathscr{S}_2$ がある．

1) $\mathscr{S}_1$ と $\mathscr{S}_2$ を直列に接続したシステム $\mathscr{S}_A$ の伝達関数が，積 $H_{\mathscr{L}}^{A}(s) = H_{\mathscr{L}}^{(1)}(s) \cdot H_{\mathscr{L}}^{(2)}(s)$ となることを示せ．

2) $\mathscr{S}_1$ と $\mathscr{S}_2$ を並列に接続したシステム $\mathscr{S}_B$ の伝達関数が，和 $H_{\mathscr{L}}^{B}(s) = H_{\mathscr{L}}^{(1)}(s) + H_{\mathscr{L}}^{(2)}(s)$ となることを示せ．

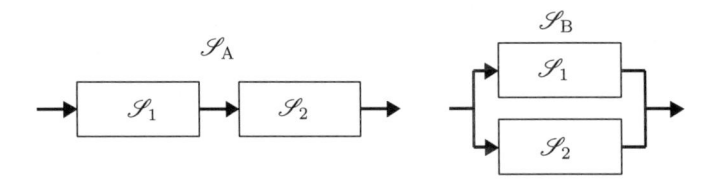

図 8-5 システムの直列と並列

周波数特性と伝達関数の比較

ところで，周波数特性と伝達関数は互いに類似した関数である．どのようなときに対応がつくかを見ておく必要がある．

あるシステム $\mathscr{S}$ のインパルス応答を $h(t)$ とする．$\mathscr{S}$ が因果的でないときは，フーリエ変換によって周波数特性 $H(\omega) = \mathscr{F}[h(t)]$ を知ることはできるが，$h(t)$ のラプラス変換，すなわち，伝達関数は定義できないので対応はつけられない．

因果的システムについて考えよう．インパルス応答は，$h(t) = 0 \ (t < 0)$ を満たす．$h(t)$ が絶対積分可能

8.4 ラプラス変換による解析

$$\int_0^\infty |h(t)|\,dt < \infty \tag{8.33}$$

ならば $h(t)$ のフーリエ変換

$$H(\omega) = \mathscr{F}[h(t)] = \int_0^\infty h(t)\,e^{-i\omega t}\,dt \tag{8.34}$$

が可能となり，周波数特性 $H(\omega) = \mathscr{F}[h(t)]$ が意味をもつ．しかも，絶対積分可能ならばラプラス変換もつねに可能なので伝達関数も

$$H_{\mathscr{L}}(s) = \mathscr{L}[h(t)] = \int_0^\infty h(t)\,e^{-st}\,dt \tag{8.35}$$

のように得られる．よって，式 (8.34) と式 (8.35) を比較すれば，

$$s = i\omega \tag{8.36}$$

という関係が成り立つときに，周波数特性 $H(\omega)$ と伝達関数 $H_{\mathscr{L}}(s)$ は同じ関数とみなすことができる．

実際，周波数特性 $H(\omega)$ がわかっていれば伝達関数 $H_{\mathscr{L}}(s)$ は，$\omega = -is$ とおいて，

$$H_{\mathscr{L}}(s) = H(-is) \tag{8.37}$$

で与えられる．逆に，伝達関数 $H_{\mathscr{L}}(s)$ がわかっていれば周波数特性 $H(\omega)$ は，$s = i\omega$ とおいて，

$$H(\omega) = H_{\mathscr{L}}(i\omega) \tag{8.38}$$

で与えられる．

システムの安定性と伝達関数

システム $\mathscr{S}$ が**安定**であるとは，インパルス応答 $h(t)$ が時間 t とともに 0 に収束することをいう．システム $\mathscr{S}$ の伝達関数 $H_{\mathscr{L}}(s)$ の特異点が $s_1, s_2, \cdots, s_n$ であるとする．そこで，次の事実が知られている．

> 「システム $\mathscr{S}$ は，これらすべての特異点 s_k $(1, 2, \cdots, n)$ の実部が負ならば，すなわち $\mathrm{Re}\,s_k < 0$ ならば安定である.」

このことは，次のようにして理解できる．留数定理による逆ラプラス変換の公式 (5.36) において，$L(s)$ を伝達関数 $H_{\mathscr{L}}(s)$ とすれば，

$$H_{\mathscr{L}}(s) \to \mathscr{L}^{-1}[H_{\mathscr{L}}(s)] = h(t) = \sum_k \mathrm{Res}[H_{\mathscr{L}}(s), s_k]\, e^{s_k t} \qquad (8.39)$$

のようにインパルス応答 $h(t)$ が得られる．ここで，留数 $\mathrm{Res}[H_{\mathscr{L}}(s), s_k]$ は定数なので簡単に A_k と表せば，インパルス応答 $h(t)$ は次のように指数関数の和となっていることが明確にわかる．

$$h(t) = \sum_k A_k e^{s_k t}. \qquad (8.40)$$

ここで，指数の係数 s_k はすべて特異点の値であることに注意する．これより，特異点のうち1つでも実部が正ならば，$h(t)$ は時間 t が大きくなるとともに発散してしまう．

特に，特異点が $s_1, s_2, \cdots, s_n$ の伝達関数 $H_{\mathscr{L}}(s)$ の典型的な例は，次のような多項式の分数（有理関数という）である．

$$H_{\mathscr{L}}(s) = \frac{s^M + \beta_1 s^{M-1} + \cdots + \beta_{M-1} s + \beta_M}{s^N + \alpha_1 s^{N-1} + \cdots + \alpha_{N-1} s + \alpha_N}. \qquad (8.41)$$

ここで，$s_1, s_2, \cdots, s_n$ は，

$$s^N + \alpha_1 s^{N-1} + \cdots + \alpha_{N-1} s + \alpha_N = 0 \qquad (8.42)$$

の根である．中には多重根もありうる．s_k たちが，すべて1次の根ならば $N = n$ である．

上記のような有理関数の形をした伝達関数 $H_{\mathscr{L}}(s)$ は，常微分方程式

$$\begin{aligned}g^{(N)} + \alpha_1 g^{(N-1)} + \cdots + \alpha_{N-1} g' + \alpha_N g \\ = f^{(M)} + \beta_1 f^{(M-1)} + \cdots + \beta_{M-1} f' + \beta_M f\end{aligned} \qquad (8.43)$$

と密接に関係している．この常微分方程式は，この右辺にある関数 $f(t)$ が入力で，左辺にある関数 $g(t)$ が出力となるシステムとみなすのである．この両辺のラプラス変換をとると，

$$\begin{aligned}\left(s^N + \alpha_1 s^{N-1} + \cdots + \alpha_{N-1} s + \alpha_N\right) G_{\mathscr{L}}(s) \\ = \left(s^M + \beta_1 s^{M-1} + \cdots + \beta_{M-1} s + \beta_M\right) F_{\mathscr{L}}(s)\end{aligned}$$

$$\to \quad H_{\mathscr{L}}(s) = \frac{G_{\mathscr{L}}(s)}{F_{\mathscr{L}}(s)} = [\text{式 (8.41) の右辺}] \qquad (8.44)$$

となる．ただし，$\mathscr{L}[f(t)] = F_{\mathscr{L}}(s)$, $\mathscr{L}[g(t)] = G_{\mathscr{L}}(s)$ である．

8.5 RC回路のフィルター

以上のことをまとめると，伝達関数 $H_\mathscr{L}(s)$ の分母を 0 にする特異点 s_k がすべて複素平面の実軸の左側にあるときにだけ，システム $\mathscr{S}$ は**安定**であることがわかる．特異点 s が 1 つでも実軸の右側にあれば，システム $\mathscr{S}$ は**不安定**である．虚軸上にある特異点に対応する解は，定常的な振動解を表す．このようにして，伝達関数の特異点（分母の 0 点）は，システム $\mathscr{S}$ の安定性の判断に使われる．

8.5 *RC*回路のフィルター

特定の周波数特性をもつシステムをフィルターという．低い周波数を透過させるフィルターを低域通過フィルターまたはローパス・フィルターといい，高い周波数を透過させるフィルターを高域通過フィルターまたはハイパス・フィルターという．また，ある周波数の範囲だけを透過させるものを，帯域制限フィルターまたはバンドパス・フィルターという．

抵抗 R とコンデンサー C からなる簡単な回路で，ローパス・フィルターやハイパス・フィルターをつくることができる．

素子を流れる電流を $I(t)$ とする．抵抗 R の両端の電圧は $V_R(t) = RI(t)$ で，コンデンサー C の両端の電圧は $V_C(t) = \dfrac{1}{C}\displaystyle\int_{-\infty}^{t} I(t)\,dt$ である（図 8-6）．

$$V_R(t) = RI(t) \qquad V_C(t) = \frac{1}{C}\int_{-\infty}^{t} I(t)\,dt$$

図 8-6 抵抗 R とコンデンサー C の両端の電圧

さて，抵抗 R とコンデンサー C の直列回路を考える（図 8-7）．

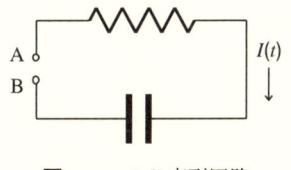

図 8-7 *RC* 直列回路

端子 AB に外部から加えられる電圧を $V_0(t)$, 回路を流れる電流を $I(t)$ とする. 端子 AB 間の電圧は $V_0(t)$ と等しいが, 一方, 回路の電圧降下とも等しいので,

$$RI(t) + \frac{1}{C}\int_{-\infty}^{t} I(t)\,dt = V_0(t) \tag{8.45}$$

が成り立つ. これが基礎の方程式で $I(t)$ に関する積分方程式である.

ここでは, この直列回路を 2 種類のフィルター $\mathscr{S}_1, \mathscr{S}_2$ とみなすことにしよう.

フィルター $\mathscr{S}_1$

最初のフィルター $\mathscr{S}_1$ は, 入力を $f(t) = V_0(t)$ として, コンデンサーの両端の電圧を出力 $g(t) = V_C(t)$ とする (図 8-8).

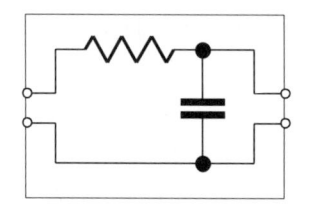

図 8-8 フィルター $\mathscr{S}_1$

すると, $I(t) = C\dfrac{dV_C(t)}{dt}$ なので, 基礎の式 (8.45) を $V_C(t)$ によって書きなおすと,

$$RC\frac{dV_C(t)}{dt} + V_C(t) = V_0(t), \tag{8.46}$$

または,

$$RC\frac{dg(t)}{dt} + g(t) = f(t) \tag{8.47}$$

となる.

ここで, フィルター $\mathscr{S}_1$ をフーリエ変換によって解析しよう. 入力 $f(t) = V_0(t)$ と出力 $g(t) = V_C(t)$ のフーリエ変換を, それぞれ $F(\omega), G(\omega)$ とする. そこで, 微分方程式 (8.46) の両辺のフーリエ変換をとると,

$$RC \cdot i\omega G(\omega) + G(\omega) = F(\omega) \tag{8.48}$$

となり, 周波数特性は式 (8.23) から次のように得られる.

8.5 RC 回路のフィルター

$$H(\omega) = \frac{G(\omega)}{F(\omega)} = \frac{\frac{1}{RC}}{i\omega + \frac{1}{RC}}. \tag{8.49}$$

式 (8.19) より，インパルス応答 $h(t)$ は，周波数特性 $H(\omega)$ の逆フーリエ変換から求められる．式 (4.15) で $a = \frac{1}{RC}$ とおくと，式 (8.49) からインパルス応答が，

$$h(t) = \mathscr{F}^{-1}\left[\frac{\frac{1}{RC}}{i\omega + \frac{1}{RC}}\right] = \frac{1}{RC} e^{-\frac{1}{RC}t} u(t) \tag{8.50}$$

のように得られる．

次に，このフィルター $\mathscr{S}_1$ をラプラス変換によって解析しよう．入力 $f(t) = V_0(t)$ と出力 $g(t) = V_C(t)$ のラプラス変換を，それぞれ $F_{\mathscr{L}}(s)$, $G_{\mathscr{L}}(s)$ とする．$g(0) = 0$ としておく．そこで，微分方程式 (8.46) の両辺のラプラス変換をとると，

$$RC \cdot s G_{\mathscr{L}}(s) + G_{\mathscr{L}}(s) = F_{\mathscr{L}}(s) \tag{8.51}$$

となり，伝達関数は式 (8.31) から次のように得られる．

$$H_{\mathscr{L}}(s) = \frac{G_{\mathscr{L}}(s)}{F_{\mathscr{L}}(s)} = \frac{\frac{1}{RC}}{s + \frac{1}{RC}}. \tag{8.52}$$

インパルス応答 $h(t)$ は，式 (8.32) より $H_{\mathscr{L}}(s)$ の逆ラプラス変換で得られる．式 (5.11) において $a = -\frac{1}{RC}$ とおくと，式 (8.52) からインパルス応答が，

$$h(t) = \mathscr{L}^{-1}\left[\frac{\frac{1}{RC}}{s + \frac{1}{RC}}\right] = \frac{1}{RC} e^{-\frac{1}{RC}t} u(t) \tag{8.53}$$

のように，フーリエ変換によって得られたのと同じインパルス応答が得られる．

周波数特性 (8.49) において $\omega = -is$ とおけば，伝達関数 $H_{\mathscr{L}}(s)$ となり，逆に伝達関数 (8.52) において $s = i\omega$ とおけば，周波数特性 $H(\omega)$ となる．以上のように，このフィルター $\mathscr{S}_1$ では，フーリエ変換によってもラプラス変換によっても同等に解析が可能である．

では，周波数特性 $H(\omega)$ からフィルターの性質を読みとることにしよう．極座標表示をすると次のようになる．

$$H(\omega) = \frac{\frac{1}{RC}}{i\omega + \frac{1}{RC}} = \frac{\frac{1}{RC}}{\sqrt{\omega^2 + \frac{1}{R^2 C^2}}} e^{i\phi(\omega)}, \qquad \phi(\omega) = -RC\omega. \tag{8.54}$$

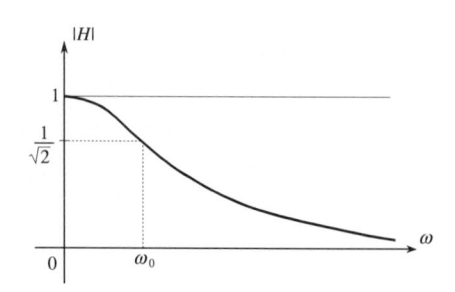

図 8-9 フィルター $\mathscr{S}_1$ の振幅特性 $|H(\omega)|$

これより，振幅特性が，

$$|H(\omega)| = \frac{\frac{1}{RC}}{\sqrt{\omega^2 + \frac{1}{R^2C^2}}} \leq 1 \tag{8.55}$$

となる．すなわち，このフィルター $\mathscr{S}_1$ は $|\omega|$ が小さい入力をよく通過させ，$|\omega|$ が大きいときには出力が小さくなる．よって，フィルター $\mathscr{S}_1$ は**ローパス・フィルター**であることがわかる．通過域と減衰域を分ける目安として，$|H(\omega)| = \frac{1}{\sqrt{2}}$ となる周波数

$$\omega_0 = \frac{1}{RC} \quad \text{または} \quad f_0 = \frac{\omega_0}{2\pi} = \frac{1}{2\pi RC} \tag{8.56}$$

を使う．これらを**遮断周波数**（または**カットオフ周波数**）といい，$0 \leq |\omega| < \omega_0$ を通過域，$\omega_0 \leq |\omega| < \infty$ を減衰域という．

任意の入力 $f(t) = V_0(t)$ に対しての出力は，式 (8.12)（または式 (8.11)）のようにたたみこみによって次のように求められる．

$$\begin{aligned} g(t) = V_C(t) = f * h(t) &= \int_0^\infty f(t-\lambda) h(\lambda) \, d\lambda \\ &= \frac{1}{RC} \int_0^\infty V_0(t-\lambda) \, e^{-\frac{1}{RC}\lambda} \, d\lambda. \end{aligned} \tag{8.57}$$

フィルター $\mathscr{S}_2$

第 2 のフィルター $\mathscr{S}_2$ は，外部電圧を入力 $f(t) = V_0(t)$ とすることは第 1 のフィルターと同じだが，出力は抵抗 R の両端の電圧とする．すなわち，$g(t) = V_R(t) = RI(t)$ とする．

8.5 RC 回路のフィルター

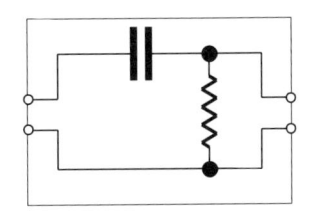

図 8-10 フィルター $\mathscr{S}_2$

ここで，$I(t) = \dfrac{1}{R} V_R(t)$ なので，基礎の方程式は，

$$V_R(t) + \frac{1}{C} \int_{-\infty}^{t} \frac{1}{R} V_R(t)\, dt = V_0(t) \tag{8.58}$$

となる．これは積分方程式であるが，両辺を微分して微分方程式にしたほうが扱いやすい．

$$\frac{dV_R(t)}{dt} + \frac{1}{RC} V_R(t) = \frac{dV_0(t)}{dt}, \tag{8.59}$$

または

$$\frac{dg(t)}{dt} + \frac{1}{RC} g(t) = \frac{df(t)}{dt}. \tag{8.60}$$

フィルター $\mathscr{S}_2$ では，フーリエ変換を使って解析をしよう（フィルター $\mathscr{S}_1$ のときと同様に，ラプラス変換を使っても同等である）．微分方程式 (8.59) の両辺のフーリエ変換をとると，

$$i\omega G(\omega) + \frac{1}{RC} G(\omega) = i\omega F(\omega) \tag{8.61}$$

となり，周波数特性は式 (8.23) から次のように得られる．

$$H(\omega) = \frac{G(\omega)}{F(\omega)} = \frac{i\omega}{i\omega + \frac{1}{RC}}. \tag{8.62}$$

ここで，$\omega = -is$ とおくことによって，伝達関数もわかる．

$$H_{\mathscr{L}}(s) = H(-is) = \frac{s}{s + \frac{1}{RC}}. \tag{8.63}$$

特に，フィルターの振幅特性は，

$$|H(\omega)| = \frac{|\omega|}{\sqrt{\omega^2 + \frac{1}{R^2 C^2}}} \leq 1 \tag{8.64}$$

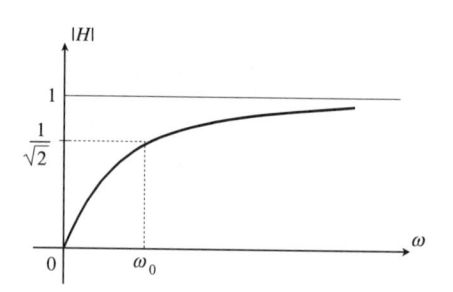

図 8-11 フィルター $\mathscr{S}_2$ の振幅特性 $|H(\omega)|$

となる．このフィルター $\mathscr{S}_2$ は $|\omega|$ が小さい入力はほとんど通過できず，$|\omega|$ が大きいときに振幅特性が 1 に近づいていく．よって，フィルター $\mathscr{S}_2$ はハイパス・フィルターであることがわかる．このときも，$\omega_0 = \dfrac{1}{RC}$ または $f_0 = \dfrac{\omega_0}{2\pi}$ を **遮断周波数**（またはカットオフ周波数）という．すなわち，$H(\omega_0) = \dfrac{1}{\sqrt{2}}$ であって，$0 \leq |\omega| < \omega_0$ を減衰域，$\omega_0 \leq |\omega| < \infty$ を通過域という．

問題 8.7 RC 回路のローパス・フィルター $\mathscr{S}_1$ と，RC 回路のハイパス・フィルター $\mathscr{S}_2$ がある．どちらの回路も同じ抵抗 R と同じコンデンサー C が使われているものとする．$\mathscr{S}_1$ の出力電圧が，$\mathscr{S}_2$ の入力電圧となるように，$\mathscr{S}_1$ と $\mathscr{S}_2$ をこの順に接続したものを 1 つのフィルターとみなして $\mathscr{S}$ と表す（このような接続はカスケード接続といわれる）．

1) フィルター $\mathscr{S}$ の伝達関数 $H_\mathscr{L}(s)$ および 周波数特性 $H(\omega)$ を求めよ．
$$\left[H_\mathscr{L}(s) = \frac{s}{RC\left(s + \frac{1}{RC}\right)^2}, \quad H(\omega) = \frac{i\omega}{RC\left(i\omega + \frac{1}{RC}\right)^2} \right]$$

2) フィルター $\mathscr{S}$ の振幅特性が最大となるときの角周波数を $\omega_0 = \dfrac{1}{RC}$ で表し，最大値を求めよ．
$$\left[\omega = \omega_0 \text{ のとき最大値 } |H(\omega)| = \frac{1}{2} \right]$$

3) 振幅特性が $\dfrac{1}{4}$ 以上となる角周波数 ω の範囲を求めよ．
$$\left[(2-\sqrt{3})\omega_0 \leq |\omega| \leq (2+\sqrt{3})\omega_0 \right]$$

8.5 RC 回路のフィルター

注意: 題意のような接続は，システムとしてはカスケード接続（直列）といわれ図 8-12 で表される（問題 8.6 (1) 参照）．

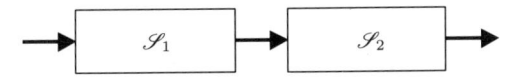

図 8-12 システムのカスケード接続

電気回路の RC ローパス・フィルター $\mathscr{S}_1$ と RC ハイパス・フィルター $\mathscr{S}_2$ を接続するときには，三角形の記号で表されるボルテージ・フォロアーという接続素子を間に挿入しなければならない．ここで，中の数字の 1 は増幅率を表す．ボルテージ・フォロアーは，$\mathscr{S}_1$ から $\mathscr{S}_2$ への電流の流入を阻止し，$\mathscr{S}_1$ の出力電圧を増幅率 1 で $\mathscr{S}_2$ の入力電圧として与える（図 8-13）．

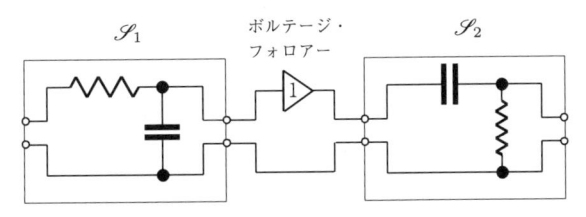

図 8-13 電気回路としての接続

ところで，$\mathscr{S}_1$ と $\mathscr{S}_2$ を電気回路として直結した回路は，上記のような性質を満たさない．

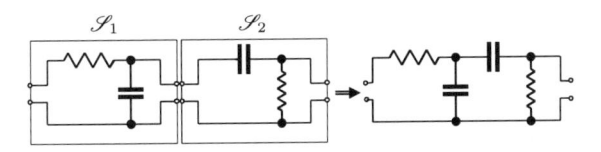

図 8-14 電気回路としての直列

それは図 8-14 からわかるように，$\mathscr{S}_1$ の電流と $\mathscr{S}_2$ の電流が互いに混じり合ってしまうからである．

9. 情報通信への応用

いろいろな情報は時間の関数としての信号によって遠隔地へ伝達される．一般に，伝えたい情報は，肝心な部分が損なわれない程度の少ない量の信号に加工されてから送られるのが普通である．受信側でもとの情報を回復させることができるためには，どれくらいの「量」を送ればよいかを教えてくれるのがサンプリング定理である．送るべき情報を送受信しやすい信号に加工することも必要である．これが変調である．一般に，伝えたい情報は低い周波数のことが多く，媒介（電波，電線，光ファイバーなど）が何であれ，遠距離まで伝送することは難しい．遠距離通信のためには高い周波数の波が必要である．そのような遠距離通信のための高い周波数の波を搬送波といい，情報を担った信号を情報信号とよぶ．情報信号は搬送波に乗せられて伝達されるが，それにはいくつかの方法がある．AM 放送として知られる通信方法は，振幅変調 (AM = Amplitude Modulation) という方式が使われており，FM 放送として知られているのは，周波数変調 (FM = Frequency Modulation) という方式が使われている．このような情報通信の基礎を与えてくれるのがフーリエ解析である．本章では，情報通信の一端を知るべく，サンプリング定理，AM 変調および FM 変調を解説する．

9.1 サンプリング定理

ある情報が時間の関数 $f(t)$ によって記述されているとする．関数 $f(t)$ で記述された情報を遠隔地に伝達するときに，$f(t)$ そのものを送るのではなく，次のような不連続データを送ることを考える．すなわち，適当な時間間隔 T で，

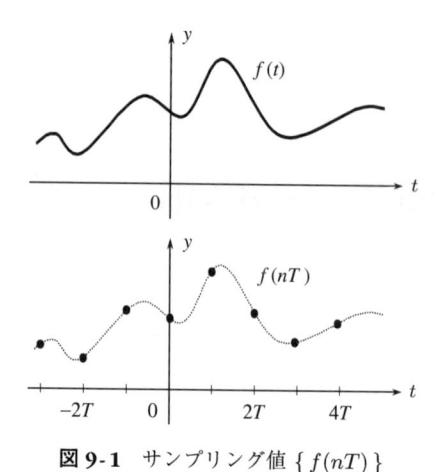

図 9-1 サンプリング値 $\{f(nT)\}$

この関数のとびとびの値だけを取り出す．

$$\{f(nT)\} = \{\cdots, f(-2T), f(-T), f(0), f(T), f(2T), \cdots\}. \tag{9.1}$$

このような関数の値の組を $f(t)$ の**サンプリング値**という．

サンプリング間隔 T を小さくすれば，単位時間あたりのサンプリング値の数は増加して $f(t)$ の情報を多く集めることができる．一方，T が大きくなれば，サンプリング値の数は減少して，$f(t)$ の姿は見えにくくなるが，伝達する「量」は少なくてすむというメリットがある．このように，$f(t)$ のサンプリング値を採取するとき，$f(t)$ の情報が損なわれないようにしながら，T をどれだけ大きくできるかという問題が起きてくる．

関数 $f(t)$ のフーリエ変換 $\mathscr{F}[f] = F(\omega)$ が，ある絶対値以上の角周波数成分をもたないとき，すなわち，適当な ω_1 に対して $F(\omega) = 0 \ (|\omega| > \omega_1)$ となるとき，**帯域制限信号**といわれる．情報として送りたい信号は，ほとんどが帯域制限信号だと思ってよい．

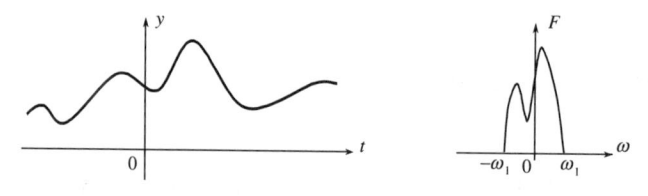

図 9-2 帯域制限信号 $f(t)$ とそのフーリエ変換 $F(\omega)$

9.1 サンプリング定理

このような帯域制限信号に関して，次の重要な事実がサンプリング定理として知られている．

サンプリング定理

関数 $f(t)$ が帯域制限信号であるとする．すなわち，$F(\omega) = 0 \ (|\omega| > \omega_1)$ である．ここで，$T < \dfrac{\pi}{\omega_1}$ ならば，サンプリング値 $\{f(nT)\}$ によって，もとの関数 $f(t)$ を完全に決定することができる．実際，次の公式によって $f(t)$ が得られる．

$$\begin{aligned}f(t) &= \sum_{n=-\infty}^{\infty} f(nT) \frac{\sin \pi\left(\frac{t}{T}-n\right)}{\pi\left(\frac{t}{T}-n\right)} \\ &= \sum_{n=-\infty}^{\infty} f(nT) \operatorname{sinc} \pi\left(\frac{t}{T}-n\right).\end{aligned} \tag{9.2}$$

この定理によって，時間間隔 T を小さくして，やたらに多くのサンプリング値を送信する必要がないことがわかる．数値 $\dfrac{\pi}{\omega_1}$ を越えない適当な T の間隔でサンプリング値をとればよいのである．定理の主張する条件 $T < \dfrac{\pi}{\omega_1}$ は**ナイキスト条件**，および $\dfrac{\omega_1}{2\pi}$ は**ナイキスト周波数**といわれる．

現代の情報化社会において，ありとあらゆるデジタル方式は，すべてこのサンプリング定理に基づいていると言っても過言ではなかろう．

問題 9.1 ある小鳥の鳴き声の周波数の最大値が $\dfrac{\omega_1}{2\pi} = 4000$ [Hz] であるという．これのナイキスト条件を求めよ．

問題 9.2 地震波は，地震計によって連続データとして記録される．さらに，この連続データから適当なサンプリング間隔のサンプリング値をとって解析される．地震波の有効な周波数の最大値はほぼ 30 [Hz] くらいであるとして，サンプリング間隔をどのくらいに設定しておけばよいか．

サンプリング定理の証明

まず，サンプリング値 $\{f(nT)\}$ は，周期的デルタ関数を使って 1 つの関数 ($f_T(t)$ とする) として表すことができる．

$$f_T(t) = \sum_{n=-\infty}^{\infty} f(nT)\,\delta(t-nT) = \sum_{n=-\infty}^{\infty} f(t)\,\delta(t-nT)$$

$$= f(t) \sum_{n=-\infty}^{\infty} \delta(t-nT) = f(t)\,\delta_T(t). \tag{9.3}$$

このサンプリング値関数 $f_T(t)$ をフーリエ変換すると,

$$f_T(t) \;\to\; \mathscr{F}[f_T(t)] = \mathscr{F}[f(t)\,\delta_T(t)] = \frac{1}{2\pi}\mathscr{F}[f(t)] * \mathscr{F}[\delta_T(t)] \quad (\text{式 (4.48) より})$$

$$= \frac{1}{2\pi} F(\omega) * \left\{ \frac{2\pi}{T} \sum_{n=-\infty}^{\infty} \delta\left(\omega - \frac{2n\pi}{T}\right) \right\} \quad (\text{式 (4.43) より})$$

$$= \frac{1}{T} \sum_{n=-\infty}^{\infty} F(\omega) * \left\{ \delta\left(\omega - \frac{2n\pi}{T}\right) \right\}$$

$$= \frac{1}{T} \sum_{n=-\infty}^{\infty} \int_{-\infty}^{\infty} F(\omega - \xi)\,\delta\left(\xi - \frac{2n\pi}{T}\right) d\xi$$

$$= \frac{1}{T} \sum_{n=-\infty}^{\infty} F\left(\omega - \frac{2n\pi}{T}\right) \tag{9.4}$$

となる.よって,サンプリング値のフーリエ変換 $\mathscr{F}[f_T(t)]$ は,もとの関数 $f(t)$ のフーリエ変換 $F(\omega)$ が,角周波数 $\dfrac{2\pi}{T}$ の間隔で周期的に現れたものとなっている.

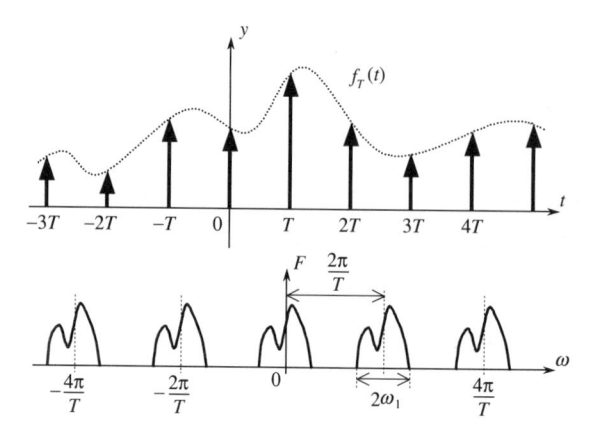

図 9-3 サンプリング値関数 $f_T(x)$ とそのフーリエ変換

9.1 サンプリング定理

もし，周期 $\frac{2\pi}{T}$ がもとの関数 $f(t)$ のフーリエ変換の周波数幅 $2\omega_1$ よりも小さければ，フーリエ変換 $\mathscr{F}[f_T(t)]$ の周期的な波は隣どうし互いに重なり合って変形してしまう．ところが，帯域制限信号 $f(t)$ に対しては，間隔 $\frac{2\pi}{T}$ が周波数幅 $2\omega_1$ よりも大きいとき $\left(\frac{2\pi}{T} > 2\omega_1\right)$，すなわち，サンプリング間隔 T が $\frac{\pi}{\omega_1}$ よりも小さいときには，フーリエ変換 $\mathscr{F}[f_T(t)]$ はもとの信号のフーリエ変換 $F(\omega)$ そのものが重なることなく周期的に現れる．よって，この1周期分のフーリエ変換から逆フーリエ変換によって，もとの信号 $f(t)$ を完全に決定することが可能となる．

さて，$f_T(t)$ のフーリエ変換 $\mathscr{F}[f_T(t)]$ (式 (9.4)) は，ω の関数として周期 $\frac{2\pi}{T}$ の周期関数なので，変数 ω に関してフーリエ級数に展開することができる．式 (1.82) を参考にすると，次のように表すことができる．

$$\frac{1}{T}\sum_{n=-\infty}^{\infty} F\left(\omega - \frac{2n\pi}{T}\right) = \sum_{n=-\infty}^{\infty} c_n e^{i\frac{2n\pi}{(2\pi/T)}\omega} = \sum_{n=-\infty}^{\infty} c_n e^{inT\omega}. \qquad (9.5)$$

ここで，フーリエ係数は，

$$c_n = \frac{1}{(2\pi/T)} \int_{-(2\pi/T)/2}^{(2\pi/T)/2} \left\{ \frac{1}{T}\sum_{n=-\infty}^{\infty} F\left(\omega - \frac{2n\pi}{T}\right) \right\} e^{-i\frac{2n\pi}{(2\pi/T)}\omega} d\omega$$

$$= \frac{1}{2\pi} \int_{-\pi/T}^{\pi/T} \sum_{n=-\infty}^{\infty} F\left(\omega - \frac{2n\pi}{T}\right) e^{-inT\omega} d\omega \qquad (9.6)$$

である．ところが，$-\frac{\pi}{T} \leq \omega \leq \frac{\pi}{T}$ の積分範囲では，

$$\sum_{n=-\infty}^{\infty} F\left(\omega - \frac{2n\pi}{T}\right) = F(\omega) \qquad \left(-\frac{\pi}{T} \leq \omega \leq \frac{\pi}{T}\right) \qquad (9.7)$$

なので，フーリエ係数は式 (9.6) より，

$$c_n = \frac{1}{2\pi} \int_{-\pi/T}^{\pi/T} F(\omega) e^{-inT\omega} d\omega = f(-nT) \qquad (9.8)$$

となる．この最後の等号は逆フーリエ変換の公式 $f(t) = \frac{1}{2\pi}\int_{-\pi/T}^{\pi/T} F(\omega) e^{i\omega t} d\omega$ において，$t \to -nT$ と置き換えることによって得られる．これでようやくフーリエ級数 (9.5) が次のようになることがわかった．

$$\frac{1}{T}\sum_{n=-\infty}^{\infty} F\left(\omega - \frac{2n\pi}{T}\right) = \sum_{n=-\infty}^{\infty} c_n\, e^{inT\omega} = \sum_{n=-\infty}^{\infty} f(-nT)\, e^{inT\omega}$$

$$= \sum_{n=-\infty}^{\infty} f(nT)\, e^{-inT\omega} \quad (-\infty < \omega < \infty). \quad (9.9)$$

すなわち，サンプリング値関数 $f_T(t)$ のフーリエ変換 (9.4) が，サンプリング値 $f(nT)$ によって記述できた．式 (9.9) を区間 $-\frac{\pi}{T} < \omega < \frac{\pi}{T}$ に制限すると，もとの信号 $f(t)$ のフーリエ変換 $F(\omega)$ を切り取ることができる．

$$F(\omega) = \sum_{n=-\infty}^{\infty} Tf(nT)\, e^{-inT\omega} \quad \left(-\frac{\pi}{T} < \omega < -\frac{\pi}{T}\right). \quad (9.10)$$

これの逆フーリエ変換 (4.14) を計算することによって，もとの信号 $f(t)$ を回復することができる．

$$\begin{aligned}
f(t) = \mathscr{F}^{-1}\bigl[F(\omega)\bigr] &= \frac{1}{2\pi}\int_{-\pi/T}^{\pi/T}\left(\sum_{n=-\infty}^{\infty} Tf(nT)\, e^{-inT\omega}\right)e^{i\omega t}\, d\omega \\
&= \frac{1}{2\pi}\left(\sum_{n=-\infty}^{\infty} Tf(nT)\right)\int_{-\pi/T}^{\pi/T} e^{-inT\omega}e^{i\omega t}\, d\omega \\
&= \frac{T}{2\pi}\sum_{n=-\infty}^{\infty} f(nT)\int_{-\pi/T}^{\pi/T} e^{i(t-nT)\omega}\, d\omega \\
&= \frac{T}{2\pi}\sum_{n=-\infty}^{\infty} f(nT)\left[\frac{e^{i(t-nT)\omega}}{i(t-nT)}\right]_{-\pi/T}^{\pi/T} \\
&= \sum_{n=-\infty}^{\infty} f(nT)\,\frac{e^{i(t-nT)(\pi/T)} - e^{i(t-nT)(-\pi/T)}}{2i(t-nT)(\pi/T)} \\
&= \sum_{n=-\infty}^{\infty} f(nT)\,\frac{\sin\pi\bigl(\frac{t}{T}-n\bigr)}{\pi\bigl(\frac{t}{T}-n\bigr)} \\
&= \sum_{n=-\infty}^{\infty} f(nT)\,\mathrm{sinc}\,\pi\left(\frac{t}{T}-n\right). \quad (9.11)
\end{aligned}$$

このようにして，もとの信号 $f(t)$ は，サンプリング値 $\{f(nT)\}$ だけで復元できるのである．

9.2 変 調

信号 $f(t)$ のフーリエ変換 $\mathscr{F}[f] = F(\omega)$ は，絶対値が ω_1 以上の大きな角周波数成分 ($|\omega| > |\omega_1|$) が 0 である帯域制限信号であるとする．信号 $f(t)$ を搬送波 $g(t) = A\cos\omega_c t$ に「乗せること」を変調という．

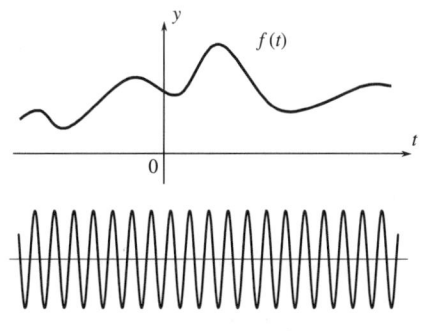

図 9-4 信号 $f(t)$ と搬送波 $A\cos\omega_c t$

信号 $f(t)$ を振幅の変化として変調波 $g(t)$ を合成することを**振幅変調**といい，次の 2 つの方式がある．

(i) $\quad f(t) \to g_1(t) = A f(t) \cos\omega_c t,$ \hfill (9.12)

(ii) $\quad f(t) \to g_2(t) = A(K + f(t))\cos\omega_c t \quad$ (ただし $|f(t)| < K$)． \hfill (9.13)

最初の方式 (i) は単純な振幅変調である．第 2 の方式 (ii) は信号 $f(t)$ が 0 になっても，変調波 $g_2(t)$ は 0 にならないように工夫されている．特に，第 2 の変調を AM (Amplitude Modulation) という．

振幅変調波 $g_1(t)$ の復調

変調波を受信側が適当に操作してもとの信号 $f(t)$ を回復させることを**復調**という．第 1 の変調波 $g_1(t)$ の様子は図 9-5 で表されている．

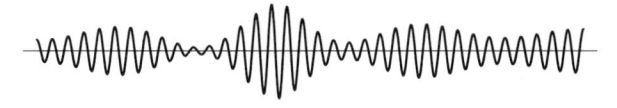

図 9-5 第 1 の変調波 $g_1(t)$

まず，変調波 $g_1(t)$ のフーリエ変換を計算する．

$$\begin{aligned}
g_1(t) \to \mathscr{F}[g_1(t)] &= \mathscr{F}[A f(t) \cos \omega_c t] = \frac{1}{2\pi} \mathscr{F}[f(t)] * \mathscr{F}[A \cos \omega_c t] \\
&= \frac{1}{2\pi} F(\omega) * \left\{ A\pi (\delta(\omega + \omega_c) + \delta(\omega - \omega_c)) \right\} \\
&= \frac{A}{2} \left\{ F(\omega) * \delta(\omega + \omega_c) + F(\omega) * \delta(\omega - \omega_c) \right\} \\
&= \frac{A}{2} \left(F(\omega + \omega_c) + F(\omega - \omega_c) \right). \quad (9.14)
\end{aligned}$$

よって，$\mathscr{F}[g_1(t)]$ は $\omega = \pm \omega_c$ を中心にフーリエ変換 $F(\omega)$ が 2 つ現れる (図 9-6 (b))．次に，受信側で受信した変調波 $g_1(t)$ にさらに搬送波と同じ $\cos \omega_c t$ を掛けることによって復調が可能になる．実際，$\cos \omega_c t$ を掛けると，

$$g_1(t) \longrightarrow g_1(t) \cos \omega_c t = A f(t) \cos^2 \omega_c t = \frac{A}{2} f(t)(1 + \cos 2\omega_c t) \quad (9.15)$$

となる．これを復調波という．この復調波をフーリエ変換すると，

$$\begin{aligned}
\mathscr{F}\left[g_1(t) \cos \omega_c t\right] &= \frac{A}{2} \mathscr{F}[f(t)] + \frac{A}{2} \mathscr{F}[f(t) \cos 2\omega_c t] \\
&= \frac{A}{2} F(\omega) + \frac{A}{4} \left(F(\omega + 2\omega_c) + F(\omega - 2\omega_c) \right) \quad (9.16)
\end{aligned}$$

となる．すなわち，$F(\omega)$ が第 1 項に現れている．また，変調波 $g_1(t)$ のフーリエ変換 (9.14) の $\pm\omega_c$ あたりに現れていた成分 $\frac{A}{4} F(\omega \pm \omega_c)$ は，さらに 2 倍の角周波数 $\pm 2\omega_c$ の位置に移動している (図 9-6 (c))．

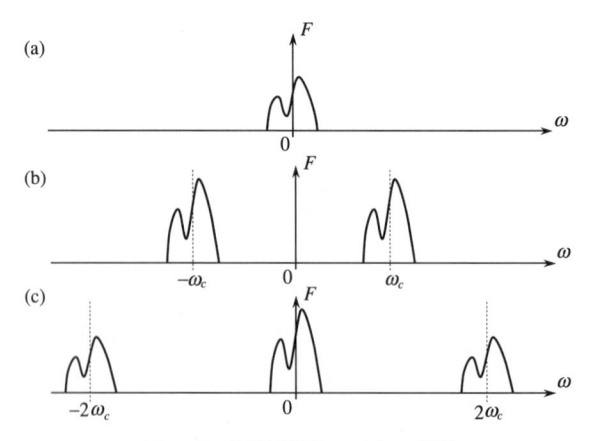

図 9-6 振幅変調波 $g_1(t)$ の復調

9.2 変調　　　　　　　　　　　　　　　　　　　　　　　　　　　　　171

　これをローパス・フィルターに通すことによって，より高い角周波数 $\pm 2\omega_c$ の位置の成分 $F(\omega \pm 2\omega_c)$ を除去することができる．その結果，低周波領域 $|\omega| < \omega_1$ に再び現れたもとの信号のフーリエ変換 $\dfrac{A}{2}F(\omega)$ が「濾過」されて得られるのである．最終的に，逆フーリエ変換をしてもとの信号 $f(t) = \mathscr{F}^{-1}[F(\omega)]$ を回復することができる．

例題 9.1　フーリエ変換で表された復調波 (9.16) を，RC ローパス・フィルター $\mathscr{S}_1$（図 8-8）に通過させて得られる信号のフーリエ変換を $F(\omega)$ とする．RC ローパス・フィルターの遮断周波数を $\omega_0 \left(= \dfrac{1}{RC} \right)$ とする．さて，$F(\omega)$ の $2\omega_c - \omega_1 < |\omega| < 2\omega_c + \omega_1$ における成分 $\dfrac{A}{4}F(\omega \pm 2\omega_c)$ を，$|\omega| < \omega_1$ における成分 $\dfrac{A}{2}F(\omega)$ の $\dfrac{1}{1000}$ の強さ以下にするためには，搬送波の角周波数 ω_c をどのように設定すればよいか．

《解》　RC ローパス・フィルターの振幅特性は式 (8.55) で与えられている．ところで，$\dfrac{A}{2}F(\omega)$ より $\dfrac{A}{4}F(\omega \pm 2\omega_c)$ のほうが，$\dfrac{1}{2}$ 倍だけ振幅が異なることに注意する．

　i) $|\omega| < \omega_1$ における成分 $\dfrac{A}{2}F(\omega)$ の代表値として，$\omega = 0$ の $\dfrac{A}{2}F(0)$ をとる．この値がフィルターを通ったあとの振幅は，次のようになる．

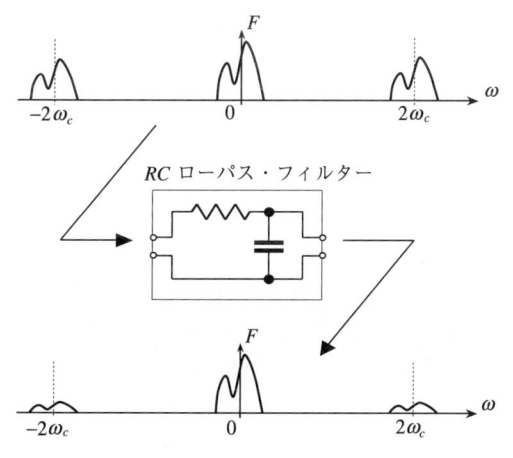

図 9-7　復調波の RC ローパス・フィルター透過

$$K_1 = \frac{A}{2}F(0) \cdot |H(0)| = \frac{A}{2}F(0) \cdot \left.\frac{\omega_0}{\sqrt{\omega^2 + \omega_0^2}}\right|_{\omega=0} = \frac{A}{2}F(0).$$

ii) $2\omega_c - \omega_1 < |\omega| < 2\omega_c + \omega_1$ における成分 $\dfrac{A}{4}F(\omega \pm 2\omega_c)$ の代表値として, $\dfrac{A}{4}F(2\omega_c)\left(=\dfrac{A}{4}F(0)\right)$ をとる. この値がフィルターを通ったあとの振幅は次のようになる.

$$K_2 = \frac{A}{4}F(2\omega_c) \cdot |H(2\omega_c)| = \frac{A}{4}F(0) \cdot \frac{\omega_0}{\sqrt{(2\omega_c)^2 + \omega_0^2}}.$$

そこで, $K_2 \leq \dfrac{K_1}{1000}$ となるためには,

$$\frac{A}{4}F(0) \cdot \frac{\omega_0}{\sqrt{(2\omega_c)^2 + \omega_0^2}} \leq \frac{1}{1000} \cdot \frac{A}{2}F(0)$$

$$\rightarrow \quad \frac{\omega_0}{\sqrt{(2\omega_c)^2 + \omega_0^2}} \leq \frac{1}{500}$$

でなければならない. これより, ω_c に対して次のような条件がつく.

$$\omega_c \geq \frac{1}{2}\sqrt{500^2 - 1}\,\omega_0 \approx 250\omega_0.$$

例として, RC ローパス・フィルターの遮断周波数が $\dfrac{1}{2\pi}\omega_0 = 1\,[\text{kHz}]$ ならば, 搬送波の周波数は, $\dfrac{1}{2\pi}\omega_c = 250 \times 1000\,[\text{Hz}] = 250\,[\text{kHz}]$ 以上となる.

振幅変調波 $g_2(t)$ の復調

第 2 の振幅変調波 $g_2(t)$ (式 (9.13)) の様子は図 9-8 で表されている.

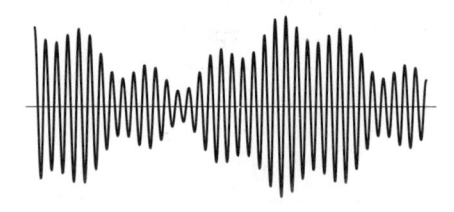

図 9-8　第 2 の変調波 $g_2(t)$

9.3 角度変調

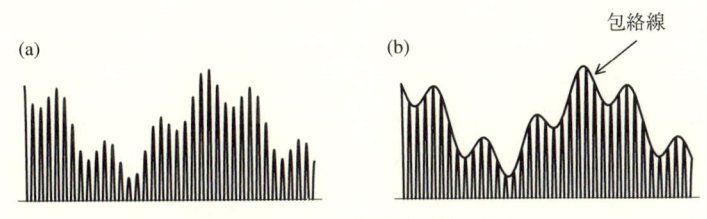

図 9-9 $g_2(t)$ の検波波形と包絡線

第 2 の振幅変調波 $g_2(t)$ を復調するために，$g_2(t)$ の負の成分をカットする．これを**検波**あるいは**整流**という．このようにして得られた検波信号は，図 9-9 (a) で表されているが，この包絡線 (図 9-9 (b)) が，もとの信号と同じ形なので，復調ができたのである．

9.3　角度変調

信号 $f(t)$ を搬送波の位相 $\theta(t)$ に「乗せる」方法があって，これを**角度変調**という．角度変調にも 2 通りある．1 つは，次のように適当な係数 k_1 をつけて位相 $\omega_c t$ に信号 $f(t)$ を加えたものである．

$$\text{(iii)} \quad f(t) \longrightarrow g_3(t) = A\cos\theta(t) = A\cos\left(\omega_c t + k_1 f(t)\right). \tag{9.17}$$

これを**位相変調** (PM = Phase Modulation) という．もう 1 つは，次のように瞬時周波数 $\left(\text{位相の時間微分 } \dfrac{d\theta(t)}{dt}\right)$ に適当な係数 k_2 をつけて信号 $f(t)$ を加えたものである．すなわち，$\dfrac{d\theta(t)}{dt} = \omega_c + k_2 f(t)$ である．変調波は，次のように表される．これが**周波数変調** (FM = Frequency Modulation) である．

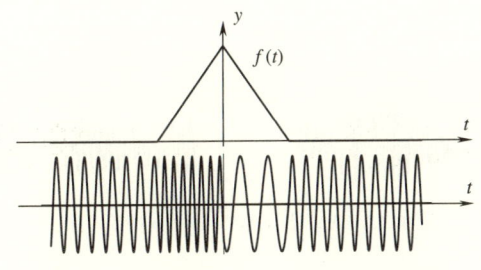

図 9-10　三角波信号 $f(t)$ とその位相変調波

(iv) $\quad f(t) \;\to\; g_4(t) = A\cos\theta(t) = A\cos\left(\omega_c t + \int_{-\infty}^{t} f(t)\,dt\right). \qquad (9.18)$

図 9-10 は簡単な信号の位相変調 (PM) を表しているが，周波数変調 (FM) でも同様に変調波は振幅が一定で，信号の強弱に応じた疎密波となるのである．

--- **AM, FM と雑音** ---

　雑音は，ラジオやテレビなどにところかまわず侵入してくる．

　図 9-11 は，雑音の入った AM と FM の変調波を表している．

　雑音を除去する最も簡単な方法は，変調波の振幅の最大値よりも大きい成分をカットすることである．このようにして，雑音を除去した変調波は，模式的に図 9-12 で表される．

　AM では，変調波からの雑音除去には限界がある．振幅の小さいところで，雑音が「露出」している．一定振幅の FM の変調波では，効率よく雑音が除去できる．除去できない部分もあるが，信号の中に「埋没」していて雑音が認識されにくい．このように，AM 放送と比べ FM 放送では，音質が大幅に改善されたのである．

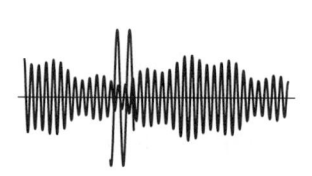

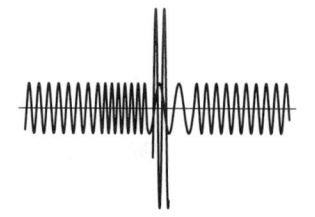

図 9-11 雑音を含む AM と FM の変調波

図 9-12 AM と FM における雑音の除去

10. 確率論への応用

フーリエ変換は確率論においても，重要な役割を担っている．実際，確率密度関数のフーリエ変換が特性関数である．量子力学においてよく知られている不確定性関係は，関数を波動としてとらえるフーリエ変換においても存在する．

10.1 確率密度関数と特性関数

確率変数 X が値 x 以下になる確率を $Prob\,[X \leq x]$ と表すと，X の確率分布関数は，

$$P(x) = Prob\,[X \leq x] \tag{10.1}$$

で定義される．次の 4 つの式は，確率分布関数の基本的性質である．

$$\begin{aligned}
&\text{i)} \quad 0 \leq P(x) \leq 1\,, \\
&\text{ii)} \quad P(x_0) \leq P(x_1) \qquad (x_0 \leq x_1)\,, \\
&\text{iii)} \quad P(-\infty) = 0\,, \\
&\text{iv)} \quad P(\infty) = 1\,.
\end{aligned} \tag{10.2}$$

ところで，$P(x)$ がなめらかな関数ならば，その導関数が存在する．

$$p(x) = \frac{dP(x)}{dx}\,. \tag{10.3}$$

この $p(x)$ を**確率密度関数**という．

確率変数 X の関数 $f(X)$ の**期待値**は，

$$E[f(X)] = \int_{-\infty}^{\infty} f(x)\,p(x)\,dx \tag{10.4}$$

のように与えられる．関数 $f(X) = e^{i\omega X}$ に対する期待値は**特性関数**といわれ，ここでは $\phi_X(\omega)$ と表される．

$$p(x) \xrightarrow{\mathscr{F}} \phi_X(\omega) = E[e^{i\omega X}] = \int_{-\infty}^{\infty} p(x) \, e^{i\omega x} \, dx. \qquad (10.5)$$

これは，基礎編のフーリエ変換の定義 (4.13) と比べると，積分の中の複素単振動関数が $e^{-i\omega x}$ ではなく $e^{i\omega x}$ であるが，確率論においては式 (10.5) をフーリエ変換とよぶ．すなわち，**特性関数** $\phi_X(\omega)$ は確率密度関数 $p(x)$ のフーリエ変換である．

したがって，確率密度関数 $p(x)$ は特性関数 $\phi_X(\omega)$ の逆フーリエ変換によって，得ることができる．

$$\phi_X(\omega) \xrightarrow{\mathscr{F}^{-1}} p(x) = \frac{1}{2\pi} \int_{-\infty}^{\infty} e^{-i\omega x} \phi_X(\omega) \, d\omega. \qquad (10.6)$$

10.2 モーメントと特性関数

確率変数 X の平均値は，

$$E[X] = \overline{X} = \int_{-\infty}^{\infty} x \, p(x) \, dx \qquad (10.7)$$

である．二乗平均値は，

$$E[X^2] = \overline{X^2} = \int_{-\infty}^{\infty} x^2 \, p(x) \, dx \qquad (10.8)$$

である．さらに，X の n 乗平均値は n 次の**モーメント** μ_n といわれて，

$$\mu_n = E[X^n] = \overline{X^n} = \int_{-\infty}^{\infty} x^n \, p(x) \, dx \qquad (10.9)$$

で定義される．もちろん，$\mu_1 = E[X]$，$\mu_2 = E[X^2]$ である．

確率論において大切な量の定義をさらに与えなければならない．X の平均値からの変位の二乗平均値は**分散**といわれ，次式のように与えられる．

$$E[(X - \overline{X})^2] = \overline{(X - \overline{X})^2} = \overline{X^2} - \overline{X}^2. \qquad (10.10)$$

標準偏差 σ は分散の平方根である．

$$\sigma = \sqrt{\overline{X^2} - \overline{X}^2}. \qquad (10.11)$$

10.2 モーメントと特性関数

例題 10.1 n 次のモーメント μ_n は，特性関数 $\phi_X(\omega)$ によって，

$$\mu_n = \frac{1}{i^n}\frac{d^n\phi_X(0)}{d\omega^n}$$

のように表されることを示せ．

《解》 関数 $e^{i\omega X}$ の級数展開を使えば，特性関数は次のように計算できる．

$$\begin{aligned}
\phi_X(\omega) &= E\left[e^{i\omega X}\right] \\
&= \int_{-\infty}^{\infty}\left(1 + i\frac{\omega}{1!}x + i^2\frac{\omega^2}{2!}x^2 + \cdots + i^n\frac{\omega^n}{n!}x^n + \cdots\right)p(x)\,dx \\
&= 1 + i\frac{\omega}{1!}\int_{-\infty}^{\infty}x\,p(x)\,dx + i^2\frac{\omega^2}{2!}\int_{-\infty}^{\infty}x^2\,p(x)\,dx + \cdots \\
&\quad + i^n\frac{\omega^n}{n!}\int_{-\infty}^{\infty}x^n\,p(x)\,dx + \cdots \\
&= 1 + i\frac{\omega}{1!}\mu_1 + i^2\frac{\omega^2}{2!}\mu_2 + \cdots + i^n\frac{\omega^n}{n!}\mu_n + \cdots.
\end{aligned}$$

一方，$\phi_X(\omega)$ の級数展開は，

$$\phi_X(\omega) = \phi_X(0) + \frac{1}{1!}\frac{d\phi_X(0)}{d\omega}\omega + \frac{1}{2!}\frac{d^2\phi_X(0)}{d\omega^2}\omega^2 + \cdots + \frac{1}{n!}\frac{d^n\phi_X(0)}{d\omega^n}\omega^n + \cdots$$

示すべき式は，これと前の式で ω^n の項を比較することによって得られる．

問題 10.1 ガウス分布 $p(x) = \dfrac{1}{\sqrt{2\pi}\sigma}e^{-\frac{(x-x_0)^2}{2\sigma^2}}$ の特性関数が，

$$\phi_X(\omega) = e^{-\frac{\sigma^2}{2}\omega^2 + ix_0\omega}$$

となることを示せ．この特性関数から1次と2次のモーメント $\mu_1 = \overline{x}$, $\mu_2 = \overline{x^2}$ を求めよ．

$$\left[\ \mu_1 = \overline{x} = x_0,\ \mu_2 = \overline{x^2} = x_0^2 + \sigma^2\ \right]$$

問題 10.2 確率密度関数 $p(x) = \begin{cases} a\,e^{-ax} & (x \geq 0) \\ 0 & (x < 0) \end{cases}$ $(a > 0)$ の特性関数を求めよ．

$$\left[\ \phi_X(\omega) = \frac{a}{a - i\omega}\ \right]$$

問題 10.3 特性関数が $\phi_X(\omega) = \dfrac{4}{a^2 + \omega^2}$ のとき，確率密度関数を求めよ．

$$\left[p(x) = \frac{2}{a} e^{-a|x|} \right]$$

10.3 不確定性原理

不確定性原理という言葉は，量子力学においてよく知られている．量子力学では，粒子に波動性があり，また波動に粒子性があると説く．量子力学的粒子の位置の分散と運動量の分散を同時にいくらでも小さくすることができないことを**不確定性原理**という．フーリエ解析においては，関数を波動としてとらえることから，不確定性原理が任意の関数に対して成り立つのである．このからくりは量子力学と全く同じである．

関数 $f(x)$ がある．$f(x)$ はフーリエ変換 $\mathscr{F}[f] = F(\omega)$ をもつとする．この関数について，いくつかの量を定義しなければならない．まず，x と ω の平均値を次のように定義する．

$$x_0 = \frac{1}{\|f\|^2} \int_{-\infty}^{\infty} x |f(x)|^2 dx, \quad \omega_0 = \frac{1}{\|F\|^2} \int_{-\infty}^{\infty} \omega |F(\omega)|^2 d\omega. \tag{10.12}$$

ただし，

$$\|f\|^2 = \int_{-\infty}^{\infty} |f(x)|^2 dx = \frac{1}{2\pi} \int_{-\infty}^{\infty} |F(\omega)|^2 d\omega = \frac{1}{2\pi} \|F\|^2. \tag{10.13}$$

ここで，真ん中の等号はパーセバルの等式 (4.52) である．次に，x と ω の二乗平均値を次のように与える．

$$E[x^2] = \frac{1}{\|f\|^2} \int_{-\infty}^{\infty} x^2 |f(x)|^2 dx, \quad E[\omega^2] = \frac{1}{\|F\|^2} \int_{-\infty}^{\infty} \omega^2 |F(\omega)|^2 d\omega. \tag{10.14}$$

よって，x の分散 $(\Delta x)^2$，および ω の分散 $(\Delta \omega)^2$ が，次のようになる．

$$(\Delta x)^2 = E[(x - x_0)^2] = \frac{1}{\|f\|^2} \int_{-\infty}^{\infty} (x - x_0)^2 |f(x)|^2 dx, \tag{10.15}$$

$$(\Delta \omega)^2 = E[(\omega - \omega_0)^2] = \frac{1}{\|F\|^2} \int_{-\infty}^{\infty} (\omega - \omega_0)^2 |F(\omega)|^2 d\omega. \tag{10.16}$$

10.3 不確定性原理

不確定性原理　次の不等式が成り立つ．

$$\boxed{\Delta x \cdot \Delta \omega \geq \frac{1}{2}.} \tag{10.17}$$

変数 x の範囲と角周波数 ω の範囲を同時に狭くできないことは，4.4 節の $\mathscr{F}$B. 相似性のところでも確認したことであるが，より厳密には分散に対する制約なのである．

さて，関数 $f(x)$ に対して，実パラメータ t を含む関数 $g(x)$ を，

$$g(x) = t(x - x_0)f(x) + f'(x) - i\omega_0 f(x) \tag{10.18}$$

のように定義する．ところで，$|g(x)|^2$ の積分は次のようにつねに非負である．

$$\begin{aligned}
0 &\leq \int_{-\infty}^{\infty} |g(x)|^2 \, dx \\
&= \int_{-\infty}^{\infty} \left| t(x - x_0)f(x) + f'(x) - i\omega_0 f(x) \right|^2 dx \\
&= t^2 \int_{-\infty}^{\infty} (x - x_0)^2 |f(x)|^2 \, dx \\
&\quad + t \int_{-\infty}^{\infty} \left\{ (x - x_0)f(x) \cdot \overline{(f'(x) - i\omega_0 f(x))} \right. \\
&\qquad\qquad \left. + (x - x_0)\overline{f(x)} \cdot (f'(x) - i\omega_0 f(x)) \right\} dx \\
&\quad + \int_{-\infty}^{\infty} (f'(x) - i\omega_0 f(x)) \cdot \overline{(f'(x) - i\omega_0 f(x))} \, dx \\
&= t^2 \|f\|^2 (\Delta x)^2 + At + B \, . \tag{10.19}
\end{aligned}$$

ただし，

$$\begin{aligned}
A = \int_{-\infty}^{\infty} &\left\{ (x - x_0)f(x) \cdot \left(\overline{f'(x)} + i\omega_0 \overline{f(x)} \right) \right. \\
&\left. + (x - x_0)\overline{f(x)} \cdot \left(f'(x) - i\omega_0 f(x) \right) \right\} dx \, , \tag{10.20}
\end{aligned}$$

$$B = \int_{-\infty}^{\infty} \left| f'(x) - i\omega_0 f(x) \right|^2 dx \, . \tag{10.21}$$

上記の積分 A をさらに計算すると，

$$A = \int_{-\infty}^{\infty} (x - x_0) \Big(f(x)\overline{f'(x)} + f'(x)\overline{f(x)} \Big)$$

$$= \Big[(x-x_0)|f(x)|^2 \Big]_{-\infty}^{\infty}$$

$$+ \int_{-\infty}^{\infty} \Big\{ -((x-x_0)f(x))' \, \overline{f(x)} + (x-x_0)f'(x)\,\overline{f(x)} \Big\} dx$$

$$= -\int_{-\infty}^{\infty} |f(x)|^2 \, dx$$

$$= -\|f\|^2 \tag{10.22}$$

となる.次に,式 (10.21) の積分 B の評価をしなければならない.そのために,関数 $f'(x) - i\omega_0 f(x)$ のフーリエ変換を求める.すると,

$$\mathscr{F}\big[f'(x) - i\omega_0 f(x)\big] = \mathscr{F}[f'(x)] - i\omega_0 \mathscr{F}[f(x)]$$

$$= i(\omega - \omega_0) F(\omega) \tag{10.23}$$

であり,この関数 $f'(x) - i\omega_0 f(x)$ にパーセバルの等式 (4.39) を使うと,

$$B = \int_{-\infty}^{\infty} \big|f'(x) - i\omega_0 f(x)\big|^2 dx$$

$$= \frac{1}{2\pi} \int_{-\infty}^{\infty} (\omega - \omega_0)^2 |F(\omega)|^2 \, d\omega = \frac{1}{2\pi} \|F\|^2 (\Delta\omega)^2$$

となった.不等式 (10.19) に戻ると,

$$\|f\|^2 (\Delta x)^2 \, t^2 - \|f\|^2 t + \frac{1}{2\pi} \|F\|^2 (\Delta\omega)^2 \geq 0 \tag{10.24}$$

が任意の t に対して成立する.式 (10.13) を考慮するとさらに簡単な不等式

$$(\Delta x)^2 \, t^2 - t + (\Delta\omega)^2 \geq 0 \tag{10.25}$$

が得られる.この t の 2 次式の判別式によって,次式が導かれる.

$$1 - 4\,(\Delta x)^2 \cdot (\Delta\omega)^2 \leq 0 \quad \to \quad \Delta x \cdot \Delta\omega \geq \frac{1}{2}. \tag{10.26}$$

例題 10.2 ガウス分布関数 $f(x) = e^{-ax^2}$ に対しては,パラメータ a に関係なく不確定性関係 (10.17) は,等式 $\Delta x \cdot \Delta\omega = \dfrac{1}{2}$ となることを示せ.

10.3 不確定性原理

《解》 まず, e^{-ax^2} のフーリエ変換は式 (4.18) で与えられている.

$$\mathscr{F}[e^{-ax^2}] = F(\omega) = \sqrt{\frac{\pi}{a}} e^{-\frac{\omega^2}{4a}}. \tag{10.27}$$

そこで x と ω の平均値は, $|f(x)|^2 = e^{-2ax^2}$ および $|F(\omega)|^2 = \sqrt{\frac{\pi}{a}} e^{-\frac{\omega^2}{2a}}$ が偶関数なのでともに 0 である. $x_0 = \omega_0 = 0$. また,

$$\|f\|^2 = \frac{1}{2\pi}\|F\|^2 = \int_{-\infty}^{\infty} e^{-2ax^2}\, dx = \sqrt{\frac{\pi}{2a}}.$$

ところで, 積分公式 $\int_{-\infty}^{\infty} e^{-bx^2}\, dx = \sqrt{\frac{\pi}{b}}$ の両辺を b で微分することによって,

$$\int_{-\infty}^{\infty} x^2 e^{-bx^2}\, dx = \sqrt{\frac{\pi}{4b^3}}$$

という式が得られる. これによって, $(\Delta x)^2$ を計算することができる.

$$(\Delta x)^2 = \frac{1}{\|f\|^2}\int_{-\infty}^{\infty} x^2 e^{-2ax^2}\, dx = \sqrt{\frac{2a}{\pi}}\sqrt{\frac{\pi}{32a^3}} = \frac{1}{4a}.$$

同様にして, $(\Delta \omega)^2$ を計算する.

$$(\Delta\omega)^2 = \frac{1}{\|F\|^2}\int_{-\infty}^{\infty} \omega^2 \left(\sqrt{\frac{\pi}{a}} e^{-\frac{\omega^2}{4a}}\right)^2 d\omega = \frac{\int_{-\infty}^{\infty} \omega^2 \left(\sqrt{\frac{\pi}{a}} e^{-\frac{\omega^2}{4a}}\right)^2 d\omega}{\int_{-\infty}^{\infty} \left(\sqrt{\frac{\pi}{a}} e^{-\frac{\omega^2}{4a}}\right)^2 d\omega}$$

$$= \frac{\int_{-\infty}^{\infty} \omega^2 e^{-\frac{\omega^2}{2a}} d\omega}{\int_{-\infty}^{\infty} e^{-\frac{\omega^2}{2a}} d\omega} = \frac{1}{\sqrt{2a\pi}}\sqrt{\frac{\pi(2a)^3}{4}} = a.$$

よって, $(\Delta x)^2 \cdot (\Delta \omega)^2 = \frac{1}{4a} \cdot a = \frac{1}{4}$ となって, $\Delta x \cdot \Delta \omega = \frac{1}{2}$ が得られる.

問題 10.4 ゲート関数 $f(x) = \begin{cases} 1 & (|x| \le a) \\ 0 & (|x| > a) \end{cases}$ について不確定性関係を調べよ.

┏━ **量子力学，フーリエ変換，不確定性原理** ━━━━━━━━━━━

　量子力学では，運動量が p の粒子は，ド・ブロイ条件

$$\lambda = \frac{h}{p} = \frac{2\pi\hbar}{p}$$

に従う波長 λ の波の性質をもつと考える．逆に，波長 λ の波は $p = \dfrac{2\pi\hbar}{\lambda}$ の運動量の粒子性を示す．ここで，$\hbar$ はプランク定数 $h = 6.6260 \times 10^{-27}$ [erg·s] を 2π で割ったものである．

　運動量が p の量子力学的粒子は，平面波 $e^{\frac{i}{\hbar}px}$ として記述される．したがって，粒子の波動関数 $\psi(x)$ は，いろいろな運動量の平面波の重ね合わせとして次のように表される．

$$\psi(x) = \int_{-\infty}^{\infty} \Psi(p) e^{\frac{i}{\hbar}px} dp.$$

ここで，$\Psi(p)$ はまさに $\psi(x)$ のフーリエ変換であり，上式はその逆フーリエ変換である．ただし，フーリエ変換における角周波数 ω の役割は，量子力学では運動量を $\hbar$ で割った波数に置き換わる．

$$\omega\,(\text{角周波数}) \quad \Rightarrow \quad \frac{p}{\hbar}\,(\text{波数}).$$

　量子力学における不確定性関係は，式 (10.17) において，$\Delta\omega$ が $\dfrac{\Delta p}{\hbar}$ に置き換わるので次のようになる．

$$\Delta x \cdot \Delta\omega \geq \frac{1}{2} \quad \Rightarrow \quad \boxed{\Delta x \cdot \Delta p \geq \frac{1}{2}\hbar.}$$

よって，粒子の位置と運動量の範囲を同時に狭めることができない．

　さて，微分のフーリエ変換の公式 (4.27) の両辺に，$-i\hbar$ を掛けることによって，

$$\mathscr{F}\left[-i\hbar \frac{df(x)}{dx}\right] = \hbar\omega\,\mathscr{F}[f(x)] \Rightarrow p\,\mathscr{F}[f(x)]$$

という対応がつく．ゆえに，運動量を表す作用素が微分作用素 $P = -i\hbar\dfrac{d}{dx}$ となることが示唆される．

━━━━━━━━━━━━━━━━━━━━━━━━━━━━━━━━━┛

付　録

A. フーリエ変換表

$\mathscr{F}1$	$f'(x)$	$i\omega F(\omega)$
$\mathscr{F}2$	$f''(x)$	$(i\omega)^2 F(\omega)$
$\mathscr{F}3$	$f^{(n)}(x)$	$(i\omega)^n F(\omega)$
$\mathscr{F}4$	$f(x-c)$	$e^{-i\omega c} F(\omega)$
$\mathscr{F}5$	$f(\alpha x)$	$\dfrac{1}{|\alpha|} F\left(\dfrac{\omega}{\alpha}\right)$
$\mathscr{F}6$	$\overline{f(x)}$	$\overline{F(-\omega)}$
$\mathscr{F}7$	$\overline{f(-x)}$	$\overline{F(\omega)}$
$\mathscr{F}8$	$xf(x)$	$i\dfrac{d}{d\omega}F(\omega)$
$\mathscr{F}9$	$x^n f(x)$	$i^n \dfrac{d^n}{d\omega^n} F(\omega)$
$\mathscr{F}10$	$f*g(x)$	$F(\omega)\cdot G(\omega)$
$\mathscr{F}11$	$f(x)g(x)$	$\dfrac{1}{2\pi} F*G(\omega)$
$\mathscr{F}12$	$\delta(x)$	1
$\mathscr{F}13$	$\delta(x-c)$	$e^{-i\omega c}$
$\mathscr{F}14$	$\delta'(x)$	$i\omega$
$\mathscr{F}15$	1	$2\pi\delta(\omega)$
$\mathscr{F}16$	$u(x)$	$\pi\delta(\omega) + \dfrac{1}{i\omega}$
$\mathscr{F}17$	$u(x-c)$	$\pi\delta(\omega) + \dfrac{1}{i\omega}e^{-i\omega c}$
$\mathscr{F}18$	x	$2\pi i \delta'(\omega)$
$\mathscr{F}19$	x^n	$2\pi i^n \delta^{(n)}(\omega)$
$\mathscr{F}20$	$\dfrac{1}{x}$	$\pi i - 2\pi i u(\omega)$
$\mathscr{F}21$	$\dfrac{1}{x^n}$	$\dfrac{(-i\omega)^{n-1}}{(n-1)!}\left(\pi i - 2\pi i u(\omega)\right)$

$\mathscr{F}22$	$e^{-ax}u(x)$	$\dfrac{1}{i\omega+a}$
$\mathscr{F}23$	$-e^{ax}u(-x)$	$\dfrac{1}{i\omega-a}$
$\mathscr{F}24$	$e^{-a|x|}$	$\dfrac{2a}{\omega^2+a^2}$
$\mathscr{F}25$	$xe^{-ax}u(x)$	$\dfrac{1}{(i\omega+a)^2}$
$\mathscr{F}26$	$x^n e^{-ax}u(x)$	$\dfrac{n!}{(i\omega+a)^{n+1}}$
$\mathscr{F}27$	$\sin cx$	$i\pi\bigl(\delta(\omega+c)-\delta(\omega-c)\bigr)$
$\mathscr{F}28$	$\cos cx$	$\pi\bigl(\delta(\omega+c)+\delta(\omega-c)\bigr)$
$\mathscr{F}29$	$e^{-ax}\sin cx\,u(x)$	$\dfrac{c}{(i\omega+a)^2+c^2}$
$\mathscr{F}30$	$e^{-ax}\cos cx\,u(x)$	$\dfrac{i\omega+a}{(i\omega+a)^2+c^2}$

フーリエ変換表・ラプラス変換表における定数は，次のとおりである．

- a は正の定数 $(a>0)$．
- α は 0 でない実定数 $(\alpha\neq 0)$ [$\mathscr{F}5$ のみ]．
- c,γ は任意の実定数．
- n は自然数 $(n=1,2,\cdots)$．

B. ラプラス変換表

$\mathscr{L}1$	$f'(x)$	$sF_{\mathscr{L}}(s) - f(0)$
$\mathscr{L}2$	$f''(x)$	$s^2 F_{\mathscr{L}}(s) - sf(0) - f'(0)$
$\mathscr{L}3$	$f^{(n)}(x)$	$s^n F_{\mathscr{L}}(s) - \sum_{k=1}^{n} s^{n-k} f^{(k-1)}(0)$
$\mathscr{L}4$	$f(x-a)$	$e^{-as} F_{\mathscr{L}}(s)$
$\mathscr{L}5$	$f(ax)$	$\dfrac{1}{a} F_{\mathscr{L}}\left(\dfrac{s}{a}\right)$
$\mathscr{L}6$	$\int_0^x f(x)\,dx$	$\dfrac{1}{s} F_{\mathscr{L}}(s)$
$\mathscr{L}7$	$\int_0^x \cdots \int_0^x f(x)\,dx^n$	$\dfrac{1}{s^n} F_{\mathscr{L}}(s)$
$\mathscr{L}8$	$xf(x)$	$-\dfrac{d}{ds} F_{\mathscr{L}}(s)$
$\mathscr{L}9$	$x^n f(x)$	$(-1)^n \dfrac{d^n}{ds^n} F_{\mathscr{L}}(s)$
$\mathscr{L}10$	$\dfrac{1}{x} f(x)$	$\int_s^{\infty} F_{\mathscr{L}}(s)\,ds$
$\mathscr{L}11$	$\dfrac{1}{x^n} f(x)$	$\int_s^{\infty} \cdots \int_s^{\infty} F_{\mathscr{L}}(s)\,ds^n$
$\mathscr{L}12$	$f * g(x)$	$F_{\mathscr{L}}(s)\,G_{\mathscr{L}}(s)$
$\mathscr{L}13$	$\delta(x)$	1
$\mathscr{L}14$	$\delta(x-a)$	e^{-sa}
$\mathscr{L}15$	$\delta'(x)$	s
$\mathscr{L}16$	$1 = u(x)$	$\dfrac{1}{s}$
$\mathscr{L}17$	$u(x-a)$	$\dfrac{1}{s} e^{-sa}$
$\mathscr{L}18$	x	$\dfrac{1}{s^2}$
$\mathscr{L}19$	x^n	$\dfrac{n!}{s^{n+1}}$
$\mathscr{L}20$	x^a	$\dfrac{\Gamma(a+1)}{s^{a+1}}$
$\mathscr{L}21$	$\sqrt{x}$	$\dfrac{\sqrt{\pi}}{2} \dfrac{1}{s^{\frac{3}{2}}}$
$\mathscr{L}22$	$\dfrac{1}{\sqrt{x}}$	$\dfrac{\sqrt{\pi}}{\sqrt{s}}$

$\mathscr{L}23$	$e^{\gamma x}$	$\dfrac{1}{s-\gamma}$
$\mathscr{L}24$	$xe^{\gamma x}$	$\dfrac{1}{(s-\gamma)^2}$
$\mathscr{L}25$	$x^{n-1}e^{\gamma x}$	$\dfrac{(n-1)!}{(s-\gamma)^n}$
$\mathscr{L}26$	$x^a e^{\gamma x}$	$\dfrac{\Gamma(a+1)}{(s-\gamma)^{a+1}}$
$\mathscr{L}27$	$\dfrac{e^{\gamma x}}{\sqrt{x}}$	$\dfrac{\sqrt{\pi}}{\sqrt{s-\gamma}}$
$\mathscr{L}28$	$\sin cx$	$\dfrac{c}{s^2+c^2}$
$\mathscr{L}29$	$\cos cx$	$\dfrac{s}{s^2+c^2}$
$\mathscr{L}30$	$e^{\gamma x}\sin cx$	$\dfrac{c}{(s-\gamma)^2+c^2}$
$\mathscr{L}31$	$e^{\gamma x}\cos cx$	$\dfrac{s-\gamma}{(s-\gamma)^2+c^2}$
$\mathscr{L}32$	$\sinh cx$	$\dfrac{c}{s^2-c^2}$
$\mathscr{L}33$	$\cosh cx$	$\dfrac{s}{s^2-c^2}$
$\mathscr{L}34$	$e^{\gamma x}\sinh cx$	$\dfrac{c}{(s-\gamma)^2-c^2}$
$\mathscr{L}35$	$e^{\gamma x}\cosh cx$	$\dfrac{s-\gamma}{(s-\gamma)^2-c^2}$
$\mathscr{L}36$	$x\sin cx$	$\dfrac{2cs}{(s^2+c^2)^2}$
$\mathscr{L}37$	$x\cos cx$	$\dfrac{s^2-c^2}{(s^2+c^2)^2}$
$\mathscr{L}38$	$\dfrac{1}{x}\sin cx$	$\tan^{-1}\dfrac{c}{s}$
$\mathscr{L}39$	$\operatorname{Si} x = \displaystyle\int_0^x \dfrac{\sin x}{x}\,dx$	$\dfrac{1}{s}\cot^{-1} s$
$\mathscr{L}40$	$\operatorname{erf} ax$	$\dfrac{1}{s}e^{\frac{s^2}{4a^2}}\left(1-\operatorname{erf}\dfrac{s}{2a}\right)$

C. 振動の図示化

振動の例として，エレクトーンの「ド」の音，鉄板をたたく音，それに地震波を選び，時間軸表示と周波数表示を示してある．時間軸表示を $f(t)$ とすれば，周波数表示はそのフーリエ変換 $F(\omega)$ の絶対値 $|F(\omega)|$ である．

- エレクトーンの「ド」の音

この例では，1100 Hz 以下の周波数が表示されている．周波数 261.6 Hz を基音として，523.2 Hz, 784.8 Hz および 1046.4 Hz の倍音が現れている．

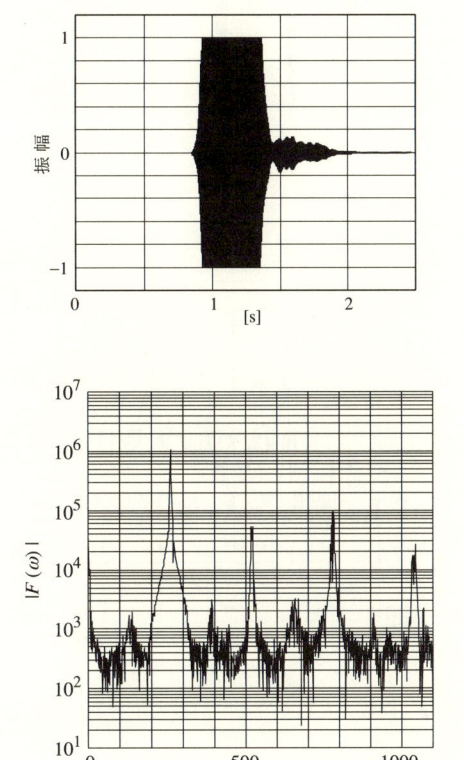

図1 エレクトーンの「ド」の音の時間軸表示と周波数表示

● **鉄板をたたく音**

　時間表示は，鉄板をかなづちで 6 秒間に 5 回たたいた様子を表している．周波数表示では，5000 Hz 以下の周波数が表示されている．1000 Hz 以上の周波数域に強いピークがランダムに現れている．

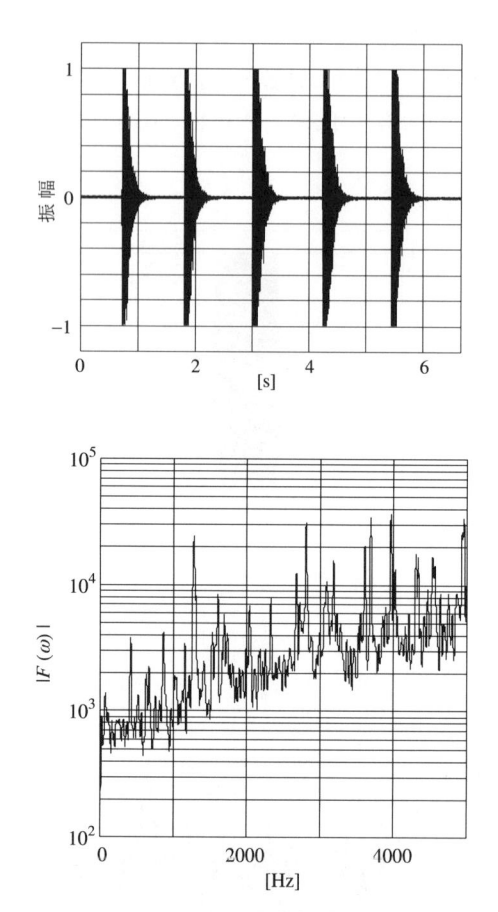

図 2　鉄板をたたく音の時間軸表示と周波数表示

● **地震波**

　2000 年 10 月 6 日 13 時 31 分頃，鳥取県西部地震といわれるマグニチュード 7.3 の地震が発生した．震源から約 250 km 離れた彦根市の滋賀県立大学（藤原悌三研究室）のキャンパス内に設置されている，地震計のとらえた約 4 分

C. 振動の図示化

間の速度波形のトランスバース成分の時間軸表示を図3に示してある．最大値は 3.42 cm/s であった．

図4は，この速度波形の周波数表示である．周波数 0.5 Hz あたりにピークがある．1 Hz より大きい成分では急速に減衰し，7 Hz 以上で $|F(\omega)| < \dfrac{1}{100}$，10 Hz 以上では $|F(\omega)| < \dfrac{1}{1000}$ であった．

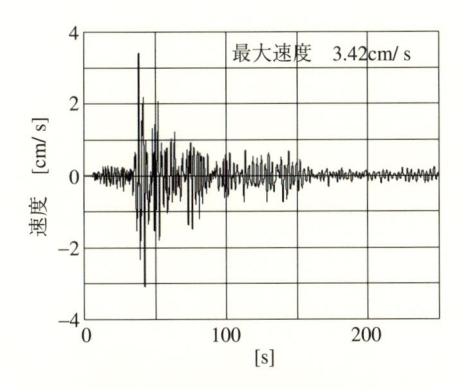

図3 速度波形の時間軸表示

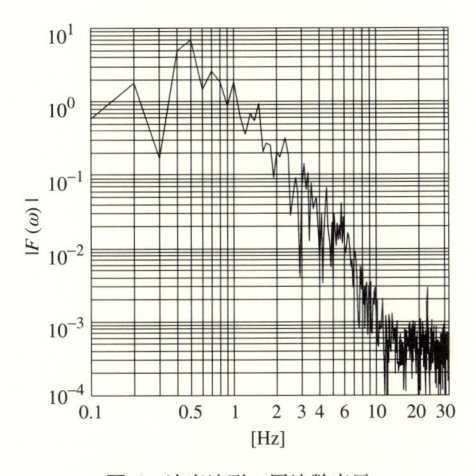

図4 速度波形の周波数表示

参考文献

フーリエ変換に関する本は数多く出版されている．入手しやすくかつ読みやすそうな本で，数学的な面よりも応用を意識したものを選んでみた．

[1] クライツィグ, E. 著, 阿部寛治 訳, フーリエ解析と偏微分方程式 (技術者のための高等数学 3), 培風館 (1987).
[2] クライツィグ, E. 著, 北原和夫 訳, 常微分方程式 (技術者のための高等数学 1), 培風館 (1987).
[3] 近藤次郎 他 著, 微分方程式・フーリエ解析 (改訂 工科の数学 3), 培風館 (1981).
[4] スウ, H. P. 著, 佐藤平八 訳, フーリエ解析 (工学基礎演習シリーズ 1), 森北出版 (1979).
[5] 高橋健人 著, 物理数学 (新数学シリーズ 11), 培風館 (1958).
[6] 中村宏樹 著, 偏微分方程式とフーリエ解析 (東京大学基礎工学双書), 東京大学出版会 (1981).
[7] 船越満明 著, キーポイント フーリエ解析 (理工系数学のキーポイント 9), 岩波書店 (1997).
[8] マイベルク, K., ファヘンアウア, P. 著, 及川正行 訳, 常微分方程式 (工科系の数学 5), サイエンス社 (1997).
[9] マイベルク, K., ファヘンアウア, P. 著, 及川正行 訳, フーリエ解析 (工科系の数学 7), サイエンス社 (1998).
[10] マイベルク, K., ファヘンアウア, P. 著, 及川正行 訳, 偏微分方程式, 変分法 (工科系の数学 8), サイエンス社 (1999).

解 答

1章

問題 1.1 もし周期 $T (\neq 0)$ があるとすれば，$2\cos\dfrac{x+T}{5} + 3\sin\dfrac{x+T}{\sqrt{7}} = 2\cos\dfrac{x}{5}$ $+ 3\sin\dfrac{x}{\sqrt{7}}$ である．適当な整数 m, n を使って $\dfrac{T}{5} = 2m\pi$, $\dfrac{T}{\sqrt{7}} = 2n\pi$ となる．これより $\dfrac{m}{n} = \dfrac{\sqrt{7}}{5}$．この左辺は有理数だが右辺は無理数．よって，$T$ は 0 以外には存在しない（注意：この例は厳密には周期をもたないが，周期性に近い性質はもっている．このような関数は**概周期関数**といわれることがある）．

問題 1.2 1) 式 (1.12), (1.13) に従ってフーリエ係数を計算する．
$$a_n = \frac{1}{\pi}\int_{-\pi}^{\pi} e^x \cos nx\, dx = \frac{1}{\pi}\Bigl[e^x \cos nx\Bigr]_{-\pi}^{\pi} + \frac{n}{\pi}\int_{-\pi}^{\pi} e^x \sin nx\, dx$$
$$= \frac{(-1)^n}{\pi}\bigl(e^{\pi} - e^{-\pi}\bigr) + nb_n = (-1)^n \frac{2}{\pi}\sinh \pi + nb_n.$$
さらに，
$$b_n = \frac{1}{\pi}\int_{-\pi}^{\pi} e^x \sin nx\, dx = \frac{1}{\pi}\Bigl[e^x \sin nx\Bigr]_{-\pi}^{\pi} - na_n$$
$$= -na_n = -(-1)^n \frac{2n}{\pi}\sinh \pi - n^2 b_n$$
となる．これより，$a_n = \dfrac{2\sinh\pi}{\pi}\dfrac{(-1)^n}{n^2+1}$, $b_n = -\dfrac{2\sinh\pi}{\pi}\dfrac{(-1)^n n}{n^2+1}$．よって，フーリエ級数は次のように得られる．
$$e^x \sim \frac{\sinh\pi}{\pi}\left\{1 + \sum_{n=1}^{\infty} \frac{2(-1)^n}{n^2+1}(\cos nx - n\sin nx)\right\}.$$

2) 式 (1.9), (1.10) に従ってフーリエ係数を計算する．まず，$e^{-|x|}$ が偶関数なので $b_n = 0$ である．$n \geq 1$ に対して，
$$a_n = \frac{1}{2}\int_{-2}^{2} e^{-|x|}\cos\frac{n\pi}{2}x\, dx = \int_0^2 e^{-x}\cos\frac{n\pi}{2}x\, dx$$
$$= -\Bigl[e^{-x}\cos\frac{n\pi}{2}x\Bigr]_0^2 - \frac{n\pi}{2}\int_0^2 e^{-x}\sin\frac{n\pi}{2}x\, dx$$
$$= -(-1)^n e^{-2} + 1 - \frac{n\pi}{2}\Bigl[e^{-x}\sin\frac{n\pi}{2}x\Bigr]_0^2 - \frac{n^2\pi^2}{4}\int_0^2 e^{-x}\cos\frac{n\pi}{2}x\, dx$$

$$= -(-1)^n e^{-2} + 1 - \frac{n^2\pi^2}{4} a_n$$

となる．よって，$a_n = \dfrac{1-(-1)^n/e^2}{1+n^2\pi^2/4}$ である．さらに，$a_0 = \displaystyle\int_0^2 e^{-x}\,dx = 1 - \dfrac{1}{e^2}$ となる．よって，フーリエ級数は次のように得られる．

$$e^{-|x|} = \frac{1}{2}\left(1 - \frac{1}{e^2}\right) + \sum_{n=1}^{\infty} \frac{1-(-1)^n/e^2}{1+\pi^2 n^2/4} \cos\frac{n\pi}{2}x.$$

3) 式 (1.12), (1.13) に従ってフーリエ係数を計算する．

$$a_n = \frac{1}{\pi}\int_{-\pi}^{\pi} x(\pi - x)\cos nx\,dx = \int_{-\pi}^{\pi} x\cos nx\,dx - \frac{1}{\pi}\int_{-\pi}^{\pi} x^2 \cos nx\,dx\,.$$

この第1項は奇関数の積分なので 0 である．よって $n \geq 1$ に対して，

$$a_n = -\frac{2}{\pi}\int_0^{\pi} x^2 \cos nx\,dx = -\frac{2}{n\pi}\Big[x^2 \sin nx\Big]_0^{\pi} + \frac{4}{n\pi}\int_0^{\pi} x\sin nx\,dx$$

$$= -\frac{4}{n^2\pi}\Big[x\cos nx\Big]_0^{\pi} + \frac{4}{n^2\pi}\int_0^{\pi} \cos nx\,dx$$

$$= (-1)^{n-1}\frac{4}{n^2} + \frac{4}{n^3\pi}\Big[\sin nx\Big]_0^{\pi} = (-1)^{n-1}\frac{4}{n^2}$$

となる．また，

$$a_0 = \frac{1}{\pi}\int_{-\pi}^{\pi} x(\pi - x)\,dx = -\frac{2}{\pi}\int_0^{\pi} x^2\,dx = -\frac{2\pi^2}{3}$$

である．さらに，

$$b_n = \frac{1}{\pi}\int_{-\pi}^{\pi} x(\pi - x)\sin nx\,dx = \int_{-\pi}^{\pi} x\sin nx\,dx - \frac{1}{\pi}\int_{-\pi}^{\pi} x^2 \sin nx\,dx\,.$$

この第2項は奇関数なので 0 である．よって，

$$b_n = \int_{-\pi}^{\pi} x\sin nx\,dx = 2\int_0^{\pi} x\sin nx\,dx = (-1)^{n-1}\frac{2\pi}{n}$$

である．よって，フーリエ級数は次のように得られる．

$$x(\pi - x) \sim -\frac{\pi^2}{3} + \sum_{n=1}^{\infty} (-1)^{n-1}\left(\frac{4}{n^2}\cos nx + \frac{2\pi}{n}\sin nx\right).$$

4) x^3 は奇関数なので $a_n = 0$．式 (1.13) に従って b_n を計算する．

$$b_n = \frac{1}{\pi}\int_{-\pi}^{\pi} x^3 \sin nx\,dx = \frac{2}{\pi}\int_0^{\pi} x^3 \sin nx\,dx\,.$$

さらに，部分積分を繰り返して，

$$b_n = (-1)^{n-1}\left(\frac{2\pi^2}{n} - \frac{12}{n^3}\right)$$

となる．よって，

$$x^3 \sim \sum_{n=1}^{\infty} (-1)^{n-1}\left(\frac{2\pi^2}{n} - \frac{12}{n^3}\right)\sin nx\,.$$

解　答

問題 1.3　1) 式 (1.31) または式 (1.32) において $x=0$ とおく.
2) 式 (1.33) において $x=0$ とおく.
3) 式 (1.34) において $x=\dfrac{\pi}{2}$ とおく.
4) 式 (1.37) または式 (1.38) において $x=0$ とおく.

問題 1.4　1) フーリエ係数 (1.24), (1.25) に対して, 式 (1.92) より $c_0=0$, $c_n=-c_{-n}=-\dfrac{i}{2}b_n=i\dfrac{(-1)^n}{n}$.
2) 式 (1.31) より $a_0=\dfrac{2}{3}\pi^2$, $a_n=(-1)^n\dfrac{4}{n^2}$, $b_n=0$. これに対して, 式 (1.92) より $c_0=\dfrac{\pi^2}{3}$, $c_n=c_{-n}=\dfrac{a_n}{2}=(-1)^n\dfrac{2}{n^2}$.
3) 問題 1.2 の 4) の結果から $a_n=0$. よって, 式 (1.92) より $c_0=0$, $c_n=-c_{-n}=-\dfrac{i}{2}b_n=(-1)^n i\left(\dfrac{\pi^2}{n}-\dfrac{6}{n^3}\right)$.

問題 1.5　1) $f*g(x)=\dfrac{1}{2\pi}\displaystyle\int_{-\pi}^{\pi}f(\tau)g(x-\tau)\,d\tau$ を計算する. 積分区間に注意しなくてはいけない. $-\pi\le x<\pi$ とする. 積分区間は $-\pi\le\tau\le\pi$ なので, まず $-2\pi<x-\tau<2\pi$ となることに注意する. 特に,

$$g(x)=\begin{cases}(x+2\pi)^2 & (-3\pi<x<-\pi)\\ x^2 & (-\pi<x<\pi)\\ (x-2\pi)^2 & (\pi<x<3\pi)\end{cases}$$

である. これに気をつけてたたみこみを計算する.
　i) $x\ge 0$ のとき,

$$f*g(x)=\dfrac{1}{2\pi}\int_{-\pi}^{x-\pi}\tau(x-\tau-2\pi)^2\,d\tau+\dfrac{1}{2\pi}\int_{x-\pi}^{\pi}\tau(x-\tau)^2\,d\tau$$
$$=-\dfrac{x^3}{3}+\pi x^2-\dfrac{2\pi^2}{3}x.$$

　ii) $x<0$ のとき,

$$f*g(x)=\dfrac{1}{2\pi}\int_{-\pi}^{x+\pi}\tau(x-\tau)^2\,d\tau+\dfrac{1}{2\pi}\int_{x+\pi}^{\pi}\tau(x-\tau+2\pi)^2\,d\tau$$
$$=-\dfrac{x^3}{3}-\pi x^2-\dfrac{2\pi^2}{3}x.$$

をそれぞれ得る. よって,

$$f*g(x)=\begin{cases}-\dfrac{x^3}{3}+\pi x^2-\dfrac{2\pi^2}{3}x & (x\ge 0)\\ -\dfrac{x^3}{3}-\pi x^2-\dfrac{2\pi^2}{3}x & (x<0)\end{cases}$$
$$=-\dfrac{x^3}{3}+\mathrm{sgn}(x)\,\pi x^2-\dfrac{2\pi^2}{3}x$$

$(\mathrm{sgn}(x)=1\ (x\ge 0),\ =-1\ (x<0)$ は符号関数である$)$.

2) $f(x)$ と $g(x)$ の複素フーリエ級数は 問題 1.4 で得られている．したがって，たたみこみのフーリエ級数の公式 (1.102) を使うと次のように得られる．

$$f*g(x) = \sum_{n=-\infty, n\neq 0}^{\infty} i\frac{(-1)^n}{n} \cdot 2\frac{(-1)^n}{n^2} e^{inx} = \sum_{n=-\infty, n\neq 0}^{\infty} \frac{2i}{n^3} e^{inx}.$$

ただしここでは，1) の結果のフーリエ級数が上式と一致することを確認することも必要である．まず，周期 2π の周期関数で，$[-\pi, 0)$ において $-x^2$，$[0, \pi)$ において x^2 となるものの複素フーリエ級数が，$\sum_{n=-\infty, n\neq 0}^{\infty} i\left\{(-1)^n \frac{\pi}{n} + (1-(-1)^n)\frac{2}{\pi n^3}\right\}$ であることを計算しておく．これと 問題 1.4 の結果から，周期 2π の x と x^2 の複素フーリエ級数を使って，直接 $-\frac{1}{3}x^3 + \text{sgn}(x)\pi x^2 - \frac{2\pi^2}{3}x = \sum_{n=-\infty, n\neq 0}^{\infty} \frac{2i}{n^3} e^{inx}$ を確かめることができる．

問題 1.6 フーリエ級数 (1.31) のフーリエ係数は，$a_0 = \frac{2\pi^2}{3}$，$a_n = (-1)^n \frac{4}{n^2}$，および $b_n = 0$．パーセバルの等式 (1.104) で $T = 2\pi$ とおくと，左辺は

$$\frac{1}{2}\left(\frac{2\pi^2}{3}\right)^2 + \sum_{n=1}^{\infty}\left((-1)^n \frac{4}{n^2}\right)^2 = \frac{2\pi^4}{9} + \sum_{n=1}^{\infty}\frac{16}{n^4}$$

となる．右辺は

$$\frac{1}{\pi}\int_{-\pi}^{\pi} |f(x)|^2 \, dx = \frac{1}{\pi}\int_{-\pi}^{\pi} x^4 \, dx = \frac{2\pi^4}{5}$$

である．よって，$\frac{2\pi^4}{9} + \sum_{n=1}^{\infty}\frac{16}{n^4} = \frac{2\pi^4}{5}$．ゆえに，$\sum_{n=1}^{\infty}\frac{1}{n^4} = \frac{\pi^4}{90}$ を得る．

2章

問題 2.1 $x = 2n\pi$ のとき $D_N(2n\pi) = N + \frac{1}{2}$ は容易にわかる．$x \neq 2n\pi$ のとき，式 (2.10) の両辺に $2\sin\frac{x}{2}$ を掛けると，

$$2\sin\frac{x}{2} D_N(x) = \sin\frac{x}{2} + \left(\sin\frac{3x}{2} - \sin\frac{x}{2}\right) + \left(\sin\frac{5x}{2} - \sin\frac{3x}{2}\right) + \cdots$$
$$+ \left(\sin\left(N+\frac{1}{2}\right)x - \sin\left(N-\frac{1}{2}\right)x\right)$$
$$= \sin\left(N+\frac{1}{2}\right)x.$$

これより，式 (2.13) を得る．

問題 2.2 x^2 のフーリエ級数 (1.31) を項別積分すると，

$$\int_0^x x^2 \, dx = \frac{x^3}{3} \sim \frac{\pi^2}{3}x - 4\left(\frac{\sin x}{1^3} - \frac{\sin 2x}{2^3} + \frac{\sin 3x}{3^3} - \frac{\sin 4x}{4^3} + \cdots\right)$$

となる．このままでは，右辺第1項はフーリエ級数展開されていない．そこで第1項の x のフーリエ級数 (1.26) を代入すると x^3 のフーリエ級数が得られ，問題 1.2 の 4) の結果と一致する．

$$x^3 \sim \sum_{n=1}^{\infty} (-1)^{n-1} \left(\frac{2\pi^2}{n} - \frac{12}{n^3} \right) \sin nx \,.$$

3章

問題 3.1 $f(x)$ が偶関数なら $f(x)\,\delta(x)$ も偶関数なので，$f(0) = \int_{-\infty}^{\infty} f(x)\,\delta(x)\,dx = 2\int_{0}^{\infty} f(x)\,\delta(x)\,dx$ である．

問題 3.2 半波整流波形は，ヘビサイド関数 $u(x)$ を使って次のように表すことができる．

$$f(x) = \sin x \sum_{n=-\infty}^{\infty} u(x - 2n\pi)\{1 - u(x - (2n+1)\pi)\} \,.$$

ヘビサイド関数の微分 (3.17) とデルタ関数の性質 (3.11)，および式 (3.21) を考慮して $f(x)$ を微分すると，

$$\begin{aligned}
f'(x) &= \cos x \sum_{n=-\infty}^{\infty} u(x - 2n\pi)\{1 - u(x - (2n+1)\pi)\} \\
&\quad + \sin x \sum_{n=-\infty}^{\infty} u'(x - 2n\pi)\{1 - u(x - (2n+1)\pi)\} \\
&\quad - \sin x \sum_{n=-\infty}^{\infty} u(x - 2n\pi)\,u'(x - (2n+1)\pi) \\
&= \cos x \sum_{n=-\infty}^{\infty} u(x - 2n\pi)\{1 - u(x - (2n+1)\pi)\} \\
&\quad + \sin x \sum_{n=-\infty}^{\infty} \delta(x - 2n\pi)\{1 - u(x - (2n+1)\pi)\} \\
&\quad - \sin x \sum_{n=-\infty}^{\infty} u(x - 2n\pi)\,\delta(x - (2n+1)\pi) \\
&= \cos x \sum_{n=-\infty}^{\infty} u(x - 2n\pi)\{1 - u(x - (2n+1)\pi)\}
\end{aligned}$$

である．さらに微分をすると，

$$\begin{aligned}
f''(x) &= (f'(x))' \\
&= \left(\cos x \sum_{n=-\infty}^{\infty} u(x - 2n\pi)\{1 - u(x - (2n+1)\pi)\} \right)'
\end{aligned}$$

$$
\begin{aligned}
&= -\sin x \sum_{n=-\infty}^{\infty} u(x-2n\pi)\{1-u(x-(2n+1)\pi)\} \\
&\quad + \cos x \sum_{n=-\infty}^{\infty} u'(x-2n\pi)\{1-u(x-(2n+1)\pi)\} \\
&\quad - \cos x \sum_{n=-\infty}^{\infty} u(x-2n\pi)\, u'(x-(2n+1)\pi) \\
&= -\sin x \sum_{n=-\infty}^{\infty} u(x-2n\pi)\{1-u(x-(2n+1)\pi)\} \\
&\quad + \cos x \sum_{n=-\infty}^{\infty} \delta(x-2n\pi)\{1-u(x-(2n+1)\pi)\} \\
&\quad - \cos x \sum_{n=-\infty}^{\infty} u(x-2n\pi)\, \delta(x-(2n+1)\pi) \\
&= -\sin x \sum_{n=-\infty}^{\infty} u(x-2n\pi)\{1-u(x-(2n+1)\pi)\} \\
&\quad + \sum_{n=-\infty}^{\infty} \bigl(\delta(x-2n\pi) - \delta(x-(2n+1)\pi)\bigr)
\end{aligned}
$$

となる.

これら $f(x)$, $f'(x)$, $f''(x)$ のグラフは次の図のようになる.

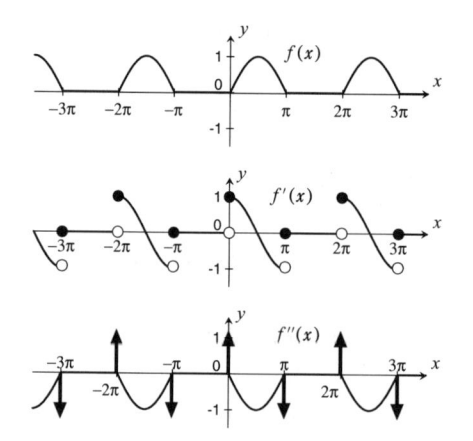

図 1 (問題 3.2) 半波整流波形 $f(x)$ とその微分 $f'(x)$ と 2 階微分 $f''(x)$

解　答

4章

問題 4.1　$f(x) \longrightarrow \mathscr{F}[f] = F(\omega) = \int_{-\infty}^{\infty} e^{-a|x|} e^{-i\omega x} dx$

$$= \int_{-\infty}^{0} e^{(a-i\omega)x} dx + \int_{0}^{\infty} e^{-(a+i\omega)x} dx$$

$$= \frac{1}{(a-i\omega)} \left[e^{(a-i\omega)x} \right]_{-\infty}^{0} - \frac{1}{(a+i\omega)} \left[e^{-(a+i\omega)x} \right]_{0}^{\infty}$$

$$= \frac{1}{a-i\omega} + \frac{1}{a+i\omega} = \frac{2a}{a^2+\omega^2}.$$

問題 4.2　式 (4.15) のフーリエ変換をパラメータ a で微分する.

$$\frac{d}{da} \mathscr{F}[e^{-ax} u(x)] = \int_{0}^{\infty} \frac{de^{-ax}}{da} e^{-i\omega x} dx = \frac{d}{da} \frac{1}{a+i\omega}.$$

この計算は 1) の答えを与える.

$$\mathscr{F}[x e^{-ax} u(x)] = \int_{0}^{\infty} x e^{-ax} e^{-i\omega x} dx = \frac{1}{(a+i\omega)^2}.$$

さらに a で微分をすると，2) の答えを得る.

$$\mathscr{F}[x^2 e^{-ax} u(x)] = \int_{0}^{\infty} x^2 e^{-ax} e^{-i\omega x} dx = \frac{2}{(a+i\omega)^3}.$$

(注意：このように a の微分を繰り返すことによって，

$$\mathscr{F}[x^n e^{-ax} u(x)] = \int_{0}^{\infty} x^n e^{-ax} e^{-i\omega x} dx = \frac{n!}{(a+i\omega)^{n+1}}$$

が得られる.)

問題 4.3　例題 4.1 の結果で $a=1$, $x=0$ とおくと $\int_{0}^{\infty} \frac{\sin\omega}{\omega} d\omega = \frac{\pi}{2}$. ここで ω を x に置き換える.

問題 4.4　$\mathscr{F}^{-1}\bigl[F*G(\omega)\bigr] = 2\pi f(x)g(x)$ を示す.

$$\mathscr{F}^{-1}\bigl[F*G(\omega)\bigr] = \frac{1}{2\pi} \int_{-\infty}^{\infty} \left(\int_{-\infty}^{\infty} F(\tau) G(\omega-\tau) d\tau \right) e^{i\omega x} d\omega$$

$$= \frac{1}{2\pi} \int_{-\infty}^{\infty} d\tau\, F(\tau)\, e^{i\tau x} \int_{-\infty}^{\infty} d\omega\, G(\omega-\tau) e^{i(\omega-\tau)x}$$

$$= 2\pi \left(\frac{1}{2\pi} \int_{-\infty}^{\infty} d\tau\, F(\tau)\, e^{i\tau x} \right) \left(\frac{1}{2\pi} \int_{-\infty}^{\infty} d\lambda\, G(\lambda)\, e^{i\lambda x} \right)$$

$$= 2\pi f(x) g(x).$$

問題 4.5 相互相関関数 $R_{fg}(x)$ のフーリエ変換は, 公式 (4.32) を使って,
$$\mathscr{F}\left[R_{fg}(x)\right] = \mathscr{F}[f(x) * \overline{g(-x)}] = \mathscr{F}[f(x)] \cdot \mathscr{F}[\overline{g(-x)}] = F(\omega)\overline{G(\omega)}$$
となる.

問題 4.6 前問の結果を使うと, $\mathscr{F}\left[R_{ff}(x)\right] = F(\omega)\overline{F(\omega)} = |F(\omega)|^2$ が得られる.

5 章

問題 5.1 1) $\mathscr{L}[2x + 3] = \dfrac{2}{s^2} + \dfrac{3}{s}$　　（収束領域 Re $s > 0$ ）

2) $\mathscr{L}[x^2 + 4x + 1] = \dfrac{2}{s^3} + \dfrac{4}{s^2} + \dfrac{1}{s}$　　（収束領域 Re $s > 0$ ）

3) $\mathscr{L}\left[\sin\dfrac{2n\pi}{T}x\right] = \dfrac{(2n\pi/T)}{s^2 + (2n\pi/T)^2}$　　（収束領域 Re $s > 0$ ）

4) $\mathscr{L}\left[\cos^2 ax\right] = \mathscr{L}\left[\dfrac{1}{2}(1 + \cos 2ax)\right] = \dfrac{1}{2s} + \dfrac{s}{2(s^2 + 4a^2)}$
　　　　　　　　　　　　　　　　　　　　　（収束領域 Re $s > 0$ ）

5) $\mathscr{L}\left[e^{2x+3}\right] = \mathscr{L}\left[e^3 e^{2x}\right] = \dfrac{e^3}{s - 2}$　　（収束領域 Re $s > 2$ ）

6) $\mathscr{L}\left[\sinh x\right] = \mathscr{L}\left[\dfrac{1}{2}(e^x - e^{-x})\right] = \dfrac{1}{2(s-1)} + \dfrac{1}{2(s+1)} = \dfrac{1}{s^2 - 1}$
　　　　　　　　　　　　　　　　　　　　　（収束領域 Re $s > 1$ ）

問題 5.2 1) $\mathscr{L}^{-1}\left[\dfrac{1}{s - \pi}\right] = e^{\pi x}$　　（収束領域 Re $s > \pi$ ）

2) $\mathscr{L}^{-1}\left[\dfrac{1}{s^2 + 16}\right] = \dfrac{1}{4}\sin 4x$　　（収束領域 Re $s > 0$ ）

3) $\mathscr{L}^{-1}\left[\dfrac{s + 4}{s^2 + 16}\right] = \mathscr{L}^{-1}\left[\dfrac{s}{s^2 + 4^2}\right] + \mathscr{L}^{-1}\left[\dfrac{4}{s^2 + 4^2}\right] = \cos 4x + \sin 4x$
　　　　　　　　　　　　　　　　　　　　　（収束領域 Re $s > 0$ ）

4) $\mathscr{L}^{-1}\left[\dfrac{1}{s} + \dfrac{2}{s^2} + \dfrac{3}{s^3}\right] = 1 + 2x + \dfrac{3x^2}{2}$　　（収束領域 Re $s > 0$ ）

5) $\mathscr{L}^{-1}\left[\dfrac{1}{s^6}\right] = \dfrac{x^5}{120}$　　（収束領域 Re $s > 0$ ）

6) $\mathscr{L}^{-1}\left[\dfrac{s + 6}{s^2 + 9}\right] = \mathscr{L}^{-1}\left[\dfrac{s}{s^2 + 3^2}\right] + \mathscr{L}^{-1}\left[2\dfrac{3}{s^2 + 3^2}\right] = \cos 3x + 2\sin 3x$
　　　　　　　　　　　　　　　　　　　　　（収束領域 Re $s > 0$ ）

7) $\mathscr{L}^{-1}\left[\dfrac{1}{s^2 + 3s - 4}\right] = \mathscr{L}^{-1}\left[\dfrac{1}{5}\left(\dfrac{1}{s - 1} - \dfrac{1}{s + 4}\right)\right] = \dfrac{1}{5}\left(e^x - e^{-4}\right)$
　　　　　　　　　　　　　　　　　　　　　（収束領域 Re $s > 1$ ）

解　答

8)　$\mathscr{L}^{-1}\left[\dfrac{1}{s^2+5s}\right] = \dfrac{1}{5}\left(\mathscr{L}^{-1}\left[\dfrac{1}{s}\right] - \mathscr{L}^{-1}\left[\dfrac{1}{s+5}\right]\right) = \dfrac{1}{5}\left(1-e^{-5x}\right)$
（収束領域 Re $s > 0$）

9)　$\mathscr{L}^{-1}\left[\dfrac{1}{(s-1)(s^2+1)}\right] = \mathscr{L}^{-1}\left[\dfrac{1}{2}\left(\dfrac{1}{s-1} - \dfrac{1}{s^2+1}\right)\right]$
　　　　　　　　　　$= \dfrac{1}{2}\left(e^x - \cos x - \sin x\right)$　　（収束領域 Re $s > 1$）

問題 5.3　$L(s) = \dfrac{1}{(s-1)(s+2)}$ は, $s = 1, -2$ を特異点としてもつ. よって, 留数は

$$\mathrm{Res}[L(s)\,e^{sx}, s=1] = \left.\dfrac{e^{sx}}{s+2}\right|_{s=1} = \dfrac{e^x}{3},$$

$$\mathrm{Res}[L(s)\,e^{sx}, s=-2] = \left.\dfrac{e^{sx}}{s-1}\right|_{s=-2} = -\dfrac{e^{-2x}}{3}.$$

公式 (5.36) より,

$$\mathscr{L}^{-1}\left[\dfrac{1}{(s-1)(s+2)}\right] = \begin{cases} \dfrac{1}{3}\left(e^x - e^{-2x}\right) & (x > 0) \\ 0 & (x < 0) \end{cases}$$

となる（例題 5.1 の結果と比較せよ）.

問題 5.4　$L(s) = \dfrac{1}{(s+1+\sqrt{3}i)(s+1-\sqrt{3}i)}$ は, $s = -1 \pm \sqrt{3}i$ を特異点としてもつ. よって, 留数は

$$\mathrm{Res}\bigl[L(s)\,e^{sx}, s=-1-\sqrt{3}i\bigr] = \left.\dfrac{e^{sx}}{s+1-\sqrt{3}i}\right|_{s=-1-\sqrt{3}i} = -\dfrac{e^{(-1-\sqrt{3}i)x}}{2\sqrt{3}i},$$

$$\mathrm{Res}\bigl[L(s)\,e^{sx}, s=-1+\sqrt{3}i\bigr] = \left.\dfrac{e^{sx}}{s+1+\sqrt{3}i}\right|_{s=-1+\sqrt{3}i} = \dfrac{e^{(-1+\sqrt{3}i)x}}{2\sqrt{3}i}.$$

公式 (5.36) より次の答えを得る.

$$f(x) = \dfrac{1}{2\pi i}\int_{a-i\infty}^{a+i\infty}\dfrac{e^{sx}}{s^2+2s+4}\,ds$$

$$= \dfrac{1}{2\sqrt{3}\,i}\,e^{-x}\left(e^{i\sqrt{3}x} - e^{-i\sqrt{3}x}\right)u(x)$$

$$= \dfrac{1}{\sqrt{3}}\,e^{-x}\sin\sqrt{3}\,x\,u(x).$$

問題 5.5　まず, $L(s) = \dfrac{1}{s^2+2s+4} = \dfrac{1}{(s+1)^2+3}$ のようにする. ところで, 式 (5.13) より $\mathscr{L}^{-1}\left[\dfrac{1}{s^2+(\sqrt{3})^2}\right] = \dfrac{1}{\sqrt{3}}\sin\sqrt{3}x$ である. 変数シフト (5.41) を使うと,

$$\mathscr{L}^{-1}\left[\frac{1}{s^2+2s+4}\right] = \mathscr{L}^{-1}\left[\frac{1}{(s+1)^2+3}\right] = e^{-x}\mathscr{L}^{-1}\left[\frac{1}{s^2+(\sqrt{3})^2}\right]$$
$$= \frac{1}{\sqrt{3}}e^{-x}\sin\sqrt{3}x$$

となる.

問題 5.6 まず, $0 \leq x < 2\pi$ における関数 $f_0(x) = \begin{cases} \sin x & (0 \leq x < \pi) \\ 0 & (\pi \leq x < 2\pi) \end{cases}$ のラプラス変換が, $\mathscr{L}[f_0(x)] = \displaystyle\int_0^\pi \sin x\, e^{-sx}\, dx = \frac{1+e^{-\pi s}}{s^2+1}$ となることを確認しておく. 次に, 式 (5.46) で $T = 2\pi$ とおき, $f_0(x)$ に適用すると,

$$\mathscr{L}[f(x)] = \frac{1}{1-e^{-2\pi s}}\frac{1+e^{-\pi s}}{s^2+1} = \frac{1}{(1-e^{-\pi s})(s^2+1)}$$

となることがわかる.

問題 5.7 まず, たたみこみを示す.

1) $1 * 1 = \displaystyle\int_0^x d\tau = x$

2) $1 * e^{ax} = \displaystyle\int_0^x e^{a(x-\tau)}\, d\tau = e^{ax}\int_0^x e^{-a\tau}\, d\tau = e^{ax}\left[-\frac{1}{a}e^{-a\tau}\right]_0^x$
$$= e^{ax}\left(-\frac{e^{-ax}}{a}+\frac{1}{a}\right) = \frac{1}{a}(e^{ax}-1)$$

3) $x * e^{ax} = \displaystyle\int_0^x \tau e^{a(x-\tau)}\, d\tau = e^{ax}\int_0^x \tau e^{-a\tau}\, d\tau$
$$= e^{ax}\left(\left[-\frac{1}{a}\tau e^{-a\tau}\right]_0^x + \frac{1}{a}\int_0^x e^{-a\tau}\, d\tau\right)$$
$$= e^{ax}\left(-\frac{1}{a}x e^{-ax} - \frac{1}{a^2}\left[e^{-a\tau}\right]_0^x\right)$$
$$= e^{ax}\left(-\frac{1}{a}x e^{-ax}\right) - \frac{1}{a^2}e^{ax}\left[e^{-a\tau}\right]_0^x = \frac{1}{a^2}(e^{ax}-1)-\frac{x}{a}$$

4) $\sin x * \sin x = \displaystyle\int_0^x \sin\tau\sin(x-\tau)\, d\tau = \frac{1}{2}\int_0^x \{-\cos x + \cos(2\tau-x)\}\, d\tau$
$$= -\frac{1}{2}\cos x \int_0^x d\tau + \frac{1}{2}\int_0^x \cos(2\tau-x)\, d\tau$$
$$= -\frac{1}{2}x\cos x + \frac{1}{4}\Big[\sin(2\tau-x)\Big]_0^x$$
$$= -\frac{1}{2}x\cos x + \frac{1}{2}\sin x = \frac{1}{2}(\sin x - x\cos x)$$

解　答

5) $\cos x * \cos x = \int_0^x \cos\tau \cos(x-\tau)\,d\tau = \dfrac{1}{2}\int_0^x \{\cos x + \cos(2\tau - x)\}\,d\tau$

$= \dfrac{1}{2}\cos x \int_0^x d\tau + \dfrac{1}{2}\int_0^x \cos(2\tau - x)\,d\tau$

$= \dfrac{1}{2}x\cos x + \dfrac{1}{4}\Big[\sin(2\tau - x)\Big]_0^x$

$= \dfrac{1}{2}x\cos x + \dfrac{1}{2}\sin x = \dfrac{1}{2}(\sin x + x\cos x)$

6) $e^{2x} * \sin x = \int_0^x e^{2(x-\tau)} * \sin\tau\,d\tau = e^{2x}\int_0^x e^{-2\tau}\sin\tau\,d\tau$

$= \dfrac{1}{5}(e^{2x} - \cos x - 2\sin x)$

これらのラプラス変換は次のとおりである．

1) $\mathscr{L}[1 * 1] = (\mathscr{L}[1])^2 = \mathscr{L}[x] = \dfrac{1}{s^2}$

2) $\mathscr{L}[1 * e^{ax}] = \mathscr{L}[1] \cdot \mathscr{L}[e^{ax}] = \dfrac{1}{s} \cdot \dfrac{1}{s-a}$

3) $\mathscr{L}[x * e^{ax}] = \mathscr{L}[x] \cdot \mathscr{L}[e^{ax}] = \dfrac{1}{s^2} \cdot \dfrac{1}{s-a}$

4) $\mathscr{L}[\sin x * \sin x] = (\mathscr{L}[\sin x])^2 = \left(\dfrac{1}{s^2+1}\right)^2$

5) $\mathscr{L}[\cos x * \cos x] = (\mathscr{L}[\cos x])^2 = \left(\dfrac{s}{s^2+1}\right)^2 = \dfrac{s^2}{(s^2+1)^2}$

6) $\mathscr{L}[e^{2x} * \sin x] = \mathscr{L}[e^{2x}] \cdot \mathscr{L}[\sin x] = \dfrac{1}{s-2} \cdot \dfrac{1}{s^2+1}$

問題 5.8　1) $\sqrt{x} * \sqrt{x} = \int_0^x \sqrt{\tau}\sqrt{x-\tau}\,d\tau = \int_0^x \sqrt{\dfrac{x^2}{4} - \left(\tau - \dfrac{x}{2}\right)^2}\,d\tau$ となる．変数変換 $\tau = \dfrac{x}{2}(1+\sin\theta)$ を行なって，次式を得る．

$$\sqrt{x} * \sqrt{x} = \int_{-\pi/2}^{\pi/2} \dfrac{x^2}{4}\cos^2\theta\,d\theta = \dfrac{x^2}{8}\int_{-\pi/2}^{\pi/2}(1+\cos 2\theta)\,d\theta = \dfrac{\pi}{8}x^2.$$

2) $\mathscr{L}\left[\dfrac{\pi}{8}x^2\right] = \dfrac{\pi}{8}\cdot\dfrac{2!}{s^3} = \dfrac{\pi}{4s^3}$ より明らか．

3) $\mathscr{L}\left[\sqrt{x} * \sqrt{x}\right] = \mathscr{L}\left[\sqrt{x}\right]\cdot\mathscr{L}\left[\sqrt{x}\right] = \left(\mathscr{L}\left[\sqrt{x}\right]\right)^2 = \dfrac{\pi}{4s^3}$. したがって，

$$\mathscr{L}\left[\sqrt{x}\right] = \sqrt{\dfrac{\pi}{4s^3}} = \dfrac{\sqrt{\pi}}{2}\dfrac{1}{\sqrt{s^3}}.$$

問題 5.9　$g(x) = \mathscr{L}^{-1}\left[\dfrac{\sqrt{\pi}}{\sqrt{s}}\right]$ とおく．まず，$\dfrac{\sqrt{\pi}}{\sqrt{s^3}} = \dfrac{1}{s}\cdot\dfrac{\sqrt{\pi}}{\sqrt{s}}$ を逆ラプラス変換する．問題 5.8 の結果を使って，

$$2\sqrt{x} = \mathscr{L}^{-1}\Big[\frac{\sqrt{\pi}}{\sqrt{s^3}}\Big] = \mathscr{L}^{-1}\Big[\frac{1}{s}\cdot\frac{\sqrt{\pi}}{\sqrt{s}}\Big]$$
$$= \mathscr{L}^{-1}\Big[\frac{1}{s}\Big] * \mathscr{L}^{-1}\Big[\frac{\sqrt{\pi}}{\sqrt{s}}\Big] = 1 * g(x)$$

となる．よって，

$$1 * g(x) = \int_0^x g(\tau)\,d\tau = 2\sqrt{x}.$$

これを微分して，$g(x) = \dfrac{1}{\sqrt{x}}$ を得る．

問題 5.10 絶対積分可能な関数に対しては，ラプラス変換の積分とパラメータ a の微分の順序が交換可能である．式 (5.57) の左辺は

$$\frac{\partial}{\partial a}\mathscr{L}\Big[\frac{1}{\sqrt{\pi x}}e^{-\frac{a^2}{4x}}\Big] = \mathscr{L}\Big[\frac{1}{\sqrt{\pi x}}\frac{\partial}{\partial a}e^{-\frac{a^2}{4x}}\Big] = \mathscr{L}\Big[-\frac{a}{2\sqrt{\pi x^3}}e^{-\frac{a^2}{4x}}\Big]$$

となり，右辺は $\dfrac{\partial}{\partial a}\dfrac{1}{\sqrt{s}}e^{-a\sqrt{s}} = -e^{-a\sqrt{s}}$ である．よって示された．

6 章

問題 6.1 $f(x)$ のフーリエ変換を $F(\omega)$ とする．微分方程式の両辺をフーリエ変換すると $(-2i\omega^3 - 3\omega^2 - 1)F(\omega) = i\pi\big(\delta(\omega+1) - \delta(\omega-1)\big)$ となる．これより，フーリエ変換が $F(\omega) = -\dfrac{i\pi\big(\delta(\omega+1) - \delta(\omega-1)\big)}{2i\omega^3 + 3\omega^2 + 1}$ のように得られる．これを逆変換して $f(x)$ を求める．

$$\begin{aligned}
f(x) &= -\frac{1}{2\pi}\int_{-\infty}^{\infty}\frac{i\pi\big(\delta(\omega+1) - \delta(\omega-1)\big)}{(2i\omega^3 + 3\omega^2 + 1)}e^{i\omega x}\,d\omega \\
&= -\frac{i}{2}\int_{-\infty}^{\infty}\frac{\delta(\omega+1)\,e^{i\omega x}}{(2i\omega^3 + 3\omega^2 + 1)}\,d\omega + \frac{i}{2}\int_{-\infty}^{\infty}\frac{\delta(\omega-1)\,e^{i\omega x}}{(2i\omega^3 + 3\omega^2 + 1)}\,d\omega \\
&= -\frac{i}{2}\frac{e^{i\omega x}}{(2i\omega^3 + 3\omega^2 + 1)}\Big|_{\omega=-1} + \frac{i}{2}\frac{e^{i\omega x}}{(2i\omega^3 + 3\omega^2 + 1)}\Big|_{\omega=1} \\
&= -\frac{i}{2}\frac{e^{-ix}}{4-2i} + \frac{i}{2}\frac{e^{ix}}{4+2i} = \frac{1-2i}{20}e^{-ix} + \frac{1+2i}{20}e^{ix} \\
&= -\frac{1}{5}\Big(\frac{e^{ix}-e^{-ix}}{2i}\Big) + \frac{1}{10}\Big(\frac{e^{ix}+e^{-ix}}{2}\Big) \\
&= -\frac{1}{5}\sin x + \frac{1}{10}\cos x.
\end{aligned}$$

これは特殊解である．この微分方程式の同次方程式は $2f''' + 3f'' - f = 0$ である．特性方程式は $2\lambda^3 + 3\lambda^2 - 1 = (2\lambda - 1)(\lambda+1)^2 = 0$ で，根は $\lambda = \dfrac{1}{2}, -1$ (重根) である．よって，同次式の一般解は $f_0(x) = c_1 e^{\frac{1}{2}x} + (c_2 + c_3 x)e^{-x}$ である．したがって，与えられた非同次式の一般解は次のように得られる．

解　　答

$$f(x) = \frac{1}{10}\cos x - \frac{1}{5}\sin x + c_1 e^{\frac{1}{2}} + (c_2 + c_3 x)e^{-x}.$$

問題 6.2　未知関数 $f(x)$ のフーリエ変換を $\mathscr{F}[f] = F(\omega)$ とする．右辺のデルタ関数のフーリエ変換は式 (4.33) より，$\mathscr{F}[\delta(x)] = G(\omega) = 1$ である．微分方程式の両辺のフーリエ変換をとると $(-\omega^2 + i\omega - 6)F(\omega) = G(\omega) = 1$ となる．よって，未知関数のフーリエ変換が次のように解ける．

$$F(\omega) = -\frac{1}{\omega^2 - i\omega + 6} = \frac{1}{5}\left(\frac{1}{i\omega - 2} - \frac{1}{i\omega + 3}\right).$$

これを，式 (4.15) と式 (4.16) の結果を考慮して，逆フーリエ変換することによって特殊解を得る．

$$f_S(x) = -\frac{1}{5}\bigl(e^{2x}\,u(-x) + e^{-3x}\,u(x)\bigr).$$

(注意：$x = 0$ において $f'_S(0)$ は存在しないが，片側微分係数は $f'_S(0 - 0) = -\dfrac{2}{5}$, $f'_S(0 + 0) = \dfrac{3}{5}$ のように存在するので区分的なめらかである．)

これが正しい解であるかどうか確認しなければならない．まず，$f_S(x)$ の微分は

$$\begin{aligned}
f'_S(x) &= -\frac{1}{5}\bigl(2e^{2x}\,u(-x) - 3e^{-3x}\,u(x)\bigr) - \frac{1}{5}\bigl(e^{2x}\,u'(-x) + e^{-3x}\,u'(x)\bigr) \\
&= -\frac{1}{5}\bigl(2e^{2x}\,u(-x) - 3e^{-3x}\,u(x)\bigr) - \frac{1}{5}\bigl(-e^{2x}\,\delta(-x) + e^{-3x}\,\delta(x)\bigr) \\
&= -\frac{1}{5}\bigl(2e^{2x}\,u(-x) - 3e^{-3x}\,u(x)\bigr) - \frac{1}{5}\bigl(-e^{2x} + e^{-3x}\bigr)\delta(x)
\end{aligned}$$

となるが，ここでは式 (3.17) を使い，またデルタ関数が偶関数であることを使った．さらに微分して $f''_S(x)$ を計算すると，

$$\begin{aligned}
f''_S(x) = &-\frac{1}{5}\bigl(4e^{2x}\,u(-x) + 9e^{-3x}\,u(x)\bigr) + \frac{1}{5}\bigl(4e^{2x} + 6e^{-3x}\bigr)\delta(x) \\
&+ \frac{1}{5}\bigl(e^{2x} - e^{-3x}\bigr)\delta'(x)
\end{aligned}$$

である．これらを使って微分方程式の左辺を計算すると，

$$f''_S + f'_S - 6f_S = \bigl(e^{2x} + e^{-3x}\bigr)\delta(x) + \frac{1}{5}\bigl(e^{2x} - e^{-3x}\bigr)\delta'(x)$$

となる．ここでデルタ関数の性質を思い出さなくてはいけない．上式の右辺第 1 項は式 (3.11) から

$$\bigl(e^{2x} + e^{-3x}\bigr)\delta(x) = \bigl(e^{2x} + e^{-3x}\bigr)\big|_{x=0}\cdot\delta(x) = 2\delta(x)$$

であり，第 2 項は式 (3.21) から

$$\begin{aligned}
\frac{1}{5}\bigl(e^{2x} - e^{-3x}\bigr)\delta'(x) &= -\frac{1}{5}\bigl(e^{2x} - e^{-3x}\bigr)'\big|_{x=0}\cdot\delta(x) \\
&= -\frac{1}{5}\bigl(2e^{2x} + 3e^{-3x}\bigr)\big|_{x=0}\cdot\delta(x) = -\delta(x)
\end{aligned}$$

となる．ゆえに $f''_S + f'_S - 6f_S = \delta(x)$ が確認できた．

問題 6.3 $f(x)$ のフーリエ変換を $F(\omega)$ とする．微分方程式 $f'' - 9f = e^{-2|x|}$ の両辺をフーリエ変換すると，

$$(i\omega)^2 F(\omega) - 9F(\omega) = \frac{4}{\omega^2 + 4}$$

となる．よって，

$$F(\omega) = -\frac{1}{\omega^2 + 9} \cdot \frac{4}{\omega^2 + 4} = -\frac{1}{6} \cdot \frac{6}{\omega^2 + 9} \cdot \frac{4}{\omega^2 + 4}$$

となることがわかる．これを逆フーリエ変換すると特殊解 $f(x)$ が得られる．ところで，フーリエ変換表から $\mathscr{F}^{-1}\left[\dfrac{6}{\omega^2 + 9}\right] = e^{-3|x|}$ だから，

$$f(x) = -\frac{1}{6}\mathscr{F}^{-1}\left[\frac{1}{\omega^2+9} \cdot \frac{4}{\omega^2+4}\right] = -\frac{1}{6}\mathscr{F}^{-1}\left[\frac{6}{\omega^2+9}\right] * \mathscr{F}^{-1}\left[\frac{4}{\omega^2+4}\right]$$

$$= -\frac{1}{6}e^{-3|x|} * e^{-2|x|} = -\frac{1}{6}\int_{-\infty}^{\infty} e^{-3|x-\tau|} e^{-2|\tau|} d\tau$$

となるが，このたたみこみの計算をさらに続けていく．

i) $x > 0$ のとき，

$$f(x) = -\frac{1}{6}\int_{x}^{\infty} e^{3(x-\tau)} e^{-2\tau} d\tau - \frac{1}{6}\int_{0}^{x} e^{-3(x-\tau)} e^{-2\tau} d\tau$$

$$\quad - \frac{1}{6}\int_{-\infty}^{0} e^{-3(x-\tau)} e^{2\tau} d\tau$$

$$= -\frac{1}{6}e^{3x}\int_{x}^{\infty} e^{-5\tau} d\tau - \frac{1}{6}e^{-3x}\int_{0}^{x} e^{\tau} d\tau - \frac{1}{6}e^{-3x}\int_{-\infty}^{0} e^{5\tau} d\tau$$

$$= -\frac{1}{5}e^{-2x} + \frac{2}{15}e^{-3x}.$$

ii) $x < 0$ のとき，

$$f(x) = -\frac{1}{6}\int_{0}^{\infty} e^{3(x-\tau)} e^{-2\tau} d\tau - \frac{1}{6}\int_{x}^{0} e^{3(x-\tau)} e^{2\tau} d\tau$$

$$\quad - \frac{1}{6}\int_{-\infty}^{x} e^{-3(x-\tau)} e^{2\tau} d\tau$$

$$= -\frac{1}{6}e^{3x}\int_{0}^{\infty} e^{-5\tau} d\tau - \frac{1}{6}e^{3x}\int_{x}^{0} e^{-\tau} d\tau - \frac{1}{6}e^{-3x}\int_{-\infty}^{x} e^{5\tau} d\tau$$

$$= \frac{2}{15}e^{3x} - \frac{1}{5}e^{2x}.$$

ところで，同次方程式 $f'' - 9f = 0$ の基本解は，e^{3x} と e^{-3x} であるから，$x > 0$ のとき特殊解は $-\dfrac{1}{5}e^{-2x}$，また $x < 0$ のとき特殊解は $-\dfrac{1}{5}e^{2x}$ であるとしてよい．以上をまとめると，一般解は次のようになる．

$$f(x) = -\frac{1}{5}e^{-2|x|} + c_1 e^{3x} + c_2 e^{-3x}.$$

解　答　　　　　　　　　　　　　　　　　　　　　　　　　　　　　　　207

問題 6.4　$f(x)$ のラプラス変換を $F_{\mathscr{L}}(s)$ とする．初期値が $f(0) = f'(0) = 0$ のとき，微分方程式 $f'' + 4f = e^{-x}u(x)$ の両辺のラプラス変換をとると，$s^2 F_{\mathscr{L}}(s) + 4F_{\mathscr{L}}(s) = \dfrac{1}{s+1}$ である．よって，

$$F_{\mathscr{L}}(s) = \frac{1}{s^2+4} \cdot \frac{1}{s+1} = \frac{1}{2} \cdot \frac{2}{s^2+4} \cdot \frac{1}{s+1}$$

である．ところで，$\mathscr{L}^{-1}\left[\dfrac{2}{s^2+4}\right] = \sin 2x\, u(x)$ である．よって，

$$\begin{aligned}
f(x) &= \mathscr{L}^{-1}\left[\frac{1}{2} \cdot \frac{2}{s^2+4} \cdot \frac{1}{s+1}\right] = \frac{1}{2}\sin 2x * e^{-x}\, u(x) \\
&= \frac{1}{2}\int_0^x \sin 2\tau\, e^{-(x-\tau)}\, d\tau = \frac{1}{2}e^{-x}\int_0^x \sin 2\tau\, e^{\tau}\, d\tau \\
&= \frac{1}{10}(\sin 2x - 2\cos 2x) + \frac{1}{5}e^{-x}
\end{aligned}$$

のように得られる．

問題 6.5　これは積分方程式 (6.44) において，$\alpha = 0$, $h(x) = xe^{-3x}u(x)$, および $g(x) = \cos 2x$ とおいたものである．$\mathscr{F}[h] = \mathscr{F}\left[xe^{-3x}u(x)\right] = \dfrac{1}{(i\omega+3)^2}$ は 問題 4.2 で求められている．また，式 (4.41) から

$$\mathscr{F}[g(x)] = \mathscr{F}[\cos 2x] = \pi\bigl(\delta(\omega+2) + \delta(\omega-2)\bigr)$$

である．よって，式 (6.45) より，

$$\begin{aligned}
f(x) &= \mathscr{F}^{-1}\bigl[(i\omega+3)^2 \cdot \pi\bigl(\delta(\omega+2) + \delta(\omega-2)\bigr)\bigr] \\
&= \frac{1}{2\pi}\int_{-\infty}^{\infty}(i\omega+3)^2 \cdot \pi\bigl(\delta(\omega+2) + \delta(\omega-2)\bigr)e^{i\omega x}\, d\omega \\
&= \frac{1}{2}\int_{-\infty}^{\infty}(i\omega+3)^2\delta(\omega+2)e^{i\omega x}\, d\omega + \frac{1}{2}\int_{-\infty}^{\infty}(i\omega+3)^2\delta(\omega-2)e^{i\omega x}\, d\omega \\
&= \frac{1}{2}(i\omega+3)^2\, e^{i\omega x}\bigr|_{\omega=-2} + \frac{1}{2}(i\omega+3)^2\, e^{i\omega x}\bigr|_{\omega=2} \\
&= \frac{1}{2}(-2i+3)^2\, e^{-2ix} + \frac{1}{2}(2i+3)^2\, e^{2ix} \\
&= \frac{1}{2}(5-12i)e^{-2ix} + \frac{1}{2}(5+12i)e^{2ix} \\
&= 5\left(\frac{e^{2ix}+e^{-2ix}}{2}\right) - 12\left(\frac{e^{2ix}-e^{-2ix}}{2}\right) \\
&= 5\cos 2x - 12\sin 2x\,.
\end{aligned}$$

問題 6.6　この積分方程式は式 (6.47) において，$h(x) = x$, $g(x) = 3x$, $\alpha = \dfrac{1}{4}$ とおいたものである．ところで，$\mathscr{L}[x] = \dfrac{1}{s^2}$ である．$f(x)$ は式 (6.48) の逆ラプラス変換で得られるので，

$$f(x) = \mathscr{L}^{-1}\left[\frac{(3/s^2)}{(1/s^2)+(1/4)}\right] = 6\mathscr{L}^{-1}\left[\frac{2}{s^2+4}\right] = 6\sin 2x\, u(x)$$

となる．この最後の等号は式 (5.13) による．

7章

問題 7.1 式 (7.39) より，
$$u(x,t) = \frac{1}{\sqrt{4\pi t}} \int_{-\infty}^{\infty} \delta(\tau) e^{-\frac{(x-\tau)^2}{4t}}\, d\tau = \frac{1}{\sqrt{4\pi t}} e^{-\frac{x^2}{4t}}.$$

この解の様子は下の図に表されている．各時刻 t を固定すれば，この解は変数 x のガウス関数である．$t = \dfrac{1}{4a}$ とおけば，この解はデルタ関数のモデル関数 D (3.1 節を見よ) と同じになる．棒の温度は，時間 t の発展とともにガウス分布の形で広がっていく．

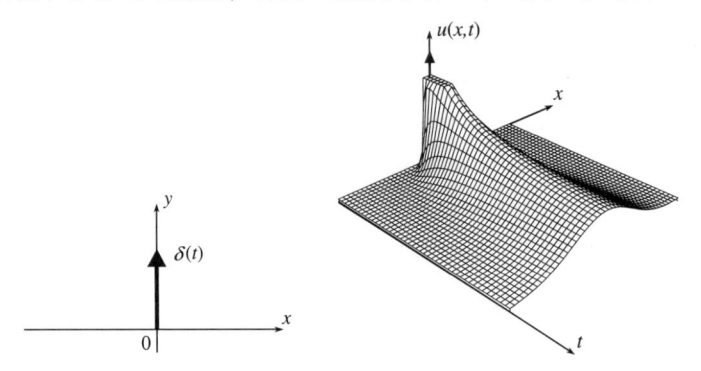

図 2 (問題 7.1) 初期値がデルタ関数のときの温度関数のグラフ

問題 7.2 解 (7.65) において，係数 a_n, b_n はそれぞれ式 (7.67) と式 (7.70) で与えられる．$f(x) = 0$ なので，$a_n = 0$ である．b_n を計算すると次のようになる．
$$b_n = \frac{2}{n\pi}\left(\int_0^1 x \sin\frac{n\pi}{2}x\, dx + \int_1^2 (2-x)\sin\frac{n\pi}{2}x\, dx\right)$$
$$= \frac{2}{n\pi} \cdot \frac{8}{n^2\pi^2}\sin\frac{n\pi}{2} = \frac{16}{n^3\pi^3}\sin\frac{n\pi}{2}.$$

よって，b_n の値は次のようになる．
$$\{b_1, b_2, b_3, b_4, b_5, b_6, b_7, b_8, \cdots\}$$
$$= \left\{\frac{16}{\pi^3}, 0, -\frac{16}{27\pi^3}, 0, \frac{16}{125\pi^3}, 0, -\frac{16}{343\pi^3}, 0, \cdots\right\}$$
$$= \{0.5160,\ 0,\ -0.0191,\ 0,\ 0.0041,\ 0,\ -0.0015,\ 0,\cdots\}.$$

8章

問題 8.1 出力は $g(t) = t * e^{-2|t|} = \int_0^{t_0} \tau\, e^{-2|t-\tau|}\, d\tau$ で与えられる．この積分は3つの場合に分けて計算する．

i) $t > t_0$ のとき，
$$g(t) = \int_0^{t_0} \tau\, e^{-2(t-\tau)}\, d\tau = e^{-2t} \int_0^{t_0} \tau\, e^{2\tau}\, d\tau$$
$$= e^{-2t} \left(\left[\frac{\tau}{2} e^{2\tau}\right]_0^{t_0} - e^{-2t} \int_0^{t_0} e^{2\tau}\, d\tau \right)$$
$$= \frac{1}{4} \left\{ 1 + (2t_0 - 1)\, e^{2t_0} \right\} e^{-2t}.$$

ii) $0 \leq t \leq t_0$ のとき，
$$g(t) = \int_0^t \tau\, e^{-2(t-\tau)}\, d\tau + \int_t^{t_0} \tau\, e^{2(t-\tau)}\, d\tau$$
$$= e^{-2t} \int_0^t \tau\, e^{2\tau}\, d\tau + e^{2t} \int_t^{t_0} \tau\, e^{-2\tau}\, d\tau$$
$$= t + \frac{1}{4} \left\{ e^{-2t} - (2t_0 + 1)\, e^{-2t_0}\, e^{2t} \right\}.$$

iii) $t \leq 0$ のとき，
$$g(t) = \int_0^{t_0} \tau\, e^{2(t-\tau)}\, d\tau = e^{2t} \int_0^{t_0} \tau\, e^{-2\tau}$$
$$= \frac{1}{4} e^{2t} \left\{ 1 - (1 + 2t_0)\, e^{-2t_0} \right\}.$$

特に，$t = 0$ のとき $g(0) = \dfrac{1}{4} - \dfrac{1}{4}(2t_0 + 1)\, e^{-2t_0}$，および $t = t_0$ のとき $g(t_0) = \dfrac{1}{4}(2t_0 - 1) + \dfrac{1}{4} e^{-2t_0}$ である．

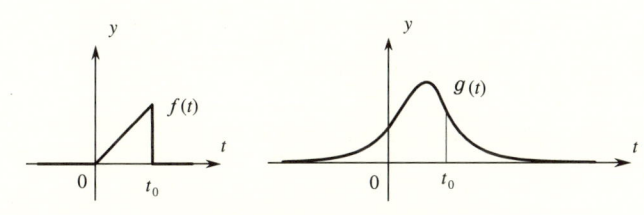

図 3 (問題 8.1) 入力と出力

問題 8.2 この問題では，$t<0$ のとき $h(t)=0$ および $f(t)=0$ なので，たたみこみは式 (5.50) のようになる．よって，出力は次のように計算される．

$$g(t) = \mathscr{S}[f] = f * h(t) = \int_0^t f(\tau)\, h(t-\tau)\, d\tau.$$

明らかに，$g(t)=0$ $(t<0)$ である．この積分は 2 つの場合に分けて計算をする．
i) $t_0 > t \geq 0$ のとき，

$$g(t) = a\int_0^t e^{-2(t-\tau)}\, d\tau = ae^{-2t}\int_0^t e^{2\tau}\, d\tau = \frac{1}{2}ae^{-2t}\bigl(e^{2t}-1\bigr) = \frac{1}{2}a\bigl(1-e^{-2t}\bigr).$$

ii) $t \geq t_0$ のとき，

$$g(t) = a\int_0^{t_0} e^{-2(t-\tau)}\, d\tau = ae^{-2t}\int_0^{t_0} e^{2\tau}\, d\tau = \frac{1}{2}ae^{-2t}\bigl(e^{2t_0}-1\bigr).$$

よって示された．

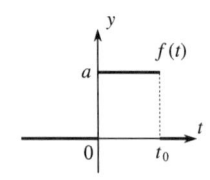

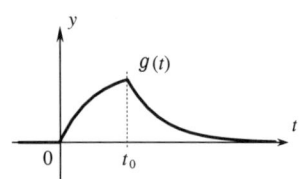

図 4 (問題 8.2) 入力と出力

問題 8.3 インパルス応答は，

$$\begin{aligned}
h(t) &= \frac{1}{2\pi}\int_{-\infty}^{\infty} H(\omega)e^{i\omega t}\, d\omega \\
&= \frac{1}{2\pi}\int_{\omega_0}^{\infty} Ae^{-i\omega t_0}\, e^{i\omega t}\, d\omega + \frac{1}{2\pi}\int_{-\infty}^{-\omega_0} Ae^{-i\omega t_0}\, e^{i\omega t}\, d\omega \\
&= \frac{A}{2\pi}\int_{-\infty}^{\infty} e^{i(t-t_0)\omega}\, d\omega - \frac{A}{2\pi}\int_{-\omega_0}^{\omega_0} e^{i(t-t_0)\omega}\, d\omega \\
&= A\,\delta(t-t_0) - \frac{A\sin\omega_0(t-t_0)}{\pi(t-t_0)}
\end{aligned}$$

ここで，式 (3.7) において $\lambda=\omega$，$x=t-t_0$ とおくと，

$$\int_{-\infty}^{\infty} e^{i(t-t_0)\omega}\, d\omega = 2\pi\delta(t-t_0)$$

が得られるので，最後の等号が得られる．よって，出力は，

$$\begin{aligned}
g(t) &= \mathscr{S}[f(t)] = f * h(t) \\
&= \int_{-\infty}^{\infty} f(t-\xi)\, A\Bigl\{\delta(\xi-t_0) - \frac{\sin\omega_0(\xi-t_0)}{\pi(\xi-t_0)}\Bigr\}\, d\xi \\
&= Af(t-t_0) - \frac{A}{\pi}\int_{-\infty}^{\infty} f(t-\xi)\, \frac{\sin\omega_0(\xi-t_0)}{(\xi-t_0)}\, d\xi.
\end{aligned}$$

解　答　　　　　　　　　　　　　　　　　　　　　　　　　　　　　　　　　　211

問題 8.4　インパルス応答は，

$$h(t) = \frac{1}{2\pi}\int_{-\infty}^{\infty} H(\omega)e^{i\omega t}\, d\omega = \frac{1}{2\pi}\int_{\omega_0}^{\omega_0} Ae^{-i\omega t_0}\,e^{i\omega t}\, d\omega$$

$$= \frac{1}{2\pi}\int_{\omega_0}^{\omega_0} Ae^{i(t-t_0)\omega}\, d\omega = \frac{A}{\pi}\frac{e^{i(t-t_0)\omega_0} - e^{-i(t-t_0)\omega_0}}{2i(t-t_0)}$$

$$= \frac{A}{\pi}\frac{\sin\omega_0(t-t_0)}{t-t_0}.$$

出力は，

$$g(t) = \mathscr{S}[f(t)] = f*h(t) = \frac{A}{\pi}\int_{-\infty}^{\infty} f(t-\xi)\frac{\sin\omega_0(\xi - t_0)}{\xi - t_0}\, d\xi.$$

問題 8.5　式 (8.18) より，

$$H(\omega) = \mathscr{F}[h(t)] = \int_0^\infty e^{-2t-i\omega t}\, dt = \int_0^\infty e^{-(2+i\omega)t}\, dt$$

$$= -\frac{1}{2+i\omega}\left[e^{-(2+i\omega)t}\right]_0^\infty = \frac{1}{2+i\omega} = \frac{2-i\omega}{\omega^2+4}.$$

あるいは，$H(\omega) = \dfrac{1}{\sqrt{\omega^2+4}}e^{i\phi(\omega)}$, $\tan\phi(\omega) = -\dfrac{\omega}{2}$ と表される．よって，振幅特性は $|H(\omega)| = \dfrac{1}{\sqrt{\omega^2+4}} \le \dfrac{1}{2}$ で，$\omega = 0$ のとき最大値 $\dfrac{1}{2}$ となり，$|\omega| \to \infty$ のとき 0 に収束する．位相のズレは ω に比例して遅れる．

問題 8.6　1) システム $\mathscr{S}_1$ の入力が $\mathscr{S}_A$ の入力で，$\mathscr{S}_2$ の出力が $\mathscr{S}_A$ の出力である．まず，$\mathscr{S}_A$ のインパルス応答 $h(t)$ を計算する．そのために，$\mathscr{S}_1$ にインパルス入力 $\delta(t)$ を入れる．すると，$\mathscr{S}_1$ の出力はインパルス応答 $h_1(t) = \mathscr{L}^{-1}\bigl[H_{\mathscr{L}}^{(1)}(s)\bigr]$ であり，これは $\mathscr{S}_2$ の入力になる．$\mathscr{S}_2$ のインパルス応答を $h_2(t) = \mathscr{L}^{-1}\bigl[H_{\mathscr{L}}^{(2)}(s)\bigr]$ とすれば，入力 $h_1(t)$ に対する出力はたたみこみ $h_1 * h_2(t)$ となるので，これのラプラス変換から，システム $\mathscr{S}_A$ の伝達関数が，

$$H_{\mathscr{L}}^{(A)}(s) = \mathscr{L}[h_1 * h_2(t)] = H_{\mathscr{L}}^{(1)}(s)\,H_{\mathscr{L}}^{(2)}(s)$$

となる．すなわち，直列のときは個々のシステムの伝達関数の積となる．

2) 並列のときは，$\mathscr{S}_B$ のインパルス応答は個々のシステムのインパルス応答の和 $h(t) = h_1(t) + h_2(t)$ となるので，そのラプラス変換も和となる．すなわち $\mathscr{S}_B$ の伝達関数は個々のシステムの伝達関数の和 $H_{\mathscr{L}}^{(B)}(s) = H_{\mathscr{L}}^{(1)}(s) + H_{\mathscr{L}}^{(2)}(s)$ となる．

問題 8.7　1) 2 つのフィルターを直列につないだものの伝達関数は，問題 8.6 より個々のフィルターの伝達関数の積であるから，ローパス・フィルターの式 (8.52) とハイパスフィルターの式 (8.63) との積で与えられ，

$$H_{\mathscr{L}}(s) = \frac{\frac{1}{RC}}{\left(s+\frac{1}{RC}\right)}\cdot\frac{s}{\left(s+\frac{1}{RC}\right)} = \frac{\frac{s}{RC}}{\left(s+\frac{1}{RC}\right)^2} = \frac{s}{RC\left(s+\frac{1}{RC}\right)^2}$$

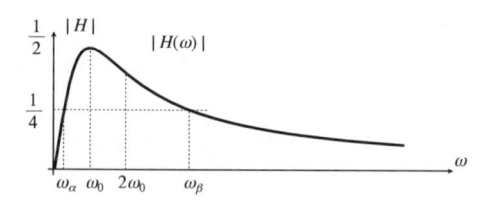

図 5 (問題 8.7) 増幅率 $|H(\omega)| = \dfrac{\omega_0\,\omega}{\omega^2 + \omega_0^2}$ のグラフ

となる．周波数特性は $s = i\omega$ とおいたもので，
$$H(\omega) = \frac{i\frac{\omega}{RC}}{\left(i\omega + \frac{1}{RC}\right)^2} = \frac{i\omega}{RC\left(i\omega + \frac{1}{RC}\right)^2}$$
となる．

2) 増幅率は $|H(\omega)| = \dfrac{\omega_0\,\omega}{\omega^2 + \omega_0^2}$ である．この微分は，$\dfrac{d|H(\omega)|}{d\omega} = \dfrac{\omega_0(\omega_0^2 - \omega^2)}{(\omega^2 + \omega_0^2)^2}$ となる．よって，$0 \leq \omega < \infty$ における最大は $\omega = \omega_0$ のときで $\dfrac{1}{2}$ である．

3) 不等式 $|H(\omega)| = \dfrac{\omega_0\,\omega}{\omega^2 + \omega_0^2} \geq \dfrac{1}{4}$ を解くと，ω の範囲が $\omega_\alpha = (2 - \sqrt{3})\omega_0 \leq |\omega| \leq (2 + \sqrt{3})\omega_0 = \omega_\beta$ となる．

ローパス・フィルターとハイパス・フィルターを組み合わせると，バンドパス・フィルター（帯域制限フィルター）になる．

9 章

問題 9.1 $T < \dfrac{\pi}{\omega_1} = \dfrac{1}{8000} = 1.25 \times 10^{-4}$ [s]

問題 9.2 最大値 30 Hz の地震波に対するナイキスト条件は，$T < \dfrac{1}{60}$ [s] である．どんな地震波に対しても適用できるように，十分小さなサンプリング間隔を設定する必要がある．$\dfrac{1}{60}$ よりも小さく扱いやすい値として，サンプリング間隔を $T = \dfrac{1}{100}$ [s] = 0.01 [s] くらいにしておけばよいであろう．

10 章

問題 10.1 式 (4.18) において $a = \dfrac{1}{2\sigma^2}$ とおくと，$p(x)$ の（定義式 (4.13) による）フーリエ変換は $\mathscr{F}[p(x)] = e^{-\frac{\sigma^2\omega^2}{2} - ix_0\omega}$ である．ところで，確率論での特性関数の公式 (10.5) は，フーリエ変換の定義式 (4.13) において $e^{-i\omega x}$ を $e^{i\omega x}$ としたものである．よって，特性関数は i を $-i$ に変えて $\phi_X(\omega) = e^{-\frac{\sigma^2\omega^2}{2} + ix_0\omega}$ となる．

解 答

例題 10.1 の結果から，$\mu_1 = -i\dfrac{d\phi_X(0)}{d\omega} = -i\dfrac{d}{d\omega}e^{-\frac{\sigma^2\omega^2}{2}+ix_0\omega}\Big|_{\omega=0} = x_0$，および $\mu_2 = -\dfrac{d^2\phi_X(0)}{d\omega^2} = -\dfrac{d^2}{d\omega^2}e^{-\frac{\sigma^2\omega^2}{2}+ix_0\omega}\Big|_{\omega=0} = x_0^2 + \sigma^2$ を得る．

問題 10.2 $\phi_X(\omega) = \displaystyle\int_0^\infty a\,e^{-ax}\,e^{i\omega x}\,dx = \int_0^\infty a\,e^{-(a-i\omega)x}\,dx$
$= \left[\dfrac{a}{(-a+i\omega)}e^{-(a-i\omega)x}\right]_0^\infty = \dfrac{a}{a-i\omega}$

問題 10.3 問題 4.1 の結果は，$\mathscr{F}\left[e^{-a|x|}\right] = \dfrac{2a}{a^2+\omega^2}$ である．よって，確率密度関数はその逆フーリエ変換だから $p(x) = \dfrac{2}{a}e^{-a|x|}$ となる．
(注意：確率論でのフーリエ変換 (10.5) における因子 $e^{i\omega x}$ と，フーリエ変換の式 (4.13) における因子 $e^{-i\omega x}$ の違いはあるが計算結果は同じである．)

問題 10.4 まず，$\|f\|^2 = \displaystyle\int_{-a}^{a} 1 \cdot dx = 2a$ と，$\|F\|^2 = 2\pi\|f\|^2 = 4\pi a$ を計算しておく．式 (10.12) より，x の平均は，
$$x_0 = \int_{-a}^{a} x|f(x)|^2\,dx = \int_{-a}^{a} x\,dx = 0$$
である．$x_0 = 0$ のとき，x の二乗平均は分散と等しい．式 (10.15) より，分散は，
$$(\Delta x)^2 = E[x^2] = \int_{-a}^{a} x^2\,dx = \dfrac{2a^3}{3}$$
となる．よって，$\Delta x = \sqrt{\dfrac{2a^3}{3}}$ となる．

次に，$\Delta\omega$ を計算する．$f(x)$ のフーリエ変換は式 (4.17) より，$F(\omega) = \dfrac{2\sin a\omega}{\omega}$ である．式 (10.12) の第 2 式より ω の平均は $\omega_0 = 0$ となる（奇関数の積分）．ω の二乗平均も分散と等しく，式 (10.16) より，
$$(\Delta\omega)^2 = E[\omega^2] = \dfrac{1}{4\pi a}\int_{-\infty}^{\infty} \omega^2 \cdot \dfrac{4\sin^2 a\omega}{\omega^2}\,d\omega = \dfrac{1}{\pi a}\int_{-\infty}^{\infty} \sin^2 a\omega\,d\omega = \infty$$
となる．よって，$\Delta\omega = \infty$．ゆえに，不確定性関係は，
$$\Delta x \cdot \Delta\omega = \sqrt{\dfrac{2a^3}{3}} \cdot \infty = \infty$$
となる．

索　引

あ 行

安定性　153
位相変調　173
一様収束　12
一般解　108
因果性　142
インパルス応答　143
　因果的──　145
インパルス入力　143
ウィーナー・ヒンチンの定理　81
運動量　182
エネルギースペクトル　79

か 行

ガウス関数　66
ガウス分布　177
各点収束　12
角度変調　173
確率分布関数　175
確率密度関数　175
カルレソン　41
関数空間　19
完全性　23, 30, 44
完全直交系　24, 44
期待値　175
ギブスの現象　12, 42
基本周期　4
基本振動　6
逆フーリエ変換　64, 176
逆ラプラス変換　86
境界条件　120
境界値問題　120
区分的なめらか　7

区分的連続　7
検波　173
高域通過フィルター　155
高階微分　71, 97
項別積分　46
項別微分　46
誤差関数　101
誤差余関数　101

さ 行

最小二乗平均近似　30
雑音　174
三角基底　21
サンプリング間隔　164
サンプリング値　164
サンプリング値関数　166
サンプリング定理　163
自己相関関数　81
二乗平均値　30, 176
指数 γ 位の関数　89
システム　141
時不変システム　142
遮断周波数　158, 160
周　期　3
周期関数　3, 98
周期的デルタ関数　38, 57, 76
収束定理　33, 41
収束領域　85
周波数特性　147, 152
周波数変調　173
情報通信　163
初期値問題　111, 120, 129
振幅特性　150
振幅変調　169

スウィープエコー現象　148
ストークスの解　129
正規直交系　23
整流　173
積分核　123
積分核　93
積分正弦関数　44
積分変換　93
積分方程式　117
絶対積分可能　63
線形システム　142
線形性　69, 96, 142
全波整流波形　16
相関関数　81
双曲型　120
相互相関関数　81
相似性　70, 96

た 行

帯域制限信号　164
帯域制限フィルター　155
だ円型　120
たたみこみ　27, 77, 100
ダランベールの解　129
直交基底　19
直交系　20
低域通過フィルター　155
定数係数線形常微分方程式　107
ディリクレ　34
ディリクレ核　36, 58
テスト関数　50
デュ・ボア・レイモン　41
デルタ関数　49, 72, 90, 143
　──の微分　56
伝達関数　149, 151, 152
同次方程式　107
特殊解　107
特性関数　175
ド・ブロイ条件　182

な 行

ナイキスト条件　165

内積　18
熱伝導方程式　120
ノルム　18

は 行

パーセバルの等式　29, 79
ハイパス・フィルター　155, 160
波動関数　182
波動方程式　120, 128
パワースペクトル　80
パワースペクトル密度　80
搬送波　163, 169
バンドパス・フィルター　155
半波整流波形　17, 60, 98
非周期関数　3, 61
非同次方程式　107
微分　54, 71, 97
　広い意味の──　54
標準偏差　176
フィルター　146
フーリエ　32
　──の積分公式　63
　──の積分定理　63
フーリエ級数　6, 108, 130
フーリエ係数　6
フーリエの積分公式　63
フーリエ変換　64, 91, 176
フーリエ有限和　31, 36
不確定性原理　70, 178, 179
複素フーリエ級数　25, 61
複素ベクトル空間　18
フラッターエコー現象　148
プランク定数　182
不連続データ　163
ブロムウィッチ積分　92, 94
平均値　176
平均パワー　80
ベクトル　18
ベッセルの不等式　30
ヘビサイド関数　55, 75, 86, 99
変数シフト　70, 96

偏微分方程式　119
放物型　120

ま　行

無限次元ベクトル空間　19
モーメント　176
モデル関数　50, 56, 90

ら　行

ラプラス変換　85
ラプラス方程式　120
リーマン・ルベーグの補題　35
理想高域通過フィルター　147
理想低域通過フィルター　148
留数定理　94
量子力学　178
ローパス・フィルター　155, 171

著者略歴

松下泰雄
（まつした やすお）

1949年 東京都生まれ
1974年 横浜国立大学工学部機械工学科
　　　　卒業
1977年 日本大学大学院理工学研究科
　　　　修士課程修了
1981年 京都大学工学部助手
1983年 京都大学工学博士
1989年 京都大学工学部助教授
1995年 滋賀県立大学工学部教授
現　在 滋賀県立大学名誉教授
　　　　大阪公立大学数学研究所専任所員

主要著書

波のしくみ（共著, 講談社, 2007）
4次元微分幾何学への招待
　　　　　　　（共著, サイエンス社, 2014）
曲線の秘密（講談社, 2016）
機械工学系のための数学（数理工学社, 2019）

Ⓒ 松下泰雄　2001

2001年11月5日　初版発行
2022年11月30日　初版第23刷発行

フーリエ解析
―基礎と応用―

著　者　松下泰雄
発行者　山本　格

発行所　株式会社 培風館
東京都千代田区九段南4-3-12・郵便番号102-8260
電　話(03)3262-5256(代表)・振　替 00140-7-44725

D.T.P. アベリー・平文社印刷・牧 製本
PRINTED IN JAPAN

ISBN978-4-563-01109-3　C3041